寿命遺伝子

なぜ老いるのか　何が長寿を導くのか

森 望　著

ブルーバックス

カバー装幀　芦澤泰偉・児崎雅淑
カバー画像　©Mikhail Leonov / shutterstock
本文デザイン　齋藤ひさの
本文図版　さくら工芸社

はじめに

いま、日本は世界一の長寿大国である。平均寿命は男性81歳、女性87歳。そして100歳以上の人（百寿者）は8万人を超えている（2020年現在）。しかし当然のことだが、100年前の日本はそうではなかった。いまの健康長寿の日本の社会は、昭和の敗戦後の復興からの高度経済成長、食生活の改善、そして国民皆保険の医療制度の拡充を礎になりたっている。平成初期にはバブル崩壊を経験したものの、令和の現在に至るまで、日本の社会は一見、穏やかで豊かに成熟している。だが、じつはそこには、社会全体の「老い」の影がしのびよっている。

かつては、織田信長が愛誦した「敦盛《あつもり》」に謡われているように「人間五十年」といわれた。明治期の日本でさえ、平均寿命は40歳代だった。だが戦後、日本は世界一のスピードで長寿化を成し遂げ、そしていま、世界一のスピードで社会全体の高齢化を迎えている。成長期はとうに過ぎて、国をあげて「老化」しつつあるのだ。

こうした時代に、日本では多くの人が「アンチエイジング」を口にしている。いや、人々だけでなく国家も「健康日本21」なる計画を主導し、多様化したアンチエイジングビジネスをさらに加速している。少子高齢化する社会で誰もが、アンチアンチといって老化に抵抗している。

だが、いくら老化に抗っても、老化がなくなるわけではない。その先には、さらに膨らんだ高齢化社会が待ち構えるだけだ。それを「長寿大国」といえば聞こえはいいが、少子化ゆえ労働人口、生産人口が少なくなって、若者たちに多大な負担を負わせているにすぎない。つまり、将来にツケを回しているのだ。いまや国民病ともなった認知症の問題も深刻だ。

このように、老化は大きな「社会問題」となっているが、根本的には、医学的、あるいは生物学的な問題である。生き物はすべて例外なく、歳をとり、いずれ死ぬ。老化は病気ではなく、ごく自然な生命の営みなのである。だが、老化によって「死」の確率は上がる。その覚悟はしなくてはいけない。大事なのは、ただ単に「老い」を遠ざけるのではなく、みずからの「老い」をしっかりと受けとめることだ。そのためには「老化」の本質を理解しておく必要がある。

老化とは何か？　なぜ老化するのか？　どのようにして老化していくのか？　自分の身体の中で起こっている本当のことをみておこうではないか。老いるプロセス、その背後にある生物学的な原理をできれば理解しようではないか。

「老化」というテーマは地味で、発生や成長に比べて退行的なプロセスなので、学問的にはあまり流行るものではなかった。がん研究や脳科学などに比べると、研究者は少ない。大学院生やポスドクなどの若手もなかなか参入してこない。しかし、一般的には老化の解明への期待は大きく、老化研究にはもう半世紀以上の歴史がある。この20年ほどで老化制御や寿命制御のメカニズムにも迫れるようになってきて、少なくとも「寿命」がどのようにコントロールされるのかについてはずいぶんいろいろなことがわかってきた。じつは寿命の長さは、遺伝子に大きく左右されていたのだ。

本書では、「寿命」を制御する遺伝子、すなわち「寿命遺伝子」についての最近の研究成果を中心にすえながら、「老化」のプロセスの中でのそれぞれの遺伝子の役割や意義を解説する。遺伝子制御の観点から考えていくと、「老化制御」もあながち不可能ではない。そこにこそ、アンチエイジングの科学的根拠が生まれる可能性がある。老化の科学、エイジングのサイエンスをとおして、「老い」の本質を覗いてみよう。

「老化」を理解しようとするとき、人はみな、自分のこと、人間のことが知りたいと思うだろう。ネズミがどう老化しようが、ハエがどう老化しようが、パンやお酒をつくる酵母がどう老化しようが、どうでもいいと思うかもしれない。しかし、科学の本質をとらえようとすると、生物には共通の根源的なメカニズムがあって、ハエでもネズミでもサルでもヒトでも、みな同じことが起こるはずだと科学者は考える。「普遍的」な現象にこそ本質があり、ある生物だけに特殊な「各論的」な現象は、時に少しは面白くても、重要ではないことが多い。

だから研究者たちは土の中にいる体長1ミリほどの線虫《せんちゅう》でも、分裂酵母《ぶんれつこうぼ》や出芽《しゅつが》酵母という単細胞生物でも、寿命を研究する。ヒトそのもので実験することはできなくても、これらの生物の研究から意外にも、ヒトにも応用できる新発見が出てきたりしている。

本書は、さまざまな生き物の研究を土台に、生物学的には「ヒト」ともいわれる私たち自身に起こりつつある「老化」を、最先端の遺伝子研究からみていくものである。

人間は１２０歳まで生きることができる、そんな生き物である。サルは60年、ヒトは１２０年なのはどうしてなのかは、いまの科学ではまだわからないが、遺伝子による「寿命」の制御を手がかりにして「老化」を理解していこう。遺伝子には寿命を延ばすものもあれば、寿命を縮めるものもある。そんな寿命遺伝子からつくられる遺伝子産物、つまりタンパク質を活性化したり抑制したりすることで、寿命を左右することが可能になる。つまり、科学的に可能な老化制御は目の前にある。そんな時代なのだ。

現在、寿命遺伝子はおよそ30種類近く知られている。ここでは、そのうち代表的な12個の寿命遺伝子が生命を制御するさまを、遺伝、脳、神経、時間、情報、分子修飾、代謝、そして進化などの観点からみていく。そうすることで、おそらくアルツハイマー病などの老年病への理解も深まるに違いない。

人間にとって、科学は少し難しい。しかし、その難しい科学研究と奮闘してきたのも人間なのだ。本書は「寿命遺伝子を誰がどのようにして発見したのか？」、つまり「研究者」という人間にも焦点をあてている。いわば「長寿遺伝子ハンター」たちがいかに研究の最先端を走ってきたかをぜひ知っていただきたい。彼らの顔写真とプロフィールも巻末にまとめて掲載した。

巷に広がる表面的なアンチエイジングブームにまどわされず、事の本質を覗いてみれば、すでに老いた人も、これから老いゆく人も、自分への見方がきっと変わるに違いない。

自分にとっては「老い」はまだまだ先のことで、関係ないと思っている若い人たちへ。みなさんにもいずれは例外なく、老化はやってくる。いや、これは自分のことだけではなく、家族や周囲の人たちの問題でもある。今日の少子高齢化社会の中で日本の将来をよりよい方向へ進めるためにも、「老い」をしっかりと理解しておくことが大切である。若い人たちの中から一人でも多く、老化の問題にチャレンジする人が出てくることを願う。本書がそういう人の目を開かせることに少しでも役立つならば、著者として、また一人の老いゆく人間としても、とてもありがたいことだと思う。

第4章 疾患 急速に進む老い 60 wrn

第5章 悩脳 長寿化を主導する組織 75 igf1r

第6章 神経 老化ニューロンの守護神 96 rest

第１章　老化

age-1

ライフヒストリー

命には「進化の記憶」が宿っている

ライフヒストリー、それは地球上で連綿とつながる「生命」の歴史そのものであるが、同様に、ひとりの「人間」にもライフヒストリーがある。

両親から「生」を得て、成長し、いずれ成熟して、そのあとまた老いてゆく。最終的には死に至る。その「死」までの人生そのものが「いのちの歴史」なのであり、そのすべてを含めた時間を、その人の「寿命」という。

人間のライフヒストリーや寿命には、地球における生命の「進化の記憶」が宿っている。太古の生命は無限だった。単細胞生物のバクテリアであれば、無限の増殖が可能だった。ところが、酵母菌で「性」が生まれ、ゾウリムシでも「性」が生まれ、「接合」であれ「交配」であれ、有性生殖をするようになると、生命は有限になった。個体としては有限になっても、「性」によってふたつの異なる染色体の「交雑」が起こり、より強いものが生まれる可能性にかけたのであろう。その試みはチャールズ・ダーウィンのいう「自然選択」によって功を奏し、より環境に適応したものが生き残った。生命のロバストネス（頑強性）。それは生物の遺伝子、ＤＮＡの中に育まれている。

人間は小型の哺乳動物から進化してきたという。大昔は大型の捕食動物から逃げ回って、夜行性の生活を送っていた。やがてアフリカのサバンナで木に登り、捕食者たちから逃れると、堂々と真っ昼間、明るい世界の中で行動するようになった。色覚が発達し、立体視も進化した。そんな霊長類から私たち人間は進化した。小型の生物から大型になれば、自然に寿命も長くなった。成長に時間がかかり、その分、成熟後の時間もまた長くなったからである。進化のたびに寿命は延びた。そしていま、人間は１２０年生きるポテンシャルをもっている。それが現代の人類、ホモ・サピエンスなのである。

だが、そうして寿命が延びた分、また、老いの時間も長くなった。

老化はプロセス、寿命は時間

「老化」については誰もが一定のイメージをもっている。年齢とともに、身体や脳の機能が衰えてゆく。髪の毛は薄くなり、筋力は落ちる。ややこしいことをなかなか覚えられなくなったり、簡単なことをふと忘れたりする。まだ「死」を意識することはないが、死ぬまでの時間がだんだんに減っている。それを自分のこととして実感している人もいるだろうし、自分の両親や祖父母をみてなんとなくわかっている人もいるだろう。「老い」は誰にでもおとずれる。遅かれ早かれ、誰の身にも降ってかかることなのだ。

しかし、じつは「老化」は、まだ活動にはまったく不自由を感じないステージと、日々の生活での不都合や身体の不具合を感じるステージとに区別することもできる。なんとなく、前者にはふつうの「老化」、後者には「老境」というイメージがある。英語でいう「エイジング」(aging〔米語〕あるいはageing〔英語〕)と「セネッセンス」(senescence) だ。

前者のエイジングは「エイジ」つまり「年齢」を重ねることなので、日本語訳としては「加齢」という言い方もできる。加齢は成熟後に限ったことではないので、発達期から死ぬまでのすべての期間を通じて「齢」を重ねるという意味でも使われる。だが、後者のセネッセンスはかなり年老いて機能的な不具合もきたし、残念ながら「死」への残り時間を実感するステージに入ってから使われることになる。

生まれてから死ぬまでの時間が「寿命」である。ただし、一個体の寿命だけではなく、私たちが住んでいる社会、あるいは国といった集団にも「平均寿命」と「最長寿命」がある。同世代の人間の半分が亡くなると、それはその社会や国における平均寿命であり、同世代の人間がすべていなくなり、最後の一人が生きた時間が最長寿命である。

細かくいうと、「平均余命」という考え方もある。いま50歳の人があと何年生きられるかは予測することが可能だ。それが平均余命であり、50にその数値を足せば、その世代の平均寿命となる。ただし、いま30歳の人たちの平均余命に30を足した数値は、50歳の人のそれとは違うこともある。同じ国、同じ地域に暮らしていても、世代によって平均寿命は多少異なるからだ。

一方、最長寿命は実績で決まる。われわれ「ホモ・サピエンス」といわれる人類の最長寿命は、19世紀末から20世紀のほぼすべてを南フランスのアルル地方に生きたジャンヌ・カルマンさんの122歳と164日（1875年2月21日～1997年8月4日）である、とされてきた。

寿命は時間であり、老化はプロセスである。寿命は限界であり、老化はそれに行きつくまでの経過である。老化は通り過ぎ、寿命はそれで終わる。

一般には、老化とは成熟期以降をさすことが多い。では「成熟期」とはいつなのだろうか？

人間社会の多くでは、18歳から20歳くらいとされる。たしかにその年齢になれば、ほとんどの人が性的には成熟している。しかし、それは生物学的に言ってであって、社会的な動物である人間として、脳はまだ完全に成熟しているとはいえないだろう。ほとんどの人はまだ子育てをしていないし、仕事の上でも経験が浅く、30代でもまだ「青二才」である。人間のすべての臓器が一緒に成熟するわけではないのだ。集団として比較してみても、成熟の度合いにはかなりのばらつきがある。

人は誰もが、二人の親から生まれ、育まれ、日本では学校に通って義務教育を受け、いまでは半数以上が大学へも進学してから社会に出る。20代半ばのそんな段階で、もう自分が「老化している」などと考える人はいない。しかし、じつは「加齢」は確実に進んでいる。昨日の自分と今日の自分は区別できなくとも、昨年の自分と今年の自分は明らかに違う。確実に「歳をとっている」のである。人はどこで生きようが、何をしていようが、こうして日々、年老いてゆく。

生存曲線の時代変遷

集団としての老化をみるには「生存曲線」をみるとわかりやすい。横軸に「年齢」をとって、縦軸に全人口に対する「生存率」をとる。その「曲線」は時代によって変わる。厚生労働省が1881（明治14）年から1995年（平成7）年までの人口統計からはじき出した、それぞれの時代ごとの生存曲線を重ねて表示した図1－1をみてみよう。

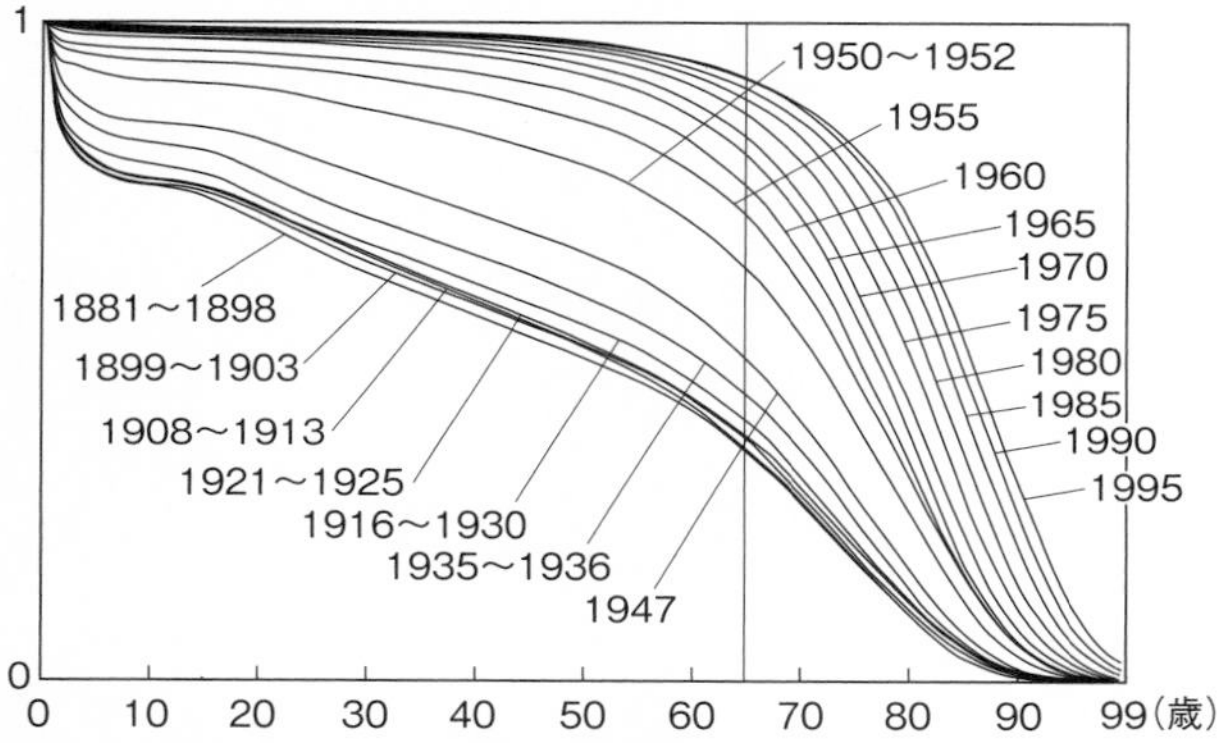

図1-1　日本人の生存曲線の時代変遷（厚生労働省／健康日本21より）

これは女性だけのものだが、一瞥してわかるのは、1947年までのラインと、1950年以降のラインの違いだろう。第二次世界大戦前から戦中までは、だらだらと斜めの直線に近い形で落ちていったものが、戦後は右にふっくらと膨らむような形になっている。それは年々大きくなって、ますます右へ膨らんでいく。

明治時代には出生後の急な落ち込み、「乳幼児死亡」が多かったこともわかる。戦後はずいぶんとそれが減って、現在ではほとんど皆無になった。これは、食生活の改善と生活環境の衛生状態の改善が大きい。さらに、国民皆保険による医療制度の拡充も大きく寄与しているだろう。

こうして明治から平成へかけて、日本人の平均寿命は40歳代から80歳代へと、急激に延びた。これは世界でも類をみない急速な寿命延長である。いまや日本は世界一の長寿国となり、２０１６（平成28）年の統計では、平均寿命は男性81歳、女性87歳。今世紀半ばには、女性の平均寿命は90歳を超えるだろう。

だが、このような急速な平均寿命の延伸の一方で、最長寿命のほうは、あまり変わっていないことにも気づくだろう。明治中期の時代でさえ、90歳を超えて生きている人はそれなりにいた。この図の右下のところは、時代が変わっても、図の本体部分の変化に比べれば、ほとんど同じ90歳から99歳で踏みとどまっている。ただし、この図は１００歳以上の人もこの中に収まるように調整しているので、厳密には正確ではない。しかし、それでも平均寿命の延びに比して、最長寿命は変わらないという傾向はわかる。

科学的に言っても、人間の最長寿命は生物種として決まっている。だから、わずかずつ延びているようでも、それには必ず限界がある。それが「１２０年」（あるいは「１２２年」）といわれる、人類の寿命ポテンシャルなのである。

何が老化を起こし、進めるのか

では、老化は身体のどこが主導しているのだろう？　老化する原因は身体のどこにあるのだろう？　その答えは簡単ではない。

俗に「目—歯—まら」という。視力が衰え、歯が抜けはじめ、そして勃《た》たなくなる。これは男性の場合であり、女性なら第三のポイントについては、はっきりとした「閉経」という現象がある。いずれにしても老化は目から始まることが多いようだが、人によっては「歯—目—まら」のこともあるらしい。どちらであれ、男の場合はじわじわときて、最後にがっくり、となるようだ。

生理学的にいえば、すべての臓器は老化する。そのスピードは多少異なるし、衰えはじめる時期もそれぞれ違うだろうが、おおまかにいえば、老化はいわゆる「感覚器」から始まる。まずは視力が落ち、聴力が落ちるのだ。一般的には、老眼鏡を手にし、補聴器を使うようになると老化が始まったことは明らかだろう。

ただし臓器のほかにも、毛髪に白髪がまじり、また薄くなっていくという形でも、老化は自覚されることになる。

米国のジャクソン研究所で免疫系の老化研究をしていたデーヴィッド・ハリソンが、ある論文に面白い絵を載せていた（図1-2）。自転車を老化する人間に見立てて、「成熟」つまり「完成品」の自転車から「老衰」つまり「こわれる」までの「老化のプロセス」を描いているのだ。

この図からハリソンは、「老化」という現象とは、（A）すべてのパーツが同様に衰えていく、（B）いちはやく老化するパーツ（たとえば前輪）がある、（C）パーツはさほど問題ではなく、その連結性などのシステムが崩壊してゆく、という3つのパターンのいずれかであろうとしてい

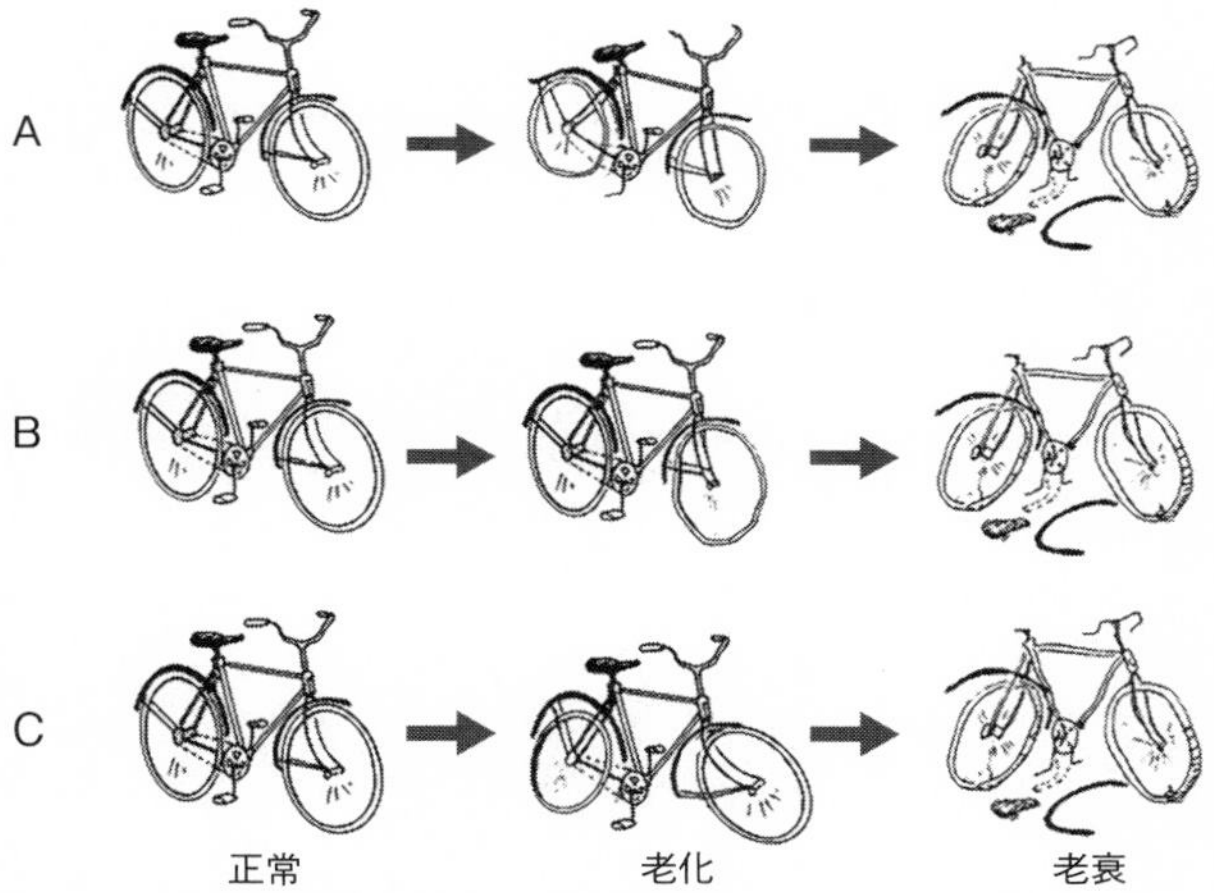

図1-2　自転車のモデルにみる老化についての３つの考え方
A：すべてのパーツが同じように老化してゆく
B：老化を主導する部分がある（図では前輪）
C：パーツの問題より、その連携（システム）の崩れが老化を引き起こす
(D. E. Harrison, 1978より)

る。そのどれが正しいかは何とも言いがたいのだが、研究を進めるうえではこのようなことにも留意しつつ、「老化のメカニズム」を探っていかなくてはならないだろう。

細胞老化とヘイフリック限界

老化を議論するにあたって最初に確認しておきたいのは、老化には「細胞の老化」と「個体の老化」があることだ。私たち人間を含めて動物は、一種のシステムである。さまざまな臓器からなりたち、それらが相互に助け合いながら、ひとつの統一された「個体」として生きている。それに対して、前世紀の老化研究での最大の議論のひとつは、「細胞」の老化だった。個体が老化するのと同様に、個体をつくっている細胞自身が老化する。だから、動物の老化を考える原点は「細胞老化」にある、とする考え方だ。

細胞老化の概念を提示したのは、いまから半世紀も前の1961年に、米国のカリフォルニア大学サンフランシスコ校（UCSF）にいたレオナード・ヘイフリックと、共同研究者だったポール・モーアヘッドの共著論文である。

ヒトの皮膚の細胞を採取して、培養室のシャーレの中で生かす。細胞は分裂して増えるから、ときどきそれを回収して、一部の細胞を次の新しいシャーレに撒きなおす。数日おきにそれを繰り返す。細胞を少し分割して撒きなおすことを「パッセージ」といい、日本語では「継代培養」という。「代」を継ぎながら延々と培養しつづけるということだ。

パッセージされた細胞は、そのたびに自然に増殖した。それは延々と続き、彼らは40回以上もパッセージを繰り返した。実験を開始してから4ヵ月以上たっても、そのまま観察を続けた。ところが、それからしばらくして「異変」に気づいた。少し細胞の増殖のしかたがおかしい。スピードが鈍くなり、しかも細胞の形が変わりつつあった。ヒトの皮膚から取り出した細胞はピンと引っ張った「繊維」のような形をしているものだが、どうも扁平で、のっぺりした細胞がめだってきた。若い細胞が小ぶりでスリムなのに比べ、継代を繰り返し、いわば年老いた細胞は、太っちょでのっぺりしてみえた。そして、それらはもう分裂していないようだった。

彼らは注意深くいろいろな関連実験を進めながら、とにかく継代培養を続けようとした。しかし、63回目でついにすべての細胞が、それ以上は分裂しなくなった。すべてが扁平になり、増殖は完全に止まってしまったのだ。

さきほど図1－1に示した明治から平成にかけての日本人の生存曲線と同じように、この細胞の「生存曲線」を描いてみると、図1－3のようになった。

45回目までは生存率100パーセント。シャーレの中の細胞数はほぼ一定だった。しかし、それからあと、63回目までは細胞数がぐんぐん減った。分裂が止まってしまった細胞が増えたからだった。実験開始から270日、9ヵ月が過ぎていた。

彼らは、実験を開始して細胞を撒きはじめてから、細胞の増殖が安定化するまでの短い期間を「フェーズ1」とし、細胞増殖が安定した長い時期を「フェーズ2」と呼んだ。そして、最後のステージ、分裂が止まる45回目から63回目までの時期を「フェーズ3」とした。さらに、他の実験結果も慎重に勘案し、「フェーズ3」で扁平に広がり増殖を停止した細胞を「老化した細胞」と考えた（図1－3上）。この細胞は「WI－38細胞」として世界中の研究者へ提供され、これによりたくさんの細胞老化の研究が進められた。なお、日本では東京都の老人研（現在の東京都健康長寿医療センター研究所）で類似した細胞株が樹立され、「TIG－1細胞」として多くの研究に供された。

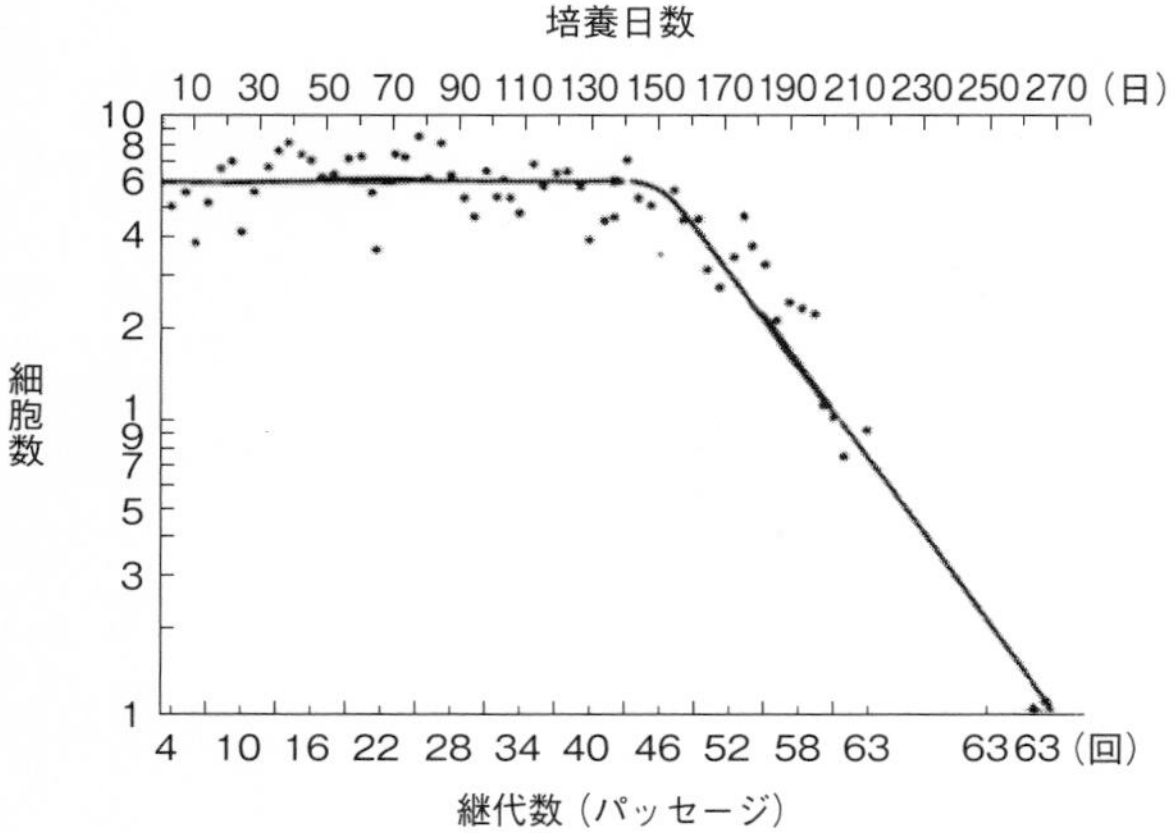

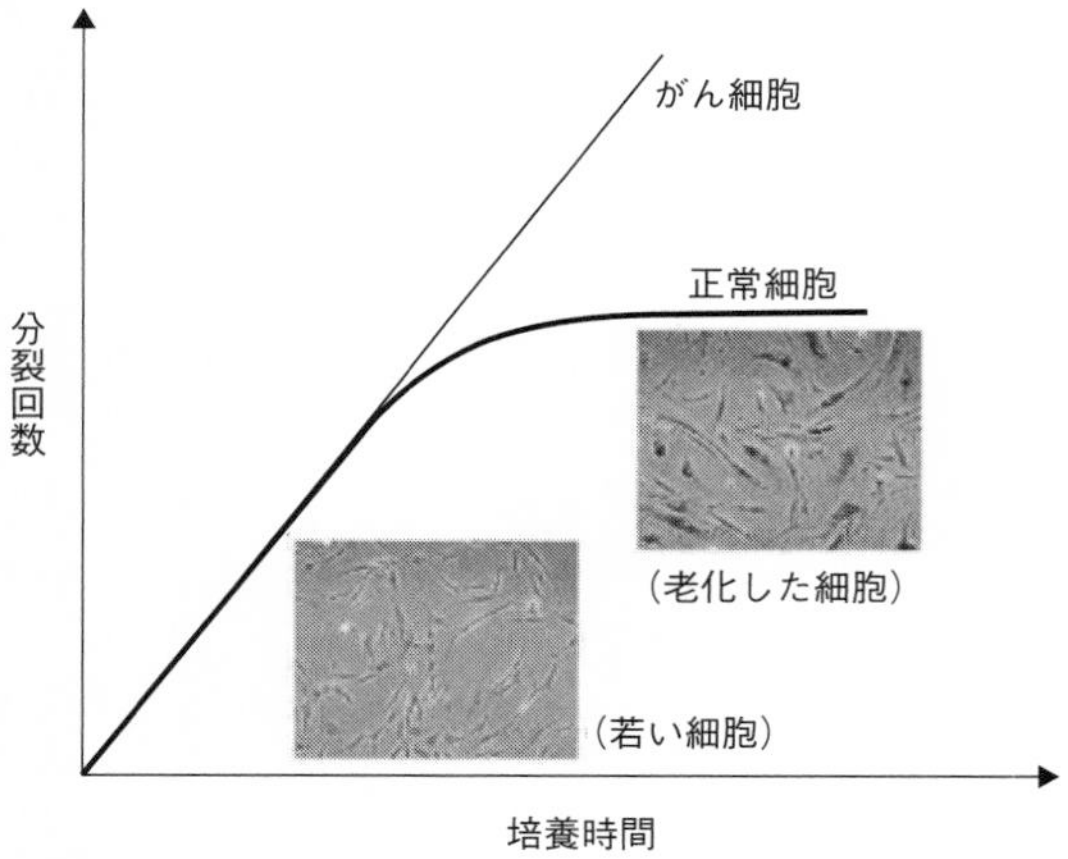

図1-3　細胞老化（上：ヒト細胞の生存曲線　下：細胞増殖のイメージ）
上：人間の線維芽細胞をシャーレで継代培養すると、45回目で細胞増殖が止まりはじめ、63回目で完全にストップした。この間のステージを「フェーズ3」といい、細胞老化の段階と考える
下：がん細胞は無限増殖可能だが、正常二倍体細胞は「フェーズ3」で細胞分裂が止まり、細胞は老化する。分裂回数の限界を「ヘイフリック限界」という
（上はヘイフリックの原著論文（1961）から、下は長寿科学振興財団のHPより、一部改変）

このように、染色体に異常のない細胞（「正常二倍体細胞」という）は、ある期間は増殖を続けるが、60回ほどの分裂を繰り返すと、増殖が停止する（図１－３下）。このステージは、発見者に敬意を表して「ヘイフリック限界」（Hayflick limit）と呼ばれている。この段階にみられる細胞には、老化の「目印」になるものが出てくる。これを「老化関連性ベータガラクトシダーゼ」（SA-β-Gal）という。シャーレの中で細胞染色してみると、青く染まった細胞が「老化細胞」だとわかる。

「老化時計」テロメアの発見

ヘイフリックによる「細胞老化」現象の発見以降、１９７０年代、そして80年代にかけて、細胞老化の研究は世界中に広がった。老化で何が変わるのか、細胞分裂のプロセスを調節しているものはいったい何なのか、分裂回数や分裂の限界を決めるものは何なのか？　さまざまな細胞の変化の様子が調べられた。だが、こうしたシャーレの上での老化、別の言い方をすると「インビトロの細胞老化」についての最もインパクトのある発見は、それからだいぶたった１９９０年にようやく達成された。それが「テロメア短縮」の現象である。

当時、カナダはオンタリオ州のマクマスター大学にいたカルヴィン・ハーレイが、米国ニューヨーク郊外のコールドスプリングハーバー研究所のキャロル・グレイダーたちとの共同研究で突きとめたもので、ハーレイはのちにジェロン（Geron）という老化研究の会社を立ち上げ、グレイダーらは2009年にこの発見によりノーベル生理学・医学賞を受賞している。

ヒトの正常二倍体細胞は22本の染色体と、XとYの性染色体をもつ（女性の細胞にはY染色体はなく、X染色体が2個、つまりダブルX）。それらが細胞の核の中にあって生命にとって重要な遺伝子、DNAを守る。染色体の中のDNAは、いわゆる「A」「G」「C」「T」の4つのヌクレオチドがランダムに並んだ非常に長い紐のようなものなのだが、その末端部分に「テロメア」と呼ばれる「反復配列」（TTAGGG）がある（図1-4上）。その長さは、最初はどの細胞でも1万塩基対（10kb：キロベース）ほどあるのだが、細胞分裂のたびに、それが短くなっていく。だから、人間の加齢の過程を通してみると、テロメア反復の長さはしだいに短くなっていて、とくに白血球や顆粒球でそれが明らかだった（図1-4下）。そして、その長さが2000塩基対にまで短くなると、細胞はそれ以上分裂できず、「分裂限界」となることがわかった。じつは「ヘイフリック限界」が生じる理由はここにあったのだ。

テロメアは、いわば「老化の砂時計」のようなものである。細胞の分裂ごとにチクタク、チクタクと何かの振り子に突き動かされて、回数券のチケットを切っていく。このテロメアの長さが細胞の寿命を決めているのだ。

しかし、テロメア自身は「寿命遺伝子」ではない。遺伝子とは何らかのタンパク質の合成を指

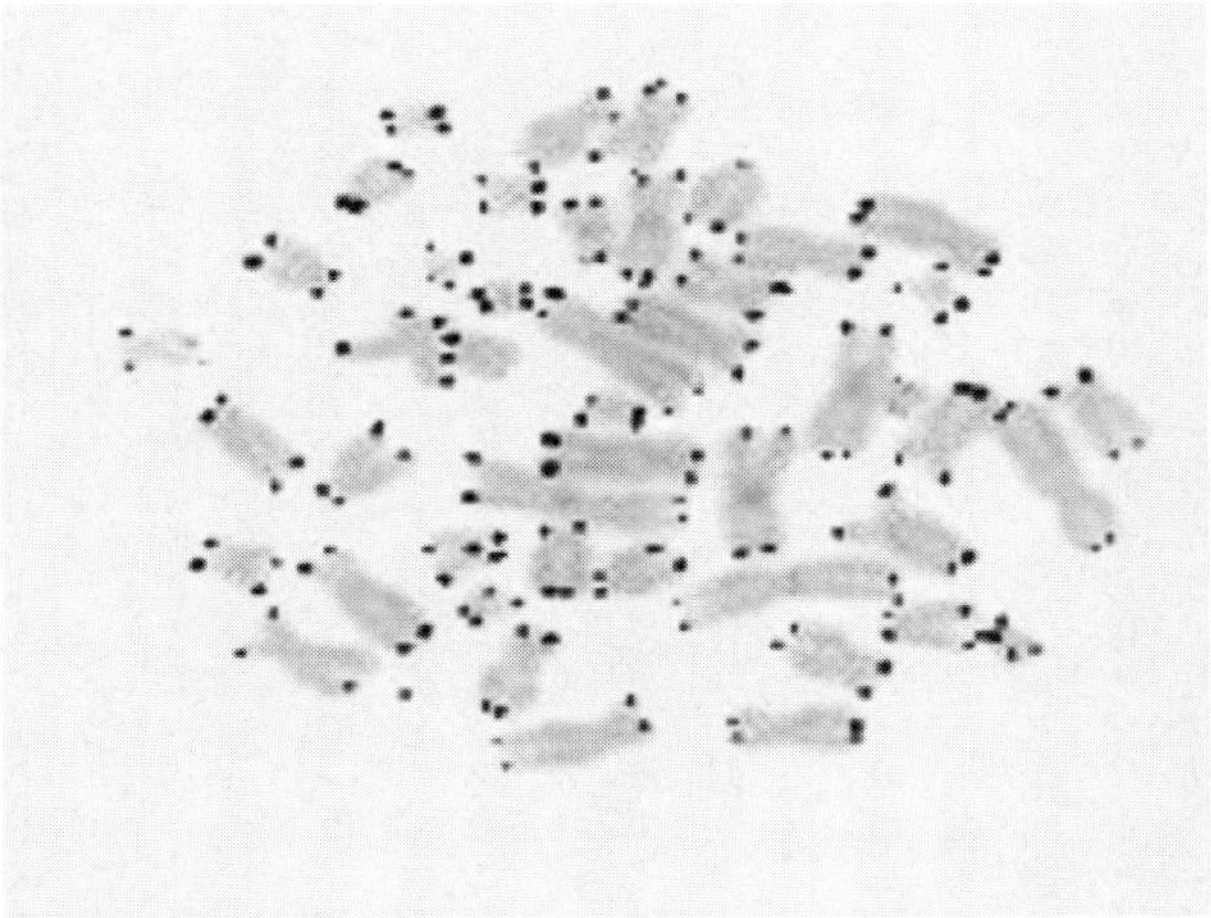

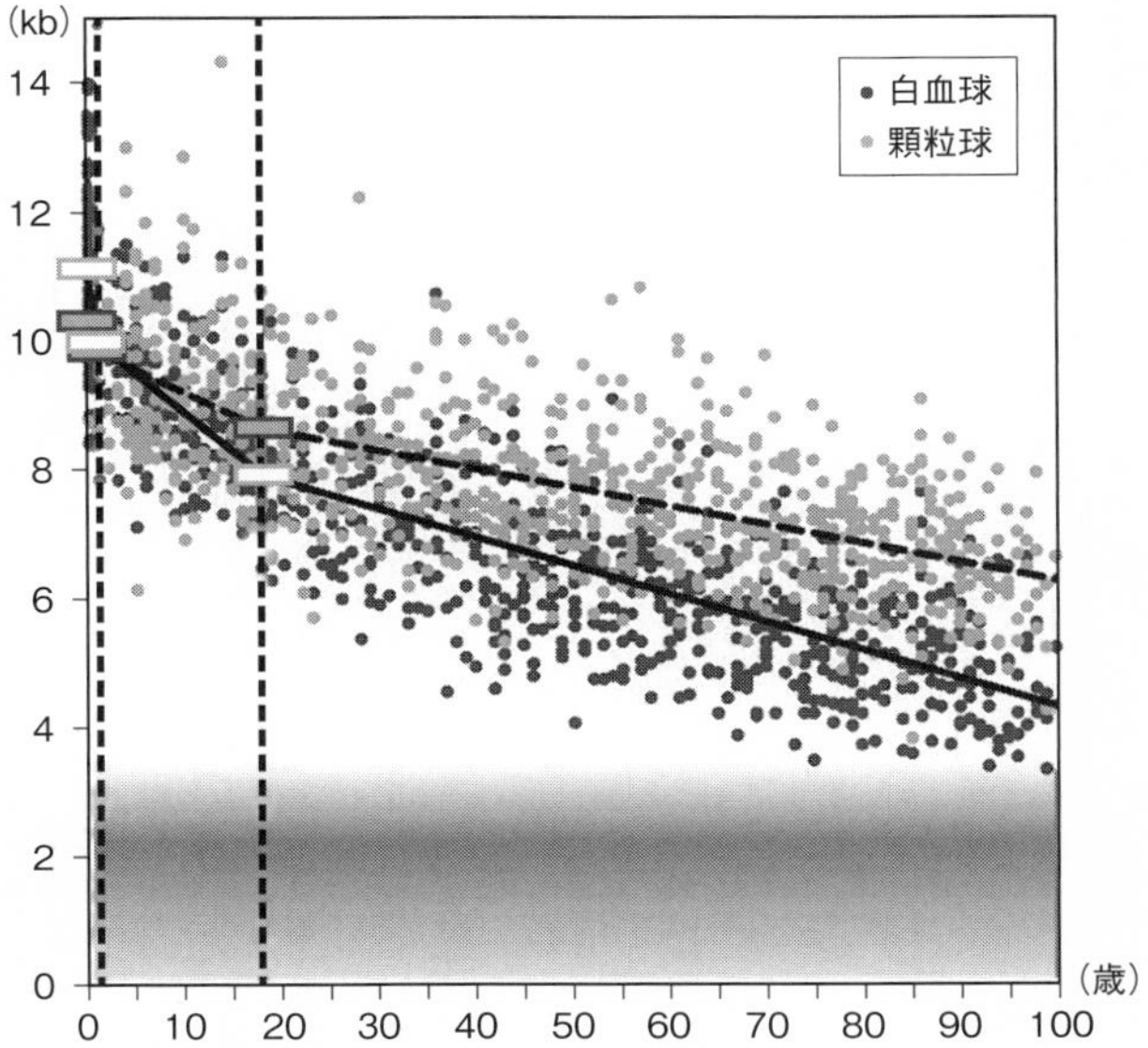

図1-4　細胞の中のテロメア（上）と長さの短縮（下）
上：細胞の核の染色体で、点のように見える末端構造がテロメア
下：０歳から102歳までの800人以上のヒトの白血球と顆粒球でテロメアの長さを調べた集計データ。生後すぐに約１万塩基対（10kb）あったテロメアは18歳までで大幅に短かくなるが、その後もゆるやかな傾斜でずっと短縮は続く
(G. Aubert et al., PLoS Genetics, 2012より改変)

令する遺伝情報源としてのDNAだが、テロメアにはタンパク質の合成を司令する作用はない。テロメアの長さは「テロメラーゼ」という酵素によって延ばすことができる。ならば「フェーズ3」の老化した細胞にテロメラーゼを導入して発現させてやれば、細胞は若返るのではないか？　そう思って実験した人がいる。すると、確かに細胞は再び分裂を始め、老化は抑制された。だが、別の問題が生じた。テロメラーゼによって細胞分裂が促進されるのは、がんで細胞が活性化されるからだった。細胞だけで考えればいいのだが、動物や人間などの「個体」システムとして考えると、個体ががんに侵されるという危険があるのだ。

ターゲットは「細胞老化」から「個体老化」へ

このように「細胞老化」の研究は、一時は世界中で盛んになされたのだが、現在はだいぶ下火になっている。「発がん制御」という視点ではいまも、詳細な解析を可能にするすぐれた系として研究が進んではいるが、それは老化研究ではなく、がん研究である。

一方で、老化細胞は分泌性の刺激因子（炎症性の「サイトカイン」）をさかんに放出することがわかってきた。それは「老化関連性分泌現象」の略称として「ＳＡＳＰ」（サスプ）と呼ばれる。年寄りの細胞からは、なにか「よだれ」のようなものが出てくる……そんなイメージだ。その分泌を抑えてやれば、老化防止には効果があるだろうと見込まれ、その方向での研究も進んでいる。しかし、これも細胞レベルでのことだ。

それまでの細胞老化の研究は、ほとんどが「分裂細胞」の分裂能力の限界を「寿命」と捉え、それに向かう細胞自身の機能的変化を「老化」として研究してきた。しかし、じつは動物には、神経細胞や筋肉細胞のように、成体になるともはやまったく分裂増殖することがなくなる「非分裂細胞」もある。だから、研究室のシャーレの中での分裂細胞の結果だけでは、個体の老化現象までを説明することは到底できないのだ。したがって細胞レベルだけでなく、何かしらの動物の個体レベルの系を使った「個体老化」の研究が必要となってくるのである。

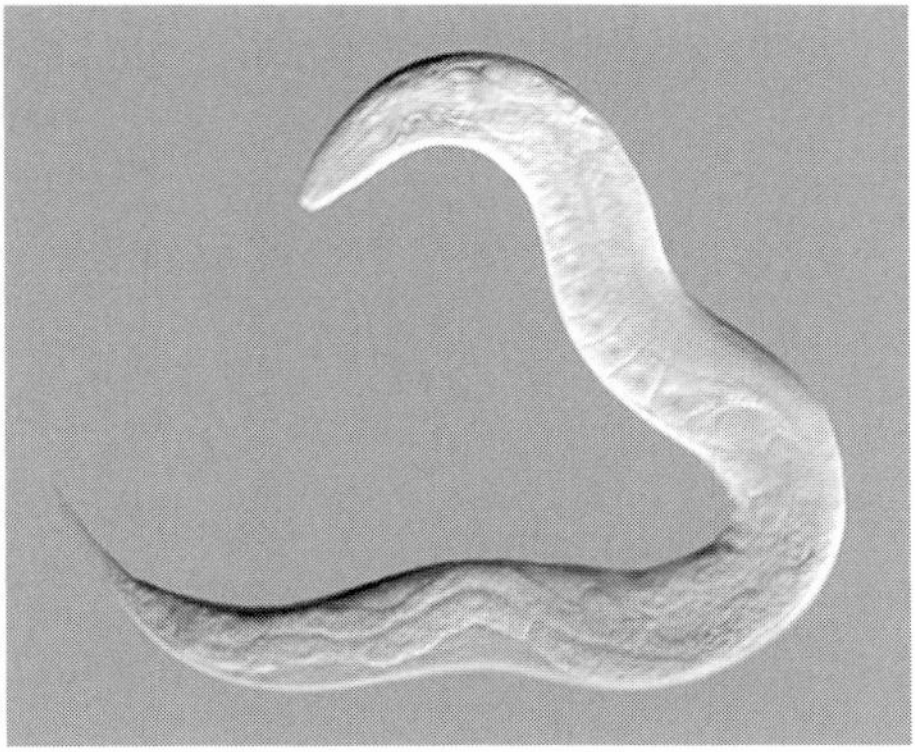

図1-5　シー・エレガンス

１９７０年代から生物学研究では、新しいモデル動物の開拓が進んだ。その有用性からとくに劇的な発展をみせたのが、線虫の一種を利用した研究だった。「土壌線虫」あるいは「ネマトーダ」とも呼ばれる、*C. elegans*（シー・エレガンス）という土の中にいる体長１ミリほどの小さな生きものである（図１－５）。

この単純な生物を、分子遺伝学・分子生物学の観点から活用する方法の基礎を固めたのは、英国ケンブリッジの医学研究会議（ＭＲＣ）分子生物学研究所にいたシドニー・ブレンナーだった。

彼は１９７４年の5月に、「線虫の遺伝学」を可能とする決定的な論文を発表した。線虫の遺伝子ゲノムにさまざまな突然変異を網羅的に誘発させて、３００個の変異体、すなわち、線虫の「ミュータント」をつくった。そのうち77個に「行動」の異常を確認した。当時、１００個ほどの遺伝子についていては、すでに遺伝子座（染色体における遺伝子の位置）が特定されていて、その遺伝子がどのような形質を伝えるかがわかっていた。

さらにブレンナーはこれに続く2報目の論文として、同じ研究所にいたゲノムプロジェクトの牽引者ジョン・サルストンと共著で、線虫のゲノムＤＮＡを解析した結果を世に出した。これによって、この小さな虫（ワーム）が、すでに実験モデル生物として確立されていたショウジョウバエと同等に、いやそれよりはるかに簡便に使える有用なモデル生物であることを示してみせたのである。その後、ブレンナーは線虫の生物学の世界的リーダーとして研究を牽引し、線虫を利用した細胞死（アポトーシス）の発見により、２００２年になってノーベル生理学・医学賞を受賞している。

線虫で追いかけるのは「老化」ではなく「寿命」

ブレンナーがひらいた新たな時代の流れの中で、いちはやく線虫を具体的な研究利用に結びつけることに成功した一群の研究者がいた。米国はロッキーマウンテンの山裾の町、ボールダーにあるコロラド大学のトム・ジョンソンたちである。

じつはコロラド大学では彼らより少し前にも、デービッド・ハーシュやマイケル・クラスといった人たちが1970年代後半から、線虫のどこかの遺伝子を壊すことで、寿命が短くなったり長くなったりすることはないか？ 遺伝子をどうやって壊すか？ 線虫の寿命をどうやって正確に測るか？ といった、線虫を使う研究システムの開発を急いでいた。このような、遺伝子を壊されたことで寿命が大きく変化した個体のことを「寿命ミュータント」という。

当時、ケンブリッジでもブレンナーの研究室に米国からシンシア・ケニオンが留学して線虫の研究を開始しており、またしばらくしてブレンナーの近くに今度はスイスからジークフリート・ヘキミも留学してくる。後述するように、彼らも線虫によって非常に重要な発見をすることになる。ほかにも世界中で競争はあっただろう。だが、線虫研究においては、コロラド大学の集団が先陣を切っていくことになったのである。

重要なポイントは、これら線虫研究ではいずれも、「寿命」に焦点があてられたことである。

「老化」ではなく「寿命」なのだ。

この章の冒頭での議論のように、老化と寿命は異なるが、密接に関係している。線虫を使って、若い線虫と歳とった線虫を比べて、細胞の状態がどうか、タンパク質の発現がどうかといった生化学的なことを調べれば、老化によって何が起こるのかを知るデータにはなるだろう。しかし、それではおそらく、些末で断片的なことがわかるだけで、本質的なことは見えてこない。

生化学ではなく「遺伝学」を駆使して、突然変異体をとる。それも、話がややこしくなるであろう「老化のミュータント」ではなく、単純に「一生の長さ」として測定し、比較することができる「寿命ミュータント」をとる。この戦略が功を奏したのだ。当時、1970〜1980年代には、マウスを実験動物にして老化研究を進めた研究者も多かった。しかし、それは老若動物を比べて、タンパク質のレベルがどうの、酵素の活性がどうの、といったごくわずかの差異を記述するだけの研究がほとんどだった。それに比べて、線虫の遺伝学は「寿命の変化」をすっきりと示してくれる——そう期待された。大きく寿命が変わるミュータントがひとつでもとれれば、あとは、その遺伝子をもとの線虫の遺伝子とつぶさに比較して、何が変わったのか、どの遺伝子が寿命の違いを生み出すのかを突きつめていけばよい。生化学的なややこしい比較をする必要はないのだ。

しかし、「最初の一歩」を手にすることは簡単ではなかった。誰が最初に「寿命ミュータント」をつくるのか、その競争に決着がつくまでには、ブレンナーの論文から10年以上の年月が流れていた。

エイジ1：世界最初の「長寿ミュータント」

寿命ミュータントを探すには、たくさんの線虫がもっている遺伝子に一気に傷をつけるような操作をして、長生きしている虫だけを拾い出す。こうした寿命探索（スクリーニング）の競争で、世界で最初に寿命ミュータントを手にし、1988年に論文に発表したのがトム・ジョンソンだった。競争の先陣を切っていたマイケル・クラスらがいたコロラド大学で研究をスタートし、その後すぐにポストを得たカリフォルニアの大学で奮闘した結果、手にした大きな成果だった。それは、もとの線虫よりも大きく寿命を延ばした、長寿の寿命ミュータントだった。いわば「長寿ミュータント」である。このニュースはすぐに世界中に広まった。

だが、ミュータント探索の競争は続く。ひとつとってもうかうかしてはいられない。トムはさらに、同類のミュータントをふたつ増やして、その年のうちに3種類のミュータントをとった。変異を起こさせたのはいずれも、2番の染色体にある遺伝子だった。彼はその変異体を「age-1」（以下、エイジ1）と命名した。「寿命」に着目してとった変異体だったが、その名称は「ageing」（=老化）からとったのである。老化のしかたが変異したミュータント、老化が遅くな

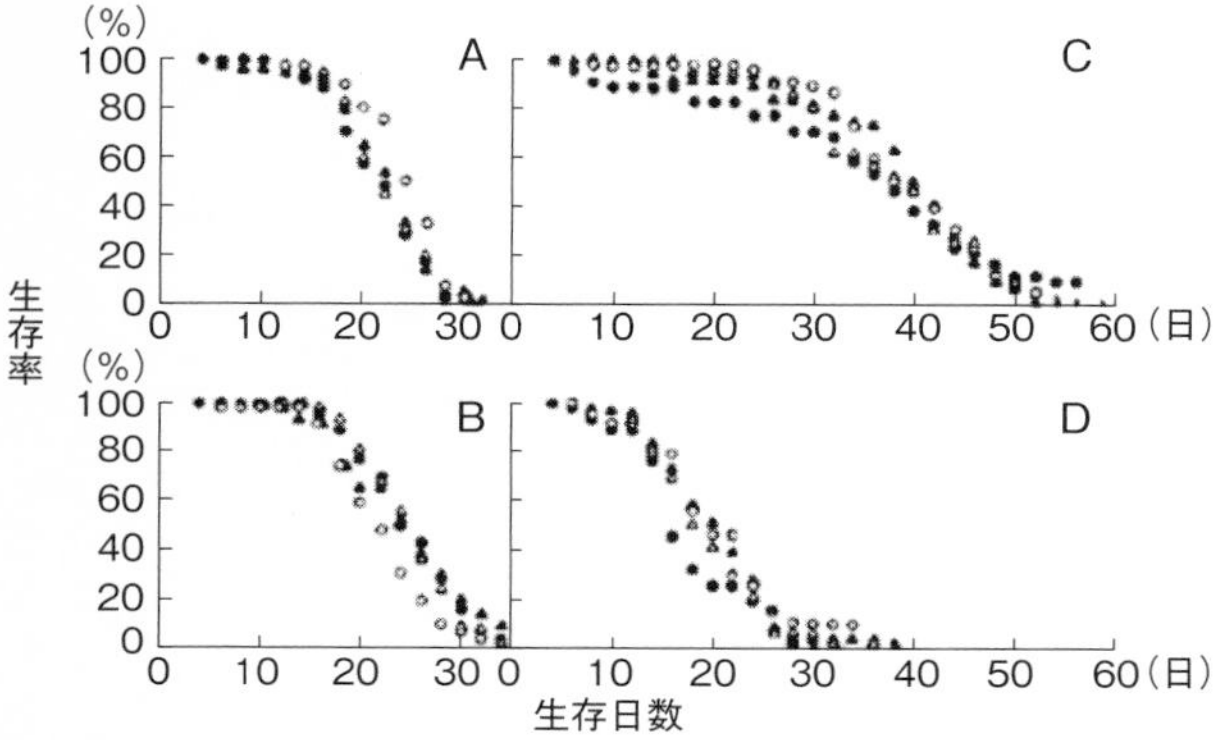

図1-6　エイジ1の生存曲線
A：世界中で対照群として使われる線虫の野生株N2の生存曲線
B：N2に類似した親株DH26の生存曲線
C：エイジ1ミュータントのひとつ、TJ411の生存曲線
D：DH26とTJ411を掛け合わせた子供の生存曲線
（T. Johnson,1990より）

ったミュータント、という解釈からだった。

　エイジ1の生存曲線は、以下のように変異した（図1－6）。まず、対照群（N2、DH26）の平均寿命は20日であったのに対し、エイジ1のある系統（TJ411）の平均寿命は35日と、ほぼ70％延びた。また、最長寿命は、対照群で30～32日であったのに対し、TJ411では58日だった。図のCで、エイジ1は「長寿命」とわかるのだが、図のDは、対照群の親と掛け合わせて変異した遺伝子が「半分」になると「長寿化」効果がなくなることを示している。2本の染色体の片方だけではダメで、両方の染色体のエイジ1遺伝子が壊れないと「長寿」にならないのだ。

　こうした遺伝を「潜性（劣性）遺伝」という。対して、片方の変化だけで変異する遺伝を「顕性（優性）遺伝」という。

対照群であるN2やDH26では、遺伝子エイジ1は正常に機能しているが、エイジ1が壊されて機能していないミュータントTJ411は、長寿になった。だとすると、エイジ1遺伝子は、寿命が長くならないようなはたらきをしていると考えられる。では、エイジ1遺伝子は具体的には、いったい何をしているのだろうか？

すべての遺伝子は、必ずひとつのタンパク質をつくる。これを「遺伝子産物」という。遺伝子の機能とは、遺伝子産物であるタンパク質の機能のことであり、そのタンパク質が何をするかで遺伝子のはたらきが決まる。エイジ1遺伝子の遺伝子産物が「AGE‐1」というタンパク質であるとすれば、AGE‐1のはたらきがすなわち、エイジ1のはたらきということになる。

では、AGE‐1は何をしているのか？　それは遺伝子をクローニングしてみないとわからない。遺伝子のクローニングとは、染色体上のその遺伝子がある部分を調べて、いわゆる「A」「G」「C」「T」の塩基配列を突きとめることだ。そうすることで、それらを組み合わせて表現される遺伝暗号がコードするアミノ酸が決まり、何のタンパク質なのかがわかるのだ。エイジ1の場合は、線虫の2番の染色体の上のエイジ1遺伝子をクローニングしてコードされるアミノ酸を決めることになる。

線虫の長寿ミュータント、エイジ1変異体をとったトム・ジョンソンにも、エイジ1が何をしているのか、その時点ではわからなかった。トム自身をも含めた、エイジ1遺伝子のクローニング競争が世界中で始まった。

謎解きは続く

「エイジ1遺伝子のクローニングに成功」のニュースは、それから8年たった夏の日に、米国東海岸から発信された。競争に勝ったのは、ハーバード大学の大学病院であるマサチューセッツ総合病院（ＭＧＨ）のギャリー・ラフカンのグループだった。１９９６年８月８日付の論文である。

彼らはエイジ1遺伝子の染色体上での位置を精細に特定し、遺伝子配列を決めて、コードされているアミノ酸を知った。それはヒトやマウスの細胞にある「ＰＩ３Ｋ」と略称される酵素のサブユニットであるｐ１１０ａによく似ていた（図１‐７）。ＰＩ３Ｋとは、細胞内でリン脂質をリン酸化するはたらきをするキナーゼという酵素の一つで、「Ｋ」はキナーゼのことである。サブユニットとは、複数のタンパク質から構成される酵素複合体の中のひとつのタンパク質のことで、いわば酵素の「部品」のようなものと思っていただければいいだろう。

線虫とマウスのアミノ酸配列の類似性はせいぜい22〜37％程度だが、エイジ１に関わる部分の分子全体に広がるアミノ酸の並び方は、ほぼ完全に一致していた。ラフカンらは、それで確信を

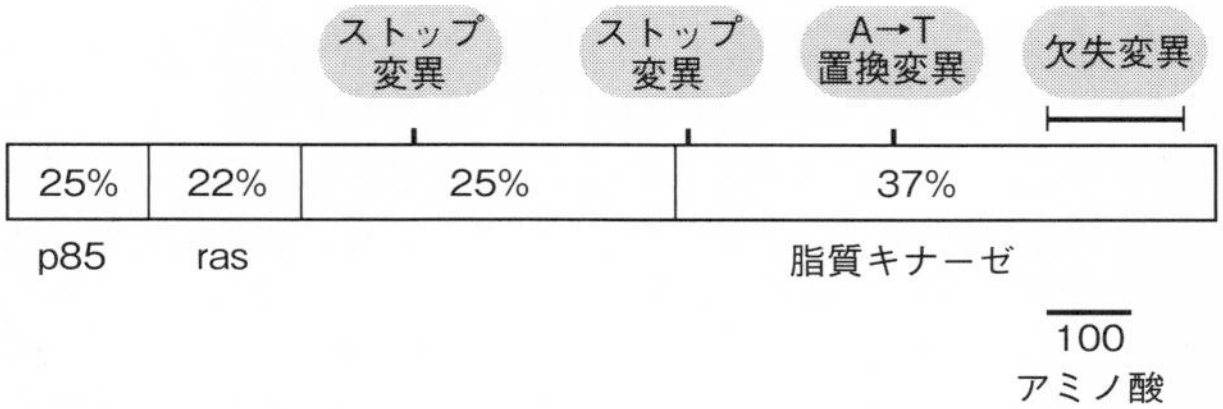

図1-7　エイジ1の遺伝子産物は酵素PI3Kのサブユニット
ドメイン中の数字（%）は線虫とマウスの配列の相同性。ドメイン構造の上に示したのはエイジ1の変異箇所（J. Z. Morris et al., Nature, 1996より）

もった。線虫のエイジ１は、ヒトやマウスなどでリン酸化反応を行う酵素ＰＩ３Ｋのサブユニットであると結論づけたのである。

こうしてエイジ１がコードするタンパク質（ＡＧＥ－１）の実体がＰＩ３Ｋであることはわかった。だが、それが変異すると、すなわち壊れると、どうして線虫が長生きになるのだろうか？　それはまだ謎のままである。科学研究はつねに謎解きだ。ひとつの謎が解けると、すぐに次の謎が生まれる。エイジ１の謎解きは、そのまま次の章へと続いていく。

COLUMN 1

遺伝子の名前　タンパク質の名前

誰にでも名前があるように、すべての遺伝子には名前がつけられている。遺伝子の産物であるタンパク質にもまた、名前がある。

しかし、遺伝子の種類は線虫でもヒトでも２万～３万個もあり、タンパク質の種類はもっと多い。それらを正確に区別できるように名前をつけるのは大変だ。そこで、ネーミングには基本的に次のようなルールが暗黙の了解として存在する。

（1）**遺伝子もタンパク質もアルファベット**で表記する

（2）**遺伝子は小文字、イタリック、３文字**。必要に応じて数字を付加する。第1章で登場した線虫の *age-1*、次の章で登場する *daf-2* や *daf-16* もこのルール通りだ。

（3）**タンパク質は大文字、普通文字、3～4文字**。ただし例外的に、呼びやすくて意味がある単語でもよい。その場合は**頭が大文字、２文字目以降は小文字**。

第1章で登場したAGE-1は、このルールにのっとり *age-1* の遺伝子産物であることを強調したもので、PI3Kは、phosphoinositide 3-kinaseという酵素名の略称だ。ちなみに、これを日本語で書くと「イノシトールリン脂質（ヒドロキシル基）３位リン酸化酵素」というおどろおどろしい名前になる。例外として、Insulin（インスリン）は「島」に由来し、Methuselah（メトセラ）はユダヤの伝説の長老の名だ。なお、AGE-1とPI3Kは、じつは同じものであることがわかったので、どちらで表記してもかまわない。

以上が遺伝子とタンパク質の名前の基本的なルールなのだが、必ずしもこの通りではない命名もしばしばみられるのがややこしいところだ。結局、一般向けの本をこのルールにとらわれて書いても、それはそれで、かなり読みにくいものになってしまうのである。

そこで本書では、いささか融通無碍な構えとさせてもらった。

遺伝子名は、最初に正式な表記で紹介したあとは、読みやすいように基本的にカタカナで記した。

タンパク質名は、遺伝子名と区別しやすいよう基本的にはアルファベットの大文字で記した。しかし、場合によってはそれでは読みにくく感じられるものもあり（あくまで感覚的なものだが）、それらはカタカナで記した（SIRTUIN → サーチュインなど）。

読者の皆さんには、あまりそこで引っかからずに読み進めていただけたら幸いである。

第2章 寿命

daf-2

延びゆく命

生物に共通する寿命曲線

第1章でみたように、日本人の平均寿命は年々延びている。食事、栄養、衛生環境、医療の改善によって、日本人の生存曲線は右肩が膨らむようにシフトしてきた（図1－1参照）。しかし、最長寿命はというと、さほど変わっていない。それに比べて、線虫の「長寿ミュータント」エイジ1では、平均寿命も最長寿命もほぼ2倍に延びた。PI3Kというタンパク質のアミノ酸が部分的に壊れただけで、寿命が極端に延びたのである。いったいそれは、なぜなのだろう。

図2－1は、ヒト、マウス、ショウジョウバエ、そして線虫の典型的な生存曲線を重ねたもの

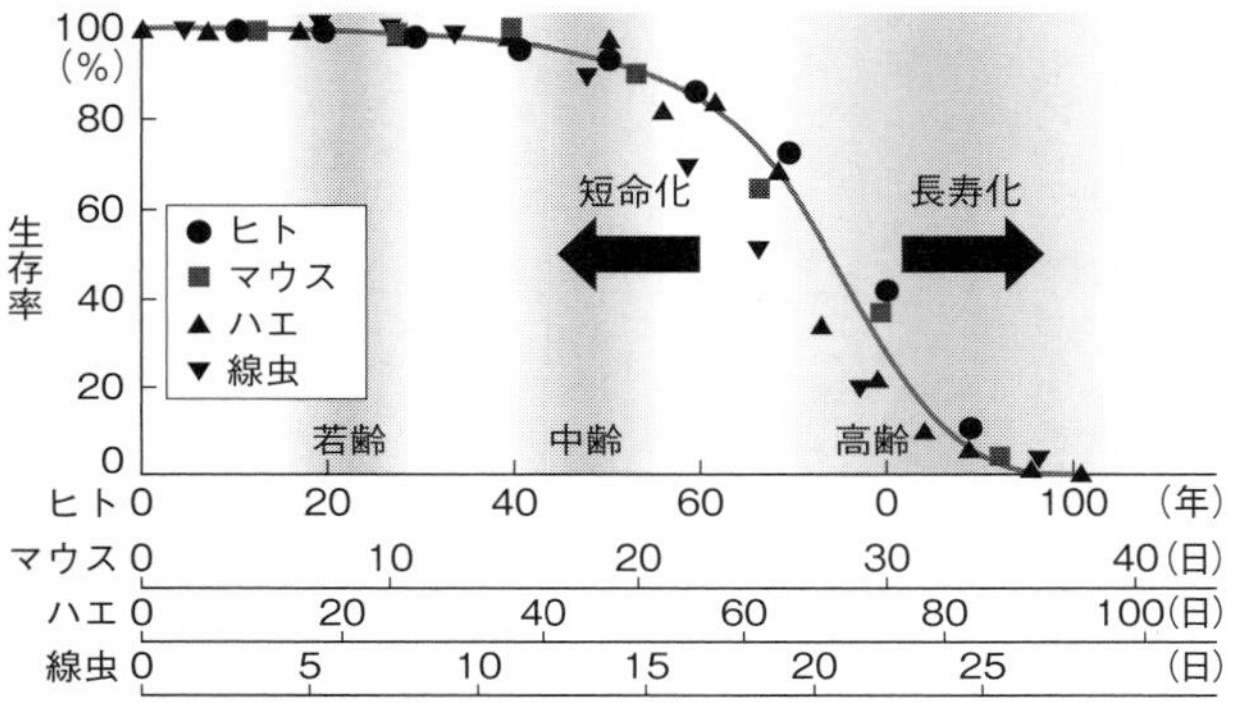

図2-1　生存曲線の普遍性
ヒト、マウス、ショウジョウバエ、線虫の生存曲線。寿命はさまざまだが、生物集団としての老化と寿命はよく似ている。長寿化は右へ、短命化は左へ、グラフがシフトする（後藤佐多良、細胞工学、2002より改変）

である。マウス、ハエ、線虫の研究室での環境が、現代の人間社会のように栄養も衛生状態も非常にいい状態であれば、生存曲線はすべて図のように、右に膨らんだ形（シグモイド曲線という）になる。だが、自然環境下では、ハエや線虫の生存曲線はこうはならず、だらだらと右下がりの直線状に下がってゆくのがふつうだ。ヒトでも古代、中世はほぼそれに近かった。衛生状態が悪い場合や、（昨今の新型コロナウイルスのように）集団全体が強烈な感染症に見舞われた状況などでも、同様である。

つまり、生存と死のバランスを決めるおもな要素が、特殊な外因か、比較的安定した内因かによって、生存曲線は変わってくる。内因には、複数（あるいは無数）の遺伝子や、代謝系などによるランダムな影響も含まれる。そして衛生状態も栄養も十分に行き届いた実験室では、現代の人間社会と同様、図のようにある意味で「理想的な」生存曲線となるのである。

遺伝子変異によって「長寿化」するときは、この図の曲線は右へシフトする。「短命化」するときは左へシフトする。これからエイジ1以外にもさまざまな長寿ミュータントをみていくが、人間では極端な長寿化はほとんど起こらない（あえていえば「きんさん、ぎんさん」や、フランスのジャンヌ・カルマンさんのような百寿者は、あるいは長寿ミュータントの家系なのかもしれないが）。

一方で、短命変異は人間でもたくさんある。たとえば、肺がんや胃がんも遺伝子の異常で生じるが、これらの遺伝子は、寿命に変動をもたらす遺伝子ではない。高齢での病気、たとえばアルツハイマー病の原因となる遺伝子もあるが、それもけっして寿命に直接、影響をもたらすことはない。

ダフ2：もうひとつの長寿ミュータント

１９８８年のエイジ1の発見以降、１９９０年代は線虫の寿命遺伝子発掘に関してさまざまなニュースが飛び交う時代となった。まず、米国サンフランシスコのシンシア・ケニオンらが、daf-2（以下、ダフ2と表記する）というエイジ1に優るとも劣らない長寿ミュータントを拾い、

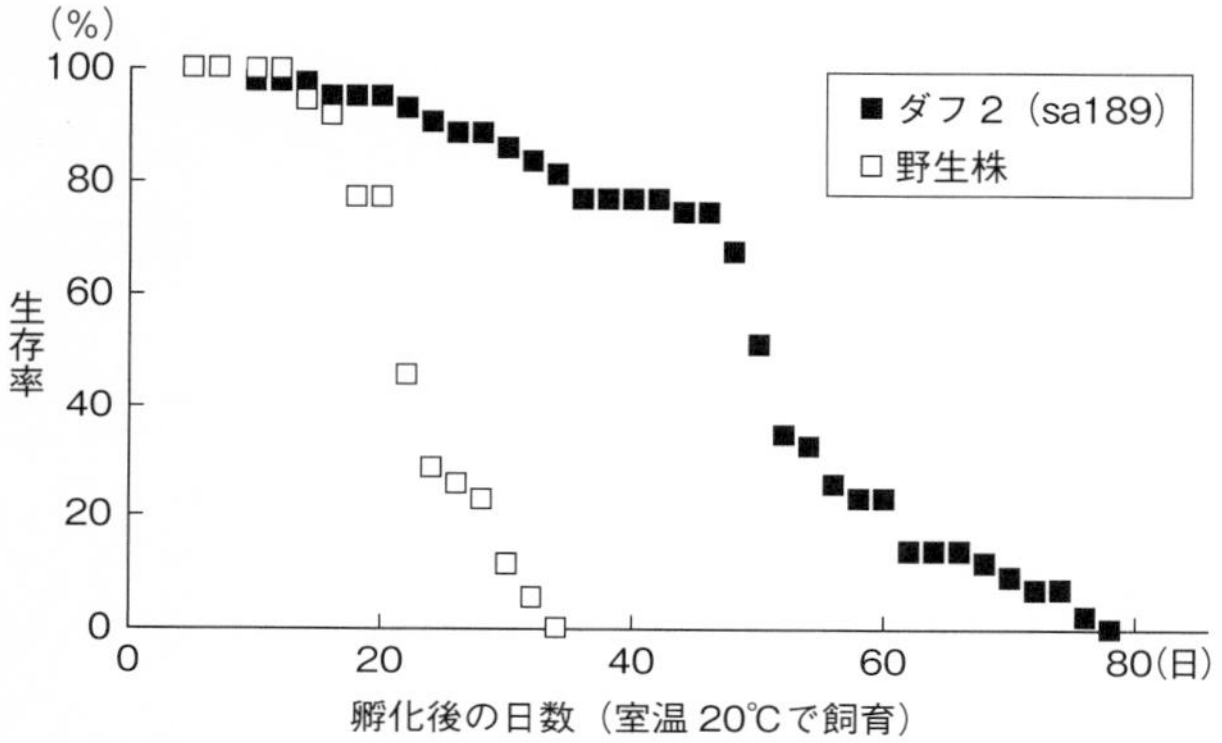

図2-2　ダフ２変異による寿命延長
ダフ２遺伝子の独立した２ヵ所（sa189、e1370）での変異をとったところ、いずれも寿命が２倍になった（図はsa189での変異）（C. Kenyon, 1993より）

１９９３年暮れの論文で発表した。まず、その生存曲線をみてみよう（図２－２）。

ダフ２の機能を阻害したミュータントの生存曲線を対照群と比較したところ、通常の２倍の寿命となった。これはエイジ１よりも劇的な変化である。平均寿命も最長寿命も「倍加」したのだ。線虫独特のくねくねした動きも、ダフ２変異体は対照群よりも元気だった。したがって、よたよたしつつの長生きではなく、健康長寿そのものと解釈された。なお、このようなダフ２変異体は、米国中部のミズーリ大学のドナルド・リドルのラボでもほぼ同時期にとられていた。

「ダウア」という休眠状態

そもそも、daf（ダフ）という名前は、ダウア形成（dauer formation）に異常をきたす一連の

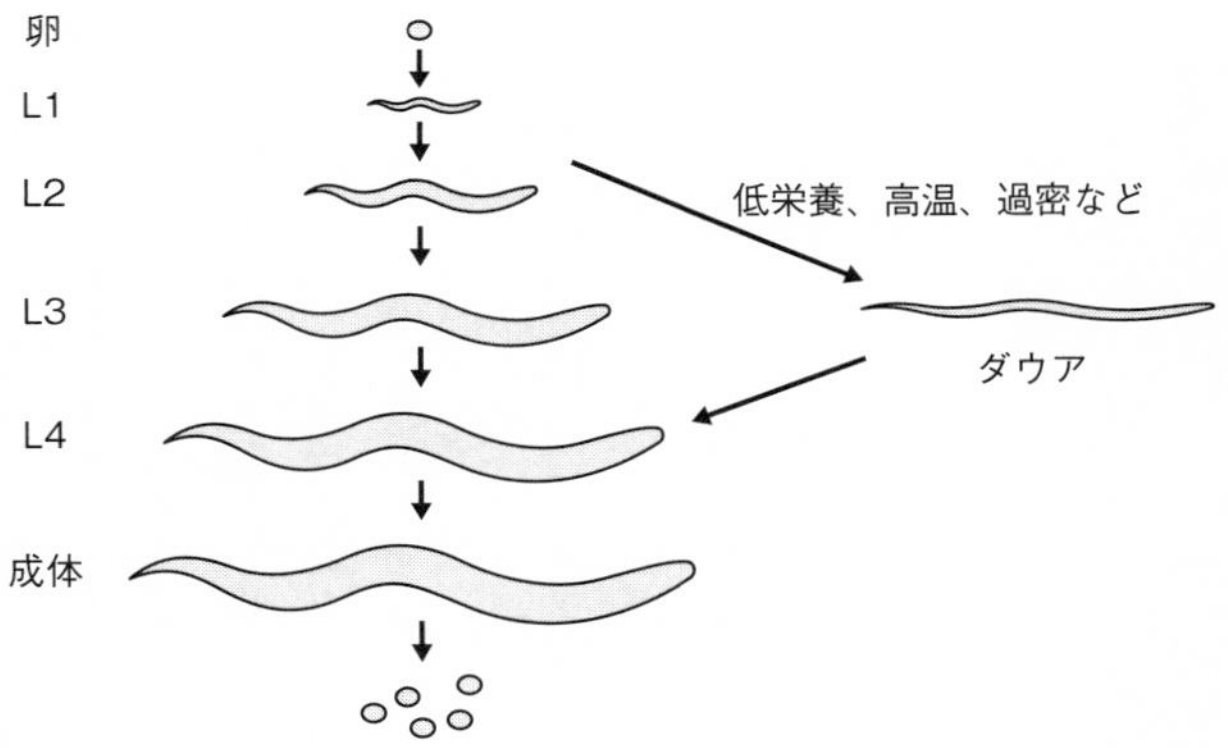

図2-3　線虫のライフサイクル
卵から孵った幼虫は4段階のステージをへて成虫になる。低栄養、高温、過密状態などの厳しい環境下では幼虫はダウアに入り、環境が回復すればもとに戻る
（C. Kenyon, Phil. Trans. Royal Soc. B, 2011より）

ミュータント（変異体）に、その頭文字をとってつけられたものである。ダウアとは、ドイツ語で「耐性」（英語ではdurable）を意味する言葉だ。つまり、耐性に異常をきたすということである。このミュータントには、ダフ1から始まって、ダフ2、ダフ3、ダフ4……と種類があって、少なくともダフ28まである。じつは第1章でみたエイジ1はダフ23であるとしているグループもある。そのほとんどは、発生途上で環境が変わったときの身体の「耐性幼虫」への変化、すなわち「ダウア」の形成異常となって現れる。

　図2－3を見ていただきたい。線虫は本来、土の中で生きている「土壌線虫」

だった。研究室での安定した豊かな生活とは違い、雨風にさらされれば、日照りの日々もある。栄養分が豊富な時期もあれば、そうでないときもある。線虫が幼虫の時期（L1、L2のステージ）は、栄養飢餓、あるいは温度が高いときなどは、堅い殻におおわれたサナギのような耐性幼虫になって耐える。そのとき、L3やL4のステージへの成長は止まる。そして環境がもとに戻れば、また幼虫の成長過程に戻る。これが通常の線虫にみられるダウア形成である。ダフ遺伝子が変異すると、この緊急事態での耐性変化がうまくいかずに、死滅してしまう、そんな個体になるのだ。

そして面白いことに、このダフ変異体シリーズのなかには、ごく軽微な変異によって長寿化へ向かうミュータントがあることがわかったのである。たとえばこれから述べるダフ2のような、たったひとつのアミノ酸の変化によるささやかな変異である。ケニオンらのこの発見は、驚きをもって迎えられた。

ダフ2とインスリンの驚くべき関係

では、なぜダフ2変異で長寿になるのか？　それを知るには、やはり遺伝子をとって、エイジ1のときのように、クローニングしなくてはならない。ダフ2の遺伝子クローニングをめぐる、激烈な競争が始まった。

エイジ1のときは、ハーバード大学マサチューセッツ総合病院のギャリー・ラフカンの研究室、いわゆるラフカン・ラボがとった。では、ダフ2遺伝子クローニング競争の勝利者はというと、またしてもラフカン・ラボだった。1997年8月15日付の『サイエンス』誌に掲載された論文で、その第一著者は日本人の木村幸太郎だった（現名古屋市立大学）。

ダフ2遺伝子の配列から、わかったことがあった。それはヒトのインスリン受容体にとてもよく似ていたのである。線虫にはインスリンそのものはないが、それによく似たインスリン様ペプチド（アミノ酸の重合体）である「インスリン様成長因子」に似たペプチドが40種類ほどある。だから線虫の場合、この受容体の実体は、インスリン様成長因子受容体であると考えられた。そして、ダフ2変異体の線虫のインスリン様成長因子受容体は、ヒトのインスリン受容体と、35％という高い類似性（相同性）があった。また、ヒトにもインスリン様成長因子受容体はあり、線虫のそれとの類似性は34％だった。

つまり、ダフ2遺伝子の変異によって長寿化したミュータントは、ヒトのインスリン受容体に相当する機能が損なわれているということがわかったのだ。ただし、大きな機能欠損ではない。受容体刺激の応答性が減弱するということだ。

よく知られているように、インスリンは人間の身体の中で糖代謝を調節するための重要なファクターである。インスリンを生物が利用しはじめたのは、じつは無脊椎動物（線虫を含む）と脊椎動物が分かれる以前（およそ7億〜8億年前）のことであった。だが、ラフカンによる発見当時の人々はインスリンの起源がそれほど古いとは考えていなかったので、線虫がこれほどヒトに似たインスリン様ペプチド利用の機構をそなえていたことに驚いた。

この発見は、人間でも糖代謝が長寿と関係しているのではないかという、いまでは誰もが知っていることに気づくための、科学的出発点になった。

ダフ2の遺伝子産物の実体はわかった。それは、インスリン様成長因子受容体なのだ。なお、本書では以後、インスリン様成長因子を「ＩＧＦ1」、インスリン様成長因子受容体を「ＩＧＦ1受容体」と表記する。

この受容体のごく一部に、アミノ酸置換の変異が起こると、線虫は長寿になった。たった1ヵ所のアミノ酸変異で寿命が2倍になったのだ。そうであるならば、もっとアミノ酸置換を増やし、より重い変異をミュータントに起こせば、もっと寿命が延びるのではないか？　誰でもそう思うだろう。ところが、重篤な変異を起こしたダフ2のミュータントは、長寿命になるどころか、子どもから大人になれない、つまり成長しないという、まったく別タイプのミュータントになってしまった。ミュータントの長寿化には、ＩＧＦ1受容体の変異が必要である。しかし、それは「軽微な変異」でなければならないのだ。

このことは何を意味するのだろうか。おそらくそれは、ＩＧＦ1の刺激を細胞の上で受けとめ

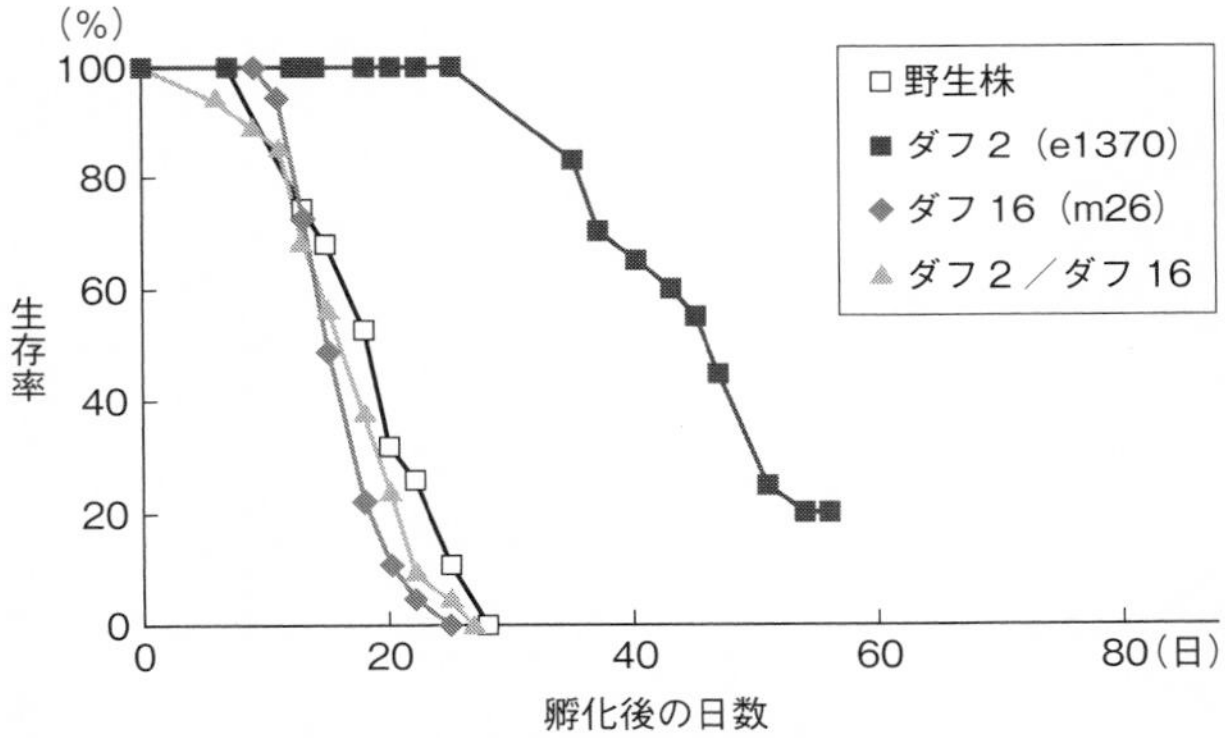

図2-4　ダフ２変異による長寿化がダフ16の変異で無効になる
ダフ2による寿命延長効果はダフ16に変異があると発揮されない
(C. Kenyon, 1993より)

る機能がまったくなくなってはダメで、機能が「減弱すること」が重要ということだろう。入力信号を低レベルに抑えることで、長寿化が可能ということだ。

「陰の黒幕」ダフ16

ここでもう一度、ケニオンのダフ2発見の論文に戻る。彼女らは、この論文の中でもうひとつ、重要な発見を記載している。それが次の結果である（図２－４）。

これまでと似たような生存曲線で、ダフ２変異体は、野生株の2倍以上の寿命となっている。ところが、じつはこの線虫にもうひとつの遺伝子変異を起こしてやると、寿命延長効果がなくなったのだ。その遺伝子が機能しなくなると、ダフ２による延命効果が、完全にキャンセルされたのである。その不思議な、もうひとつの遺伝子をdaf-16という（以下はダフ16と表記する）。

　では、ダフ16の変異は線虫になんらかのダメージを与えるのだろうか。だが、調べてみるとそうでもない。ダフ16単独の変異は、野生株や、ダフ２／ダフ16のダブルミュータントの生存曲線とほとんど違いがなかった。

　これは何を意味するのだろう？

　こういう状況のとき、線虫の遺伝学では、ダフ2とダフ16が、線虫の身体の中で相互作用すると考える。それは直接作用でなくても、間接作用でもいい。同じ系列の作用系の中で、機能的になんらかの連関をしていて、相互に影響しあう、そんな状況を想定するのである。それは当然、ダフ2とダフ16の遺伝子産物、それぞれのタンパク質のレベルで起こる。ダフ2の遺伝子産物はＩＧＦ1受容体だが、ではダフ16の遺伝子産物は、いったい何者なのだろうか？　それは次の章でみることにしよう。

COLUMN 2

シンシアのレシピ

カリフォルニア大学サンフランシスコ校で長年、線虫を使った寿命制御の研究をリードしてきたシンシア・ケニオン。彼女は「食」についても、独自の信念をもっている。

15年ほど前、京都のある高名な先生が、マサチューセッツ工科大学のレオナルド・ガランテ（第10章参照）とケニオンを招いて「老化」をテーマにシンポジウムを組んだことがあった。「酵母のガランテ」と「線虫のケニオン」、2人の寿命研究について日本の老化研究者たちと議論したあと、夕食となった。秋の祇園での美しい盛りつけの和食にはケニオンも魅了されていたようだが、ときどき、彼女の箸が止まる。デザートに至ってはちょっと味見して、あとは見るだけ。なんともったいない、と思ったが、それはつねに真剣に科学と向き合う彼女ならではの自制のあらわれだった。

あるとき、研究室の線虫にグルコース（ブドウ糖）を与えると、寿命が短くなることに彼女は気づいた。彼女が見つけたダフ2遺伝子、それは人間でいえばインスリンの受容体のようなものであり、糖代謝と密接につながっている。血中グルコース濃度が高くなりすぎてインスリンが効かなくなった状態は、人間なら「糖尿病」である。それはあらゆる老年性疾患を助長する。彼女は線虫でみずから見いだした研究結果を、忠実に自身にも還元した。以後は、血中グルコース濃度がどれだけ上がるかを示すグリセミック指数（GI）が低い食材しか口にしなくなったのだ。

デザート、ポテト、白米は食べない。肉はいい。ただし牛肉よりは鶏肉と魚肉。果物ではメロンはだめ、バナナは少し。アボカドはいい。野菜、豆類、ナッツ、チーズ、卵はいい。そんな食生活でいま、彼女はいたく健康に過ごしている。すらっとしていて、体重は学生時代と変わっていないという。

人間は線虫のダフ2ミュータントのように、ぽんと簡単に長生きできるようになるわけではない。しかし、わずかな努力を日々、実践することで、健康長寿を手に入れることはできるのではないか。そんな「仮説」を身をもって検証しようという気持ちのありようこそが、結局のところ、彼女の人生を美しくする方向へと後押ししているのかもしれない。

第3章　遺伝 daf-16 つながるカスケード

すべては遺伝子からみえてくる

ここまで、エイジとかダフという名前のついた遺伝子が変異した長寿ミュータントが線虫でとられてきたことをみてきた。とくにダフは30種類ほどもあり、エイジ1もダフ23とみられていることから、「線虫の長寿変異の多くはダフ関連遺伝子の変異である」と考えられそうだ。

しかし当時、長寿ミュータントがとれただけではまだ、何かがわかったという気はまったくしなかった。たしかに生存曲線のグラフをみれば「長寿化」は一目瞭然だが、どうしてそうなるのかはいまだに完全に闇の中だったからだ。

　エイジ１にしろ、ダフ２にしろ、それらの遺伝子がコードするタンパク質のアミノ酸情報から遺伝子産物を特定し、すでに知られている他の遺伝子産物と比較すれば、どのような形で、どのような機能のタンパク質なのか、想像がついた。１９９０年代はまだヒトゲノムプロジェクトが進行中で、現在のようにすべての遺伝子が解読できてはいなかったが、それでもかなりの情報量はあった。だから、エイジ１遺伝子がクローニングされて、ＰＩ３Ｋをコードすることがわかったり、ダフ２遺伝子がＩＧＦ１受容体をコードすることがわかったりすると、ひょっとするとＩＧＦ１受容体の下流でＰＩ３Ｋが機能しているのではないかと想像することができた。

　この逆の順序、すなわちＰＩ３Ｋの下流にＩＧＦ１受容体がくることは考えにくい。なぜならＰＩ３Ｋは第１章で述べたように、細胞内部のリン酸化を駆動する酵素であり、細胞の外側の細胞膜にあるＩＧＦ１受容体が刺激されることで駆動するからだ。これが、「シグナル伝達」と呼ばれる信号司令の流れである。だから、受容体→リン酸化酵素という順序が、水が上から下に流れるように自然な流れなのであり、下から上へ反応が進むことは、まずありえないのだ。

　ともかくも、このように「遺伝子をとる」「遺伝子をクローニングする」ことは、とても重要なステップとなる。遺伝子の実体がわかると、それが他のどんなタンパク質と細胞内で連関しているか、といったことも予想できるようになるからだ。次の研究戦略が、すぐに具体性をもって浮かぶようにもなる。これまでの話からそんなことがご理解いただけるかと思う。

さて、第2章でみたように、変異することで線虫の寿命をほぼ2倍にしてしまうダフ2の遺伝子産物は、インスリン様成長因子の受容体、すなわちIGF1受容体であった。そして、この長寿化が起こるためには、ダフ16という別の遺伝子が機能することが必須の条件だった。すると、誰もがダフ16遺伝子でコードされるタンパク質はいったい何なのか、それを知りたくなる。こうして新たな、そして熾烈な競争が始まった。

ダフ16の遺伝子産物は転写因子

では、今度の戦いの勝利者は誰だったかといえば、なんと、またしてもラフカンの研究室だった。エイジ1、ダフ2に続いて、これで3連勝である。論文は1997年10月に発表された。

ダフ16遺伝子はかなり大きく、20kbの範囲に11個のエクソンによりコードされている（図3－1）。タンパク質をコードするのはエクソン1からエクソン10までで、エクソン11はタンパク質にはならない非コード領域である。エクソン1とエクソン5には、遺伝子の読み始め、すなわち「転写開始点」がある。ここで一つのダフ16遺伝子から、二つの遺伝子産物、ダフ16aとダフ16bとができてくることがわかる。ダフ16aは大きく、ダフ16bは小さい。

ラフカンたちが明らかにしたのは、ダフ16aとダフ16bは「転写因子」だということである。転写因子とは、細胞の核の中で遺伝子DNAに結合して、別の遺伝子を発現したり、逆に発現を

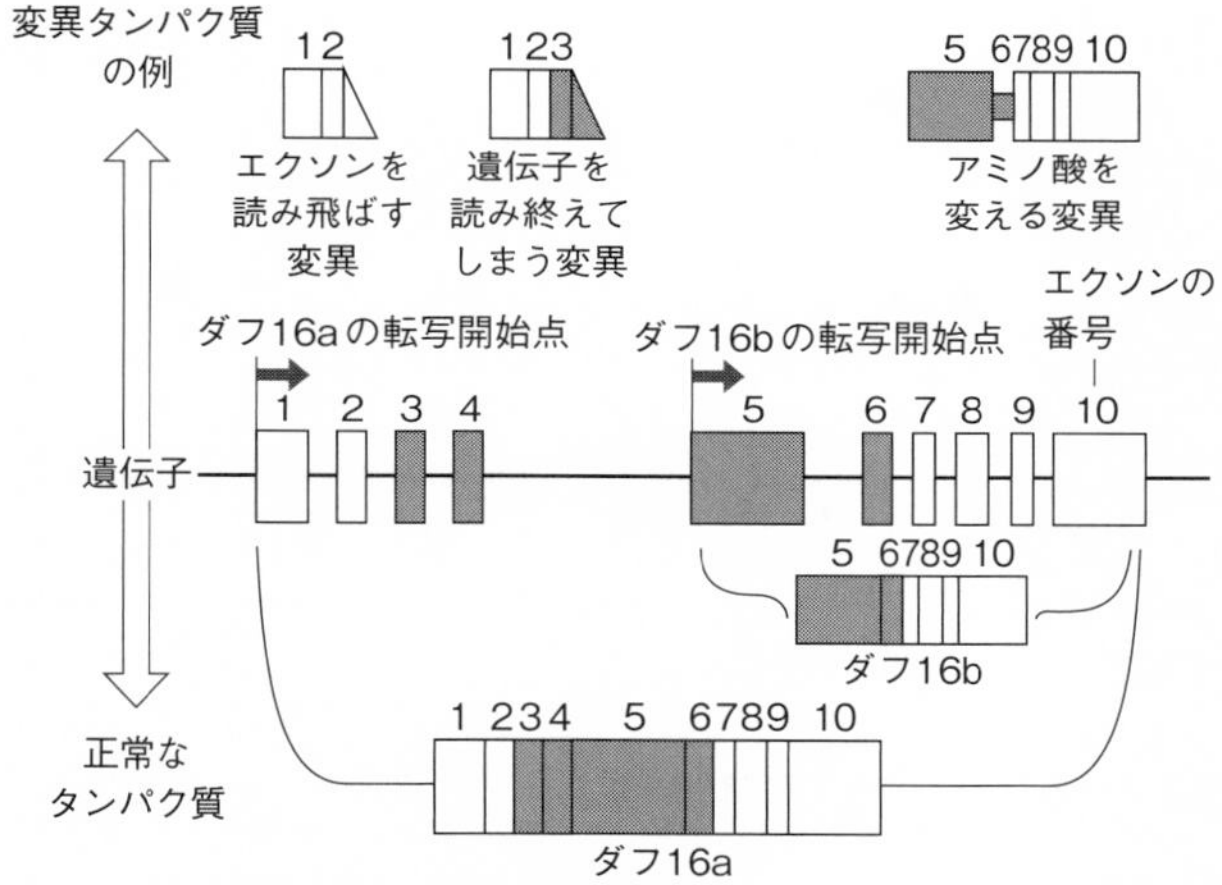

図3-1　ダフ16の遺伝子産物は転写因子
ダフ16の遺伝子マップ。四角がエクソン、直線はイントロン。2ヵ所の矢印は転写開始点で、それぞれダフ16aとダフ16bの産物に対応する。上には、遺伝子変異によって起こる変異タンパク質のイメージを示した
(S. Ogg et al., Nature, 1997より改変)

抑止したりする非常に重要な機能をもつもので、「制御タンパク質」の一種である。エクソンの中央部、3から6にかけてコードされているのが、遺伝子DNAに結合する領域である（図3－1）。この部分がフォークの先っちょのような形といわれていて、実際、この「フォーク」がDNAの糸に入り込んでタンパク質のドメイン（部分）の構造となることから、この転写因子は「フォークヘッド型」の転写因子と呼ばれている。

一般的に、転写因子はDNAのプロモーターという領域の付近に結合することでもっている情報を転写し、その遺伝子をオンにしている（図3－2）。

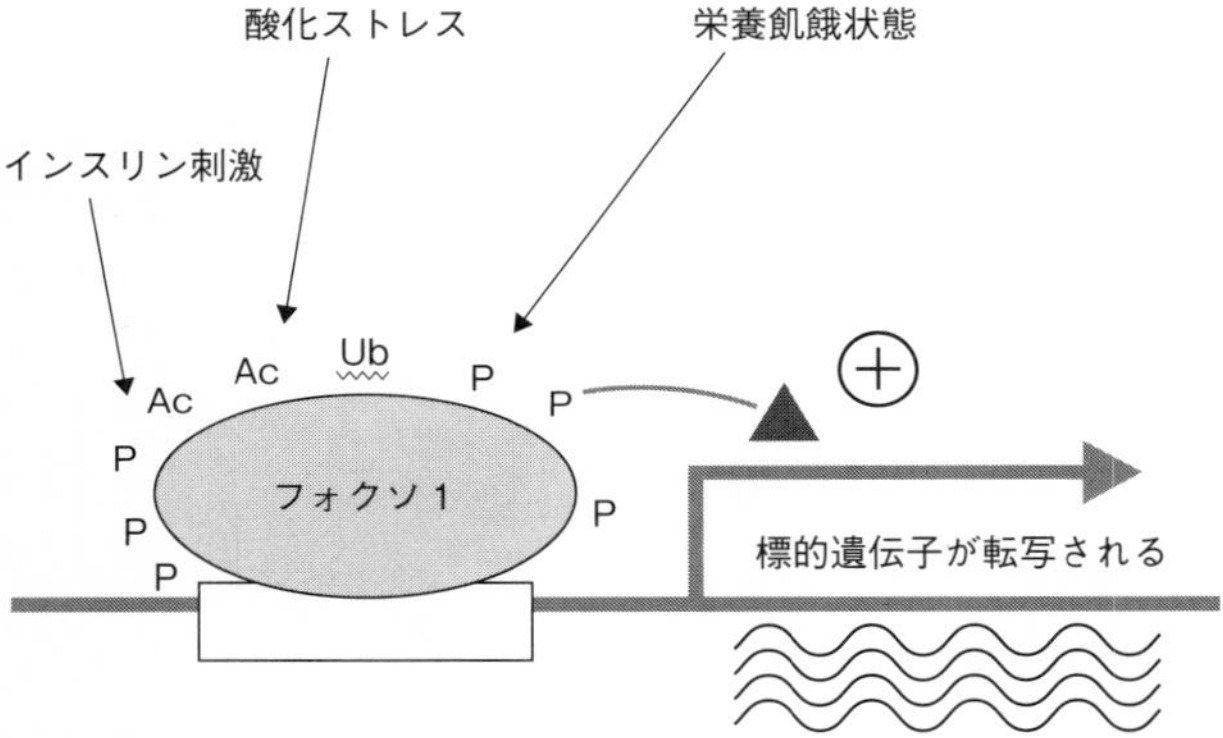

図3-2　転写因子としてのフォクソ1
フォクソ1はターゲット遺伝子のプロモーター近傍に結合して、糖代謝、栄養状態、酸化ストレスに応じて遺伝子のスイッチを切り替える

正確にはこのとき、プロモーターのどこに結合するかは目的によってさまざまなエレメントに分かれていて、ダフ16の遺伝子産物であるフォークヘッド型の転写因子は、糖代謝に関係する「インスリン応答エレメント」に結合する。この転写因子はＦＯＸＯ１（フォクソ・ワンまたはフォックス・オー・ワン）とも呼ばれている。本書では以後、「フォクソ1」と表記することにしよう。

あらためていえば、ダフ16の遺伝子産物フォクソ1は、プロモーターのインスリン応答エレメントに結合して、遺伝子をオンにする。だが、フォクソ1がそこに結合するかどうかは、細胞内の状況によって異なる。結合へと誘導がかかるのは、外界からインスリン様ペプチドが来たとき、酸化ストレスになったとき、あるいは栄養状態が悪くなったとき、などである。それらの刺激に応じて、細胞内ではさまざまな酵素やタンパク質が順次はたらいて、フォクソ１を細胞質から核の中へと移動させようとするのである。そこではリン酸化のほかに、アセチル化、あるいはユビキチン化など、さまざまな修飾が行われるのだが、ここでは深入りしない。

ともかくフォクソ１は、細胞の栄養状態や、酸化ストレスの状態を感知して、糖代謝を制御する転写因子なのである。

ダフ16は小腸で最大に発現する

ところでダフ16は、線虫の全身で発現していた。しかし、じつはとくに発現の多い部分は小腸だったのだ。小腸は消化器官なので、寿命や老化とは関係なさそうにも思えるが、意外にも、そこには何らかの関係がある。ダフ16の発現によって引き起こされるのは「脂肪の蓄積」だった。ヒトでは脂肪をため込むのは白色脂肪細胞だが、線虫では、小腸が脂肪を蓄えている。そして、飢餓状態では効率よく、小腸に脂肪を蓄積しているのである。

線虫の体を見てみよう（図３－３）。文字どおり「線」のような形をしている線虫は、ヘビのようにくねくねと動きながら生活する。頭部の先端に口があるが、皮下組織の内側はすぐに咽頭部分となっている。ダフ16遺伝子の発現が多い小腸は、体の右側にある。小腸への脂肪の蓄積の度合いを、長寿化するダフ２ミュータントと、長寿にならないダフ２／ダフ16ダブルミュータン

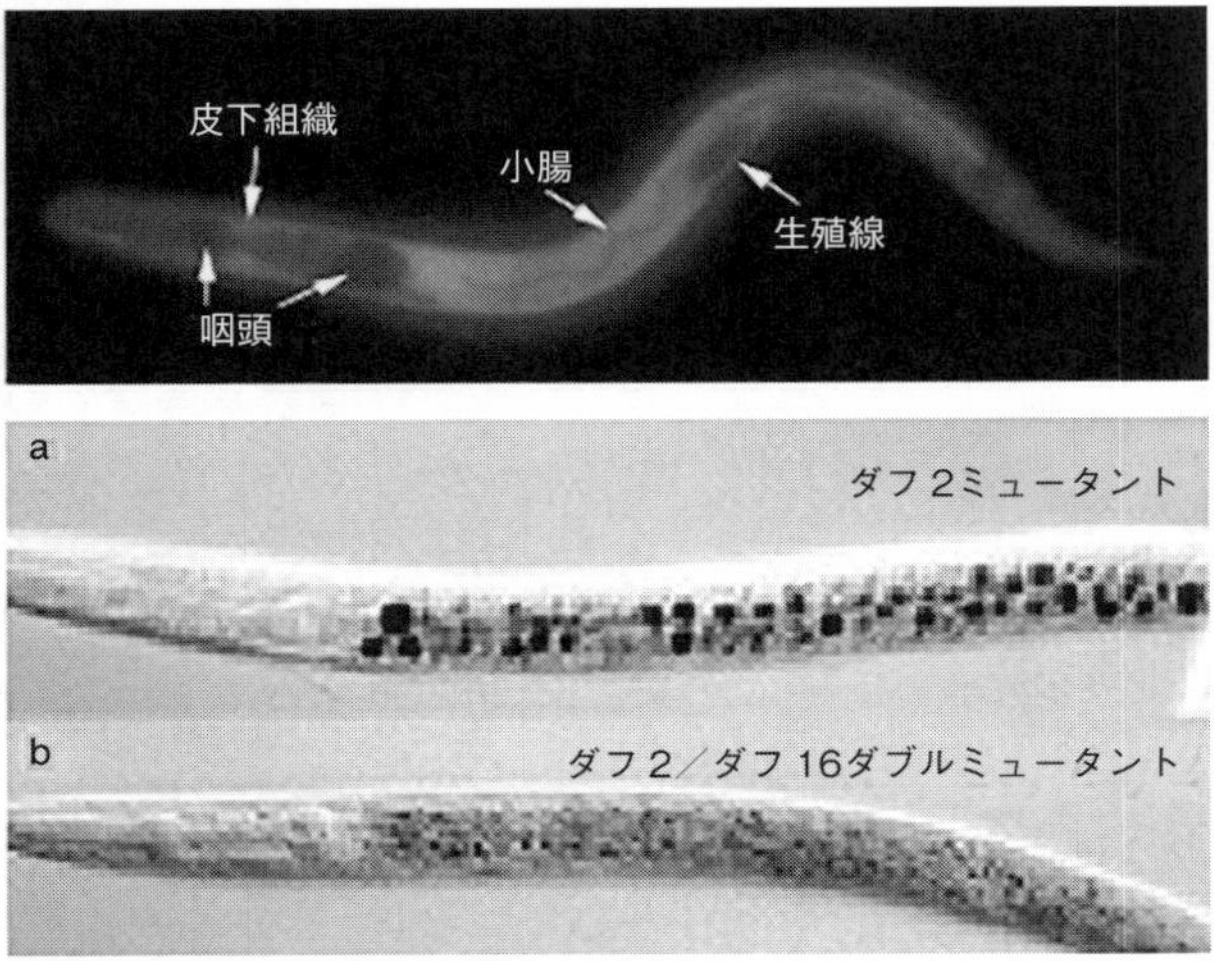

図3-3　小腸でのダフ16の発現
上：ダフ16遺伝子が発現すると蛍光を発するGFPタンパクを用いて観察すると、小腸が全体的に白っぽくなっている
下：脂肪の蓄積を色素で染めた。aが長寿になるダフ２ミュータント、bはダフ16にも変異させて長寿化しなかったダブルミュータント。小腸での脂肪蓄積が乏しい
(S. Ogg et al., Nature, 1997より一部改変)

トで比較してみると、一目瞭然だ。長寿ミュータントの線虫は脂肪をしっかりと蓄えられるが、ダフ16が機能しないミュータントはダフ2変異があっても脂肪の蓄積が乏しい。とくに幼虫のときに厳しい環境下にあっても効率よく脂肪を蓄えられる能力が、長寿につながるということがいえそうだ。

　線虫でのダウア形成は、哺乳動物での冬眠に似ている。リスやクマなどは、餌のない冬場は穴に潜って、何も食べず体温を低くし、冬眠をしてやり過ごす。このとき、脂肪の蓄えがあるほうが生き延びる確率は高い。脂肪蓄積と寿

命とは、自然界の中では密接な関係がある。一般に、冬眠をする動物は寿命が長いともいわれる。このように、ダフ16はインスリン応答だけでなく、とくに発達段階では小腸での脂肪の蓄積という重要な役割を果たしている。適切な場所で、適切な時間に機能するこうした制御を、生物学では「時空間特異的な制御」と呼んでいる。

寿命制御の「ドミノ倒し」

第1章と第2章では、線虫のふたつの長寿ミュータント、エイジ1とダフ2についてみてきた。そして、それらの機能が発揮されて「長寿化」が起こるには、ダフ16がしっかりと機能しなければならないことがわかった。だからダフ16は、エイジ1やダフ2の下流にあることも予測できた。実際に、ダフ16は下流において、糖代謝（インスリン応答）や脂肪代謝、酸化ストレス応答といった重要なはたらきに関わる転写因子であることが明らかになったのである。

これまでは、比較的シンプルな線虫という無脊椎動物での研究を中心に話を進めてきた。線虫の寿命制御ではエイジ1→ダフ2→ダフ16という遺伝子とその産物のルートがあることが見えてきた。それは、インスリン様ペプチドなどの刺激に受容体が反応して起こる、一連のリン酸化酵素の「ドミノ倒し」のような流れであり、あたかも何段にも連続した大きな一本の「滝の流れ」とみてもいい（図３－４）。

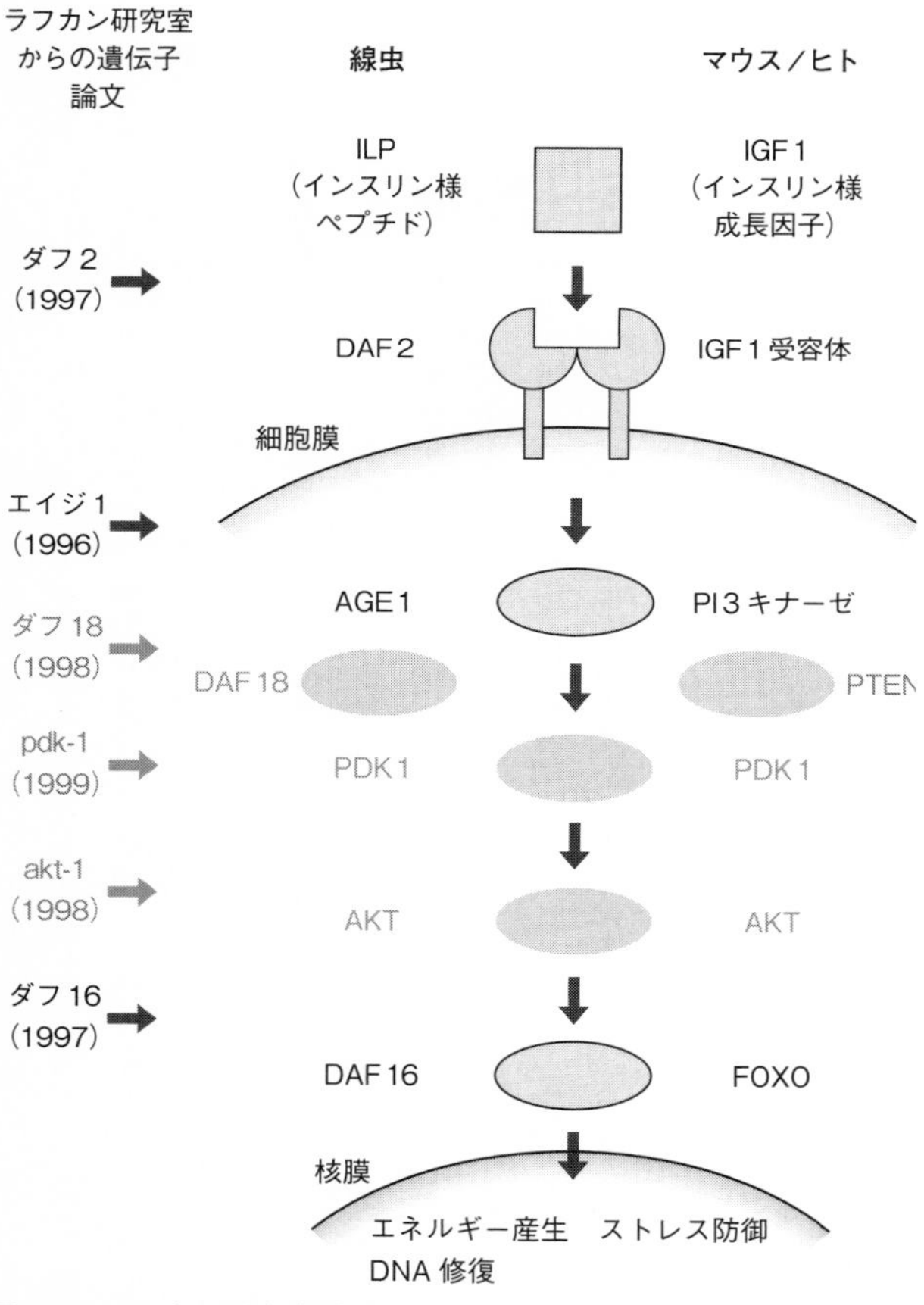

図3-4　ラフカン研究室がクローニングした寿命遺伝子
線虫で明らかになった寿命制御のルートと、それに対応するマウスやヒトの寿命制御の流れ。本書に登場していない要素はグレーで示した

そして、この一連の「寿命制御のメインストリーム」を構成する遺伝子はすべて、ラフカンの研究室がとったのである。まさに独擅場の「ラフカン劇場」だった。

このルートは、マウスなどの実験動物においても、インスリン応答や酸化ストレス応答において存在していることがわかっていた。しかし、寿命との関わりがあるとは考えられていなかった。だが、線虫でのこうした研究成果により、マウスあるいはわれわれヒトの寿命制御にも、このルートが関わっているのかもしれないと考えられるようになった。線虫とマウス、無脊椎動物と脊椎哺乳動物に共通の、寿命を制御する重要なルートの存在が示唆されたのである。

第4章 疾患
急速に進む老い

老年病と老化症

これまでは線虫の寿命を変える遺伝子を中心にみてきたが、ここで一度、私たち人間の寿命を左右する遺伝子に目を向けてみよう。じつは、それらは厄介なことに、しばしば「病気」という形で存在を見せつけてくる。

ヒトには多くの「老年病」がある。がん、高血圧、アルツハイマー病などで、最近ではサルコペニアといわれる筋肉の減少も注目されるようになっている。骨がもろくなれば骨粗鬆症だ。これらの病を起こす遺伝子も、近年はずいぶんわかってきている。しかし、老化研究者はそれらを老化関連遺伝子とは考えない。それらは「老化の遺伝子」ではなく「病気の遺伝子」だからだ。

一方、「老年病」に対して「老化症」という言葉がある。老年性疾患ではなく「老化」を呈する症状、それが「老化症」である。具体的には、２例だけが知られている。「早期老化症」、別名「ウェルナー症候群」といわれるものと「ハッチンソン・ギルフォード症候群」というものである。後者は「プロジェリア」と呼ばれることが多い。

ウェルナー症もプロジェリアも、頭髪や皮膚、骨などでの一般的な（見かけ上の）老化現象が急速に進行する病気である。そして、ウェルナー症の場合は40〜60歳まで、プロジェリアの場合は20歳までに、多くの患者が亡くなってしまう。

じつはウェルナー症は日本人に比較的多い。世界中の患者のうち、６割が日本人ともいわれている。10万人あたり１人か２人という頻度で、全国では１０００人以上いる。だがプロジェリアは白人にみられるが、日本人にはほとんどいない。そもそも非常に稀な病気で、欧米でも数百万人に１人出るか出ないかという頻度である。どちらの病気も、常染色体潜性遺伝、すなわち、両方の親からの遺伝子変異が重なって初めて症状が現れ、片方だけの遺伝子変異では病気にならない。ただし、その場合も次世代へ伝える可能性は高い。

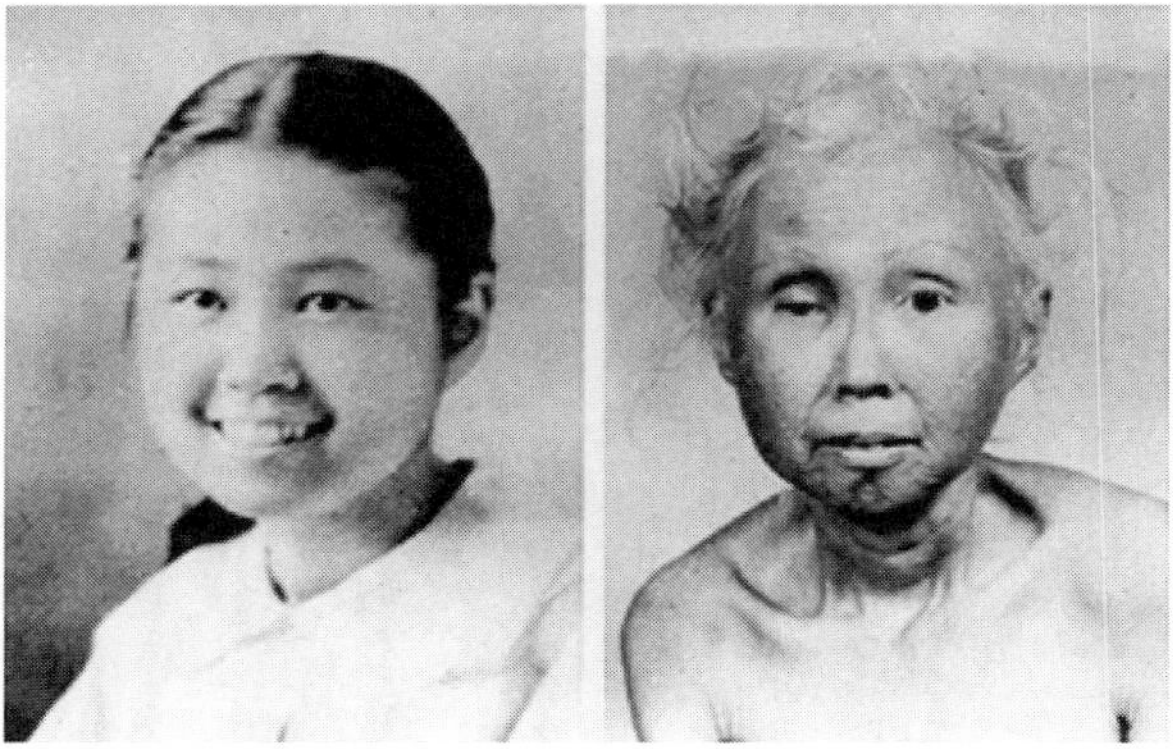

図4-1　ウェルナー症の患者
ハワイの日系人女性。左が15歳、右が48歳のとき
（Credit：Williams and Wilkens Co.）

早期老化症：ウェルナー症候群

ウェルナー症の歴史は１９０４年、北方ドイツの町、キールの大学にいたオットー・ウェルナーの症例報告にはじまる。まったく別の話だが、いわゆるアルツハイマー病もほぼ同時期の１９０６年に南ドイツ、チュービンゲンあたりにいたアロイス・アルツハイマーの症例報告にはじまったので、当時のドイツは病気の診断、命名が盛んになされた時代だったのかもしれない。

ウェルナーが最初のウェルナー症の患者として診断したのは、南ドイツの山岳地帯に暮らしていた４人兄弟だったという。彼らは20歳すぎから老年性の様子を帯びてきて、低身長、低体重、白髪、白内障、皮膚の硬化、萎縮などがみられたという。患者の平均寿命は45歳程度である。

日本人に多いこともあって、よく引き合いに出されるのがハワイの日系人の女性患者の写真である（図4－1）。左が15歳のティーンエイジャーのころ、右が同じ人の48歳での写真といわれる。50歳前で、風貌は老人のそれとなっている。

ウェルナー症の遺伝子

ウェルナー症を発症させる遺伝子が明らかになったのは、1996年の春、米国シアトルにあるワシントン大学の医学部で、病理学の研究グループを中心になされた大規模な共同研究からだった。指揮したのはこの病気の中心的な研究者であるジョージ・マーチンである。

この研究では、多くの患者の血液サンプルや皮膚の細胞を調べ、問題の遺伝子は遺伝子座が8番の染色体上、8p12の位置にあることを突きとめた。さらに詳細なマッピングを進め、壊れている遺伝子を特定していった。どの遺伝子が原因かはわからないが、「位置」を手がかりに、そこで発現している遺伝子を特定していく「ポジショナルクローニング」という手法だ。そしてついに、150kb（AGCTからなるヌクレオチドの数が15万個）の領域に、35個ものエクソンで構成される非常に大きな遺伝子wrn（以下、ウェルナーと記す）を見つけたのである。時間的にも労力も並々でない忍耐を要する研究をやってのけたシアトルの研究グループでは、大島淳子（現在もシアトルにいる）や三木哲郎（愛媛大学名誉教授）ら日本人の貢献も大きかった。

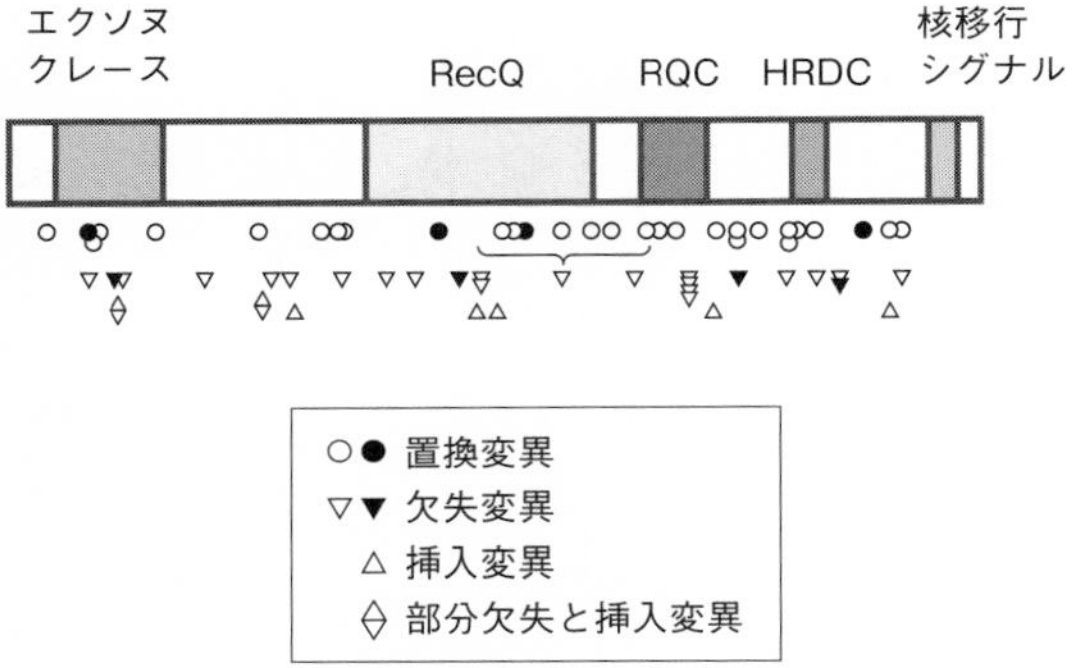

図4-2　WRNヘリケースの遺伝子変異
左からエクソヌクレース、RecQヘリケース、RQC、HRDC、核移行シグナル(NLS) という5ヵ所の主要ドメインからなる
(ワシントン大学のウェルナー遺伝子変異のデータベースより)

見つかった遺伝子がコードするタンパク質ＷＲＮは、細胞の核の中でＤＮＡの糸を巻き替えて、遺伝子の発現や修復に関わるとされるＤＮＡヘリケース（あるいはヘリカーゼ）という酵素の一種であることはすぐにわかった（図４－２）。１４３２個のアミノ酸からなるかなり大きなタンパク質で、特徴的なドメイン（部分構造）がいくつかみられた。

中央部分のドメインは、レックタイプに分類される「ＲｅｃＱ型」のヘリケースだった。ここが機能的に最も重要なドメインと考えられた。レックタイプのヘリケースは遺伝情報の発現を制御しているほか、ゲノム情報の安定性の維持にも関係しているため、その活性が変化すると遺伝情報が不確かなものになりやすい。老化現象が急速に進む背景には、ヘリケースをコードする遺伝子の変異があると考えられている。

RecQヘリケースの両側は、一方には1本鎖のDNAを端から消化していくエクソヌクレースという酵素のドメインがある。もう一方には、いくつかのタンパク質と相互作用する領域があり、この遺伝子産物が細胞の核の中で遺伝情報、ゲノム情報の維持に関わることを示している。

これまでに100個以上の遺伝子変異が同定され、その中にはちょっとしたアミノ酸置換変異（1個のアミノ酸が別のアミノ酸に置き換わる変異）もあるが、多くは「欠失」（ある長さの配列がなくなる変異）や「挿入」（ある長さの配列がどこからか組み込まれる変異）をともなうもので、その場合、そのあとの配列が大きく狂うので、まともなタンパク質ができなくなってしまう。そのためゲノムの保持や修復に支障をきたすことが、ウェルナー症の原因と考えられた。

この研究グループは、世界中のウェルナー症患者の遺伝子変異を集積して、その分布を比較してみた。すると、興味深い事実が浮かびあがってきた。

変異の起源はイタリアと日本

ウェルナー症を引き起こす遺伝子変異の出現頻度を、国ごとにまとめたものが図4－3である。頻度が高い国ほど濃い色になっているのだが、明らかに日本とイタリアが突出しているのだ。

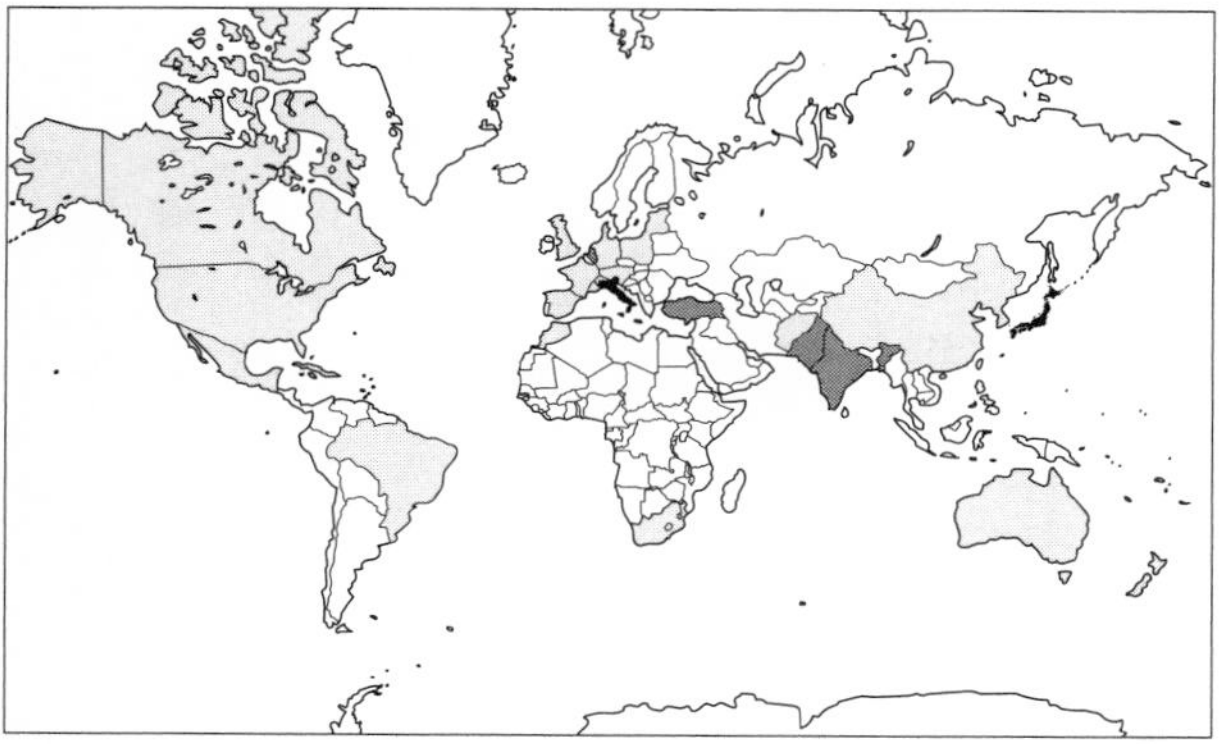

図4-3　ウェルナー遺伝子の変異頻度の世界分布
日本とイタリア（サルデーニャ島）では150人に１人の割合で保因者がいる
（K. Yokote et al., 2017より）

ただし、変異の傾向は両国では異なっている。日本人の変異は図４－２でいえば右側のドメイン（ＲＱＣからＨＲＤＣにかけての３領域）にかぎられ、イタリア人の変異は図４－２の左側のドメイン（エクソヌクレールとＲｅｃＱの間）に多い。このことから、日本とイタリアでは最初に変異が起こった起源は別々のものだったと考えられる。

　イタリアの患者は、その出身があるひとつの島に由来するのではないかと推測されている。イタリア本土の西、地中海に浮かぶ大きな島、サルデーニャ島である。北にはフランス領のコルシカ島がある。この島の歴史をみると、紀元前8世紀からフェニキア人、紀元前５００年頃からカルタゴ人、そして紀元前２３８年からはローマ人が支配したという。近世になって、18世紀から19世紀にかけてはサルデーニャ王国が誕生してもいるが、ウェルナー症の起源はローマ時代以前の古い時代と思われる。だが、実際にどの民族で遺伝子変異が始まったのかはわからない。

日本とイタリアの次に多いのが、インド、パキスタン、トルコ、オランダである。ロシアやアフリカには非常に少ない（ただし、これは情報不足のためである可能性は排除できない。国際間での研究の連携が進めば、これらの国でもウェルナー変異が見つかってくるかもしれない）。

前述したように、ウェルナーの遺伝子産物ＷＲＮは「ＲｅｃＱ型」のヘリケースに属する。このタイプのヘリケースがヒトには５種類あり、いずれも遺伝子ゲノムの安定的な維持・保全に必須であることから「ゲノムの守護神」といってもいい。そして、そのわずかな変異によって引き起こされるのがウェルナー症なのである。

急速に老化が進行するプロジェリア

もうひとつの「老化症」であるプロジェリアは、その進行があまりにも急激で、いってみれば「急老症」である。正式にはハッチンソン・ギルフォード（プロジェリア）症候群」（ＨＧＰＳ）という名称だが、単にプロジェリアということも多い。

由来はウェルナー症より少し古く、１８８６年に英国の医師ジョナサン・ハッチンソンがロンドンの病院で診察した６歳の男児が、毛髪がなく、身体全体の皮膚の萎縮など老年性の様相を呈

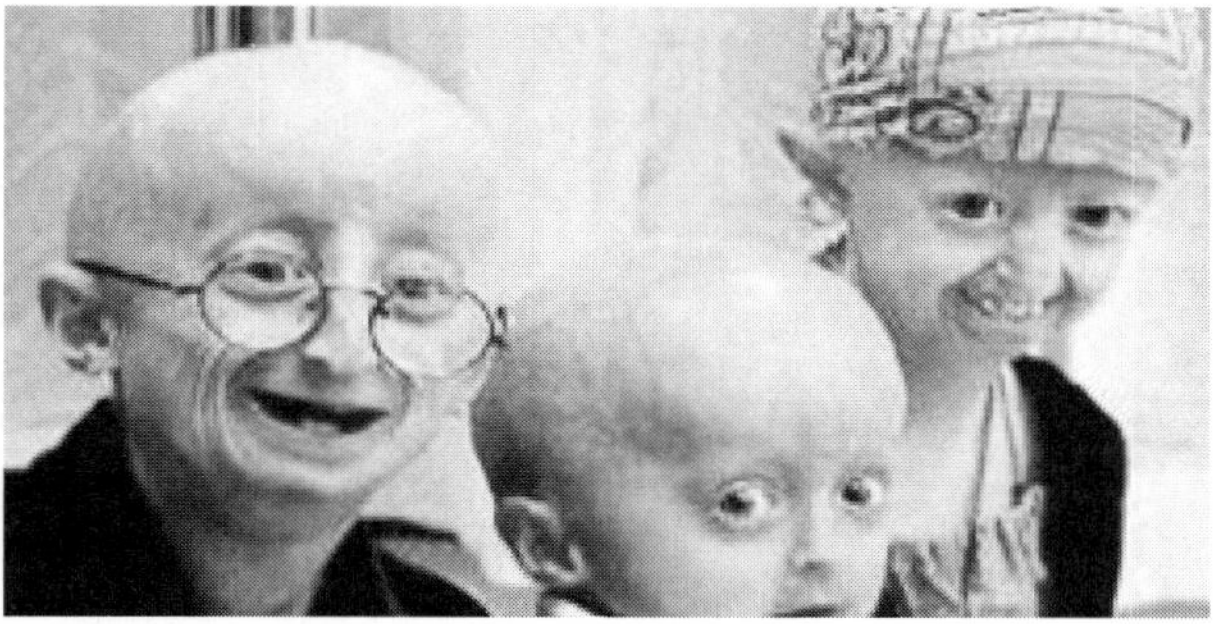

図4-4　プロジェリアの患者たち
みな10歳前後のあどけない子どもたちである（プロジェリア研究財団のHPより）

していたのを記載したことに始まる。その患者の診察を受け継いだのがヘイスティングス・ギルフォードであり、また、同じような症状をもつ別の患者の症例を1897年に記録した。そのため、2人の医師の名が病名に冠せられることになった。なお、「プロジェリア」はギリシャ語で「急速に進む老化」という意味である。

これは非常に稀な遺伝病で、患者は全世界で350人ほどしかいない。以前は、両親の双方から病気の遺伝子を受け継いだ場合に発症する潜性遺伝と考えられていたが、いまでは低頻度でランダムに発生する突然変異のせいで、常染色体顕性遺伝と考えられるようになっている。

患者の人生を思うととても痛ましいのだが、米国の患者会を支援する財団のホームページには子どもの患者たちの笑顔があふれている（図4－4）。まだあどけないはずの年齢であるにもかかわらず「老い」の様相は身体全体におよび、その進行があまりにも速い。多くの例では2歳くらいで症状に気づき、20歳まで生きることは稀である。患者の平均寿命は13歳といわれる。７歳で亡くなった子もいれば、27歳まで生きた子もいた。ほとんどは白人の子で、両親は動脈硬化や心血管系の病気を患っている場合が多い。

異常タンパク質が引き起こすプロジェリア

プロジェリアはもう１００年以上も「医学のミステリー」とされていたが、２００３年の5月に原因遺伝子がつかまったことで、この病気のメカニズムの理解が急速に進んだ。

プロジェリアを引き起こすのは、lmnaという遺伝子（以下はラミンAと表記する）の変異である。ラミンAは細胞内で核を形づくる核の内膜を構成するＬＭＮＡというタンパク質をコードする。

変異は１ヵ所のみで、ラミンA遺伝子の１８２４番目の「C」（シトシン）が「T」（チミン）に変わる。たったそれだけの変化だ。すると、その後の遺伝子発現の転写のプロセスで、遺伝子の配列をどのように読み込むかという段階で、ずれが生じる。そのため、遺伝子の発現領域をつなぐスプライシングが変化して、その後に続く、本来なら一過的に起こるはずの「ファルネシル化」という特殊な化学修飾がなされなくなるので、この付近で50アミノ酸ほどの「欠失」が生

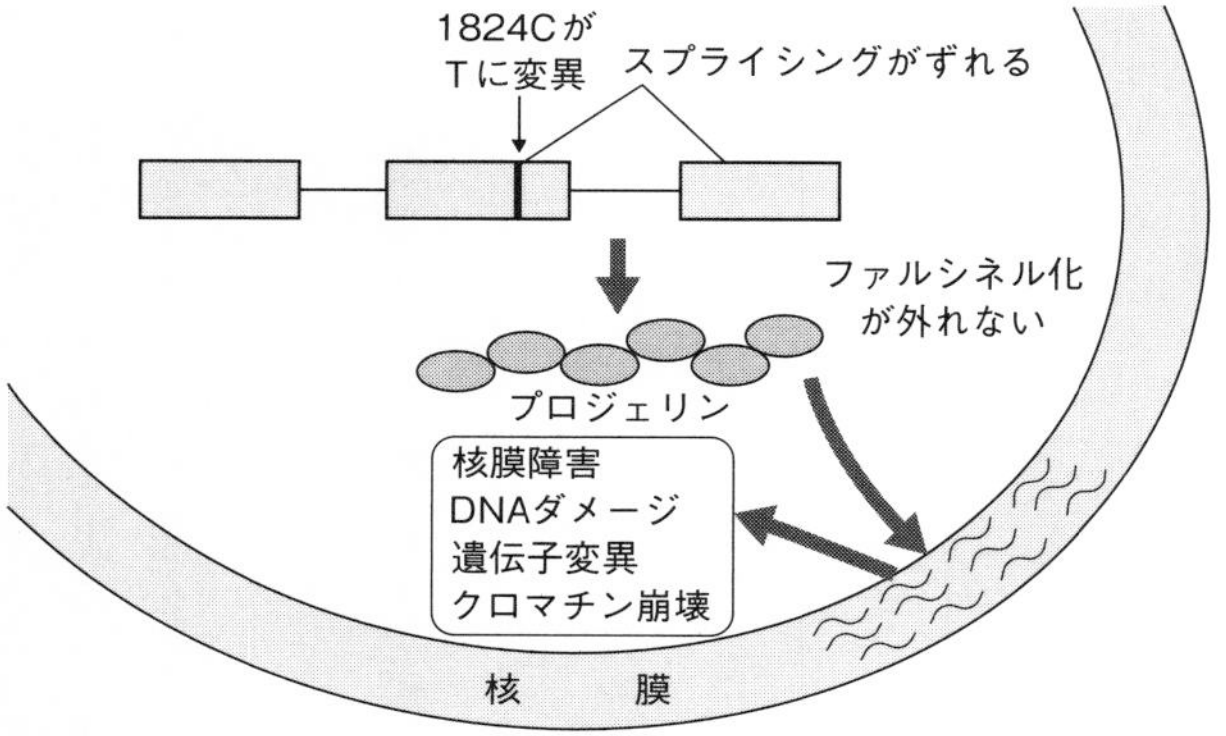

図4-5　ラミンA遺伝子の変異が引き起こすプロジェリア
ラミンAの1824番目のCがTに変わることでスプライシングがずれて、ファルネシル化がなされなくなることでプロジェリンができ、核膜に異常を引き起こす

じ、ラミンAの前駆体となるタンパク質がつくられず、「プロジェリン」という不完全な遺伝子産物ができ、それが核膜の機能を悪化させるのだ（図4－5）。ゲノムの不安定性のしくみはまだわからないことも多いが、少なくとも核膜の形態異常があることは明白である。

核膜の異常はＤＮＡ損傷、核内での遺伝子発現の異常などを引き起こし、その結果、全身の皮膚などでの細胞変性、組織萎縮が起こり患者はプロジェリアとなるのだ。

その意味でいえば、この病気は核膜の「ラミナ」（脂質の膜が何層か積み重なったもの）に異常をきたす「ラミノパチー」という病気の一群に属する。筋肉のジストロフィーや神経系のニューロパチーもこの範疇に入る。

重篤な遺伝疾患であるプロジェリアを克服する

ことは、医学にとっても科学にとっても長年のチャレンジだった。19世紀末の発見以来、「医学のミステリー」といわれて１００年、いまようやく原因遺伝子と発症のしくみが突きとめられ、患者を救う道筋に少し光明がさしてきている。

モデルマウスの寿命が延びた

ラミンＡがＬＭＮＡをつくるしくみが解明されてくると、前述したファルネシル化に関わる酵素（メタロプロテイナーゼ）が重要であることがわかってきた。そこで、この酵素をコードする遺伝子（Zmpste24）がないマウスをつくってみると、ヒトのプロジェリアと同様の症状（表現型）を呈した。これをプロジェリアのモデルマウスとして、ファルネシル化やその他の化学修飾を制御する薬剤の探索が進んでいる。

なかでも、スタチンとアミノビスホスホネートを一緒に処置すると、モデルマウスの寿命が延びた（図４-６上）。また、ファルネシル化のあとはタンパク質の末端にメチル化という別の修飾が入るのだが、それを媒介する酵素をなくすと、やはり寿命が延びた（図４-６下）。すると、メチル化の阻害剤も効果的かもしれない。このような具合に、研究は急展開している。

米国では２０１２年まで、ファルネシル化阻害剤「ロナファルニブ」の臨床実験が実施された。だが結果は、多少の体重回復と心血管系の改善を認めたが、十分なものではなかった。その

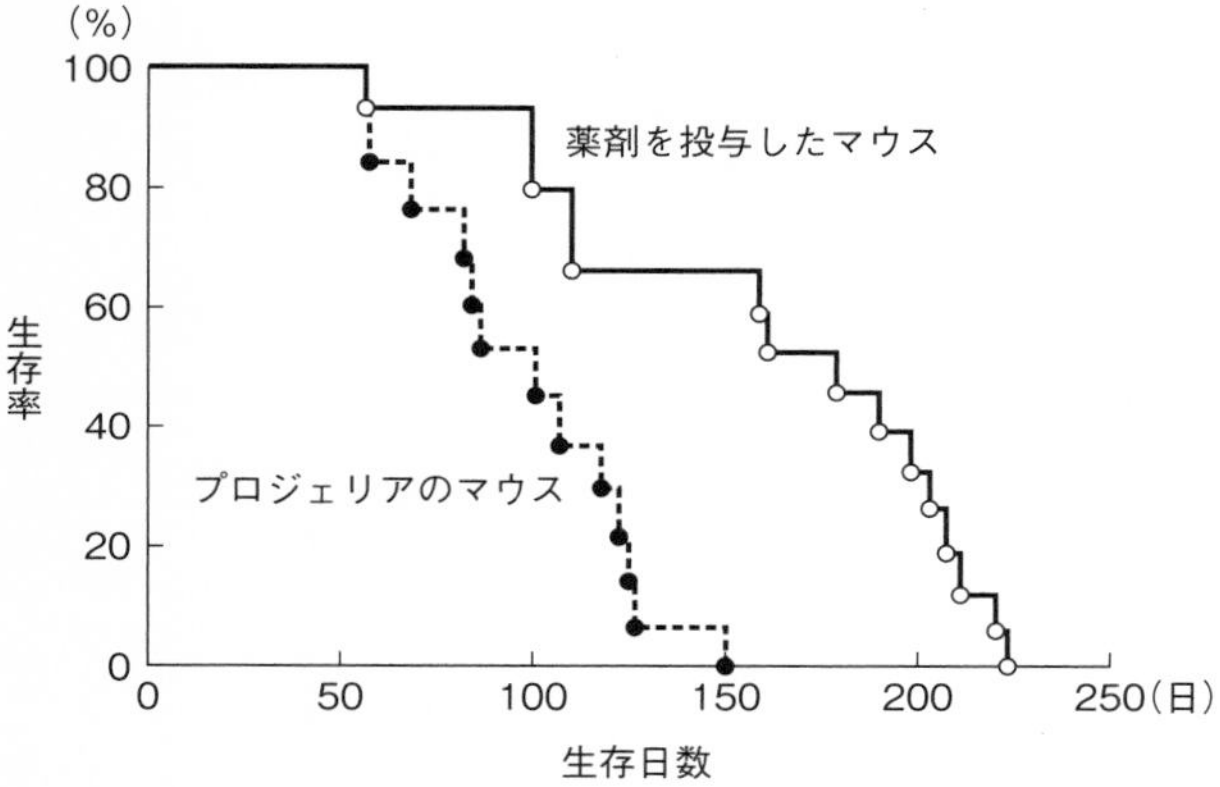

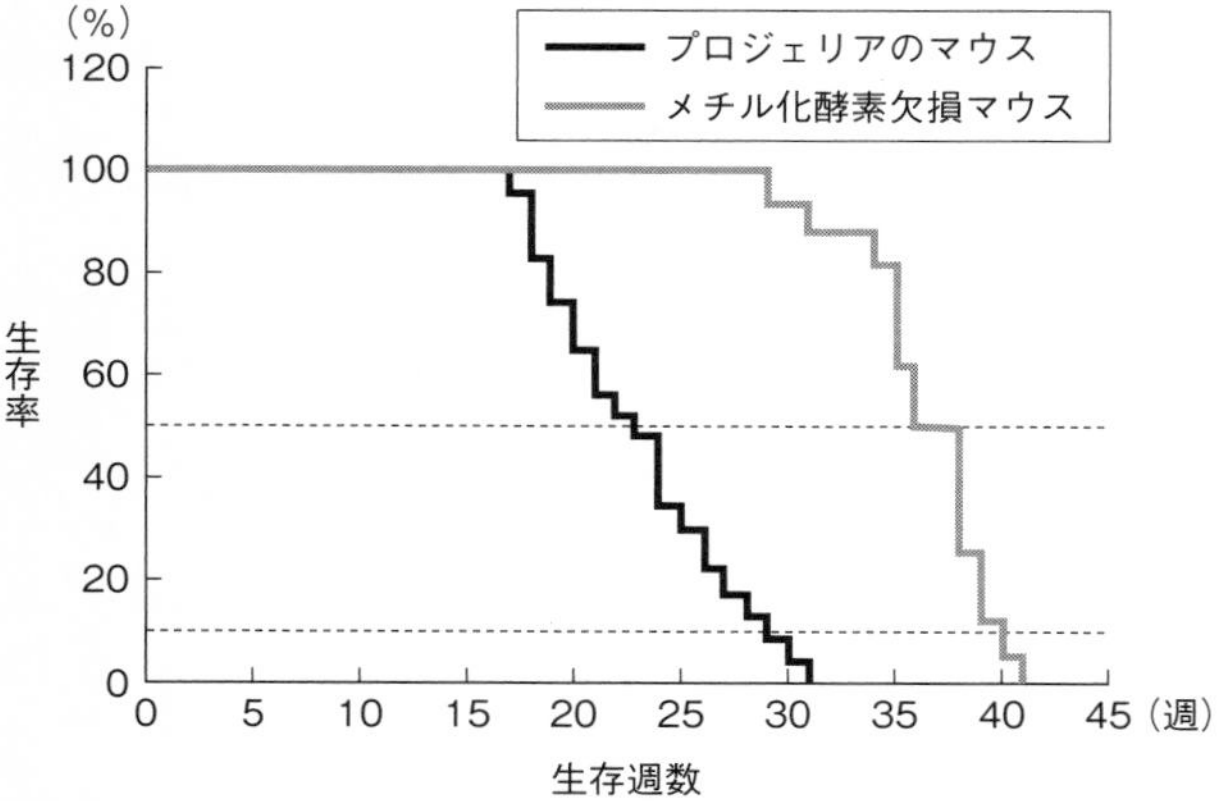

図4-6　プロジェリアモデルマウスの寿命が延びた
モデルマウスの寿命が、薬剤投与（上）、あるいはメチル化酵素の欠損（下）によって延びた
(I. Vareka et al., Nat. Med. 2008;B . Liu et al., Nat. Commun. 2013より)

後、右に述べたようにスタチンとアミノビスホスホネートを一緒に投与すると期待がもてたので、ロナファルニブ、スタチン（プラバスタチン）、アミノビスホスホネート（ゾレドロン酸）を併用した「三剤併用」のトライアルがボストンで２００９年から開始された。その治験結果が２０１６年の夏に論文となって公開されているが、残念ながら単剤よりも多少の改善はあったが、期待したほどではなかった。それでも、この試みを報告した専門誌『Circulation』では、国際ヒトゲノム計画で代表を務めたフランシス・コリンズは、編集の立場からこうコメントしている。

〈プロジェリアは非常に稀な病気だが、その克服への努力は惜しんではならない。プロジェリアの患者たちはまだ自分の現実を理解できない年齢かもしれない。あまりにも短い人生へ、これらの研究が少しでも希望の光となるよう、願わずにはいられない。幼い患者の無垢な笑顔を救うために、これからもずっとこの治療薬の開発は続けられることだろう。〉

COLUMN 3

"I am an Aging Neuroscientist"

米国の神経科学会、それは脳科学の未来を背負う若い研究者の登竜門だ。例年、秋の10月か11月に4〜5日間、開催される。場所はだいたいワシントンD.C.、ニューオリンズ、シカゴ、そしてサンディエゴの4都市の持ち回りだ。どこにも巨大な国際会議場があって、毎回3万人ほどの研究者が集う。大会場での基調講演や、大発見や人気トピックについての大型シンポジウムもあれば、比較的小さな会場でのワークショップもある。一年の動きをさっと耳学問するにはうってつけの場所だ。

どの講演会場もたいてい満席になるが、それ以上に熱気を感じるのがポスター会場である。大きなワンフロアに延々と、数千枚のポスターボードが並んで、若い研究者たちが自分の最新の研究成果を披露している。それだけのポスターがあるのに、午前と午後では入れ替えなければならず、勝負は4時間ほどの営業時間だ。大会期間を通じて発表されるポスター演題の総数は1万5000件ほどにものぼるので、その中で「きらりと光る」発表をするのは、並大抵のことではない。

ポスター会場の傍には、これまたたくさんの企業ブースも並ぶ。最先端の研究機器や実験に便利な新しいキットや試薬などを売り込むため、どの会社も「おまけ」をつけるなど工夫をこらして客を呼び込んでいる。

その先には、科学支援団体のブースもある。老化研究を長年やってきた者としては、よく「NIA」のブースに立ち寄ったりした。米国老化研究機構NIAは国の老化研究所で、老化関係の研究予算の配分にも関わっている。だから、それとなく情報をもらおうと、学会に行くたびにちょっと立ち話をしにいくのである。

数年前に、そのブースでバッジをもらったことがあった。脳の絵があしらわれていて、そこに一言、こうあった。

"I am an Aging Neuroscientist"（私は老化神経科学者である）。

30代から長く老化脳の研究をしてきて、いつのまにかしっかりと「老化した」神経科学者になったと認められた気がした。

「とてもよく似合うわよ」

米国式のジョークとともに、ブースの女性がにっこりと手渡してくれた。

第5章　悩脳

brain

長寿化を主導する組織

悩ましい脳

脳とは悩ましい臓器である。私も脳の老化を考えながら神経科学の研究を長く続けているひとりだが、「脳で脳を理解する」ことは難しい。脳神経系のことを英語では「ナーバスシステム」という。そもそも「悩ましい」組織なのだ。「脳」の訓読みは「なずき」だが、音読みが同じで形も似ている「悩」は、「なやみ」という意味になる。かたや「頭脳」「首脳」など、集団における知的なリーダーを表すのに使われて、よく似た文字は「苦悩」「煩悩」など、悩ましさの表現に使われているというわけだ。

脳は身体の司令塔である。脳なくして生命はない。「脳死」はすなわち、その人の「死」であり、また脳が崩れれば、自分という「意識」も崩れる。他の臓器であれば臓器移植は可能でも、脳の移植はありえないだろう。「人」が変わってしまうからだ。

そうであるならば、老化の調節や寿命の制御においても、その中心は脳にあるのではないか、きっと多くの人がそう考えるだろう。脳がなければ生命はないのだから、脳が機能しなければ寿命は尽きる。脳と寿命は密接な関係にあるはずだ。事実、生物進化をみると、寿命は脳の大きさにほぼ比例する。脳が大きい動物ほど長寿命で、脳が小さければ短命である。

私自身も、永くそう考えてきた。老化や寿命も、結局は脳ありきではないかと。だが、いまだにその確証はない。

ターゲットは線虫からマウスへ

第1章から第3章までみてきた線虫の寿命制御のルートは、マウスにも同様に存在していると考えられる。さらにそのルートは、ヒトの寿命制御にも関与している可能性もみえてきた。実際に、第4章でみたように、「老化症」のひとつプロジェリアの研究を進めるうえでは、モデルマウスはとても有用だった。

ヒトのゲノム研究では、遺伝子は特定できてもヒトでは実験ができないので、どうしても他のモデル動物を使わなくてはならない。多くの場合、それはネズミだ。研究用のネズミには、体重が２００〜３００ｇくらいの「ラット」と、40〜50ｇくらいの「マウス」とがあるが、汎用されるのはどちらかというとマウスである。小さく、匹数も多く扱え、また、とくに遺伝子操作がしやすいことがその利点となっている。

ずっと小さな線虫ほどには、扱いは簡便ではない。寿命も、線虫は２週間だが、こちらは３年ほどだから、老若の比較にも寿命測定にもかなり時間がかかる。しかし、それでもヒトと同じ哺乳動物なので、その結果をヒトへ応用しやすい。線虫でものすごいことが発見されても、それがヒトでも起こるとはなかなか理解しがたいが、線虫で起こったことがマウスでも確認できれば、それはおそらくヒトでもそうだろう、と考えられるようになる。

だから、線虫でダフ２遺伝子を変異させてつくったインスリン様成長因子ＩＧＦ１受容体のミュータントや、その下流のもろもろの遺伝子のミュータントが寿命制御に関わることがはっきりしてくると、誰もがマウスではどうなのかが気がかりになった。そのひとりで、ＩＧＦ１受容体ミュータントの寿命解析に乗り出したのが、フランスはパリの研究所ＩＮＳＥＲＭのマーチン・ホルツェンベルガーである。

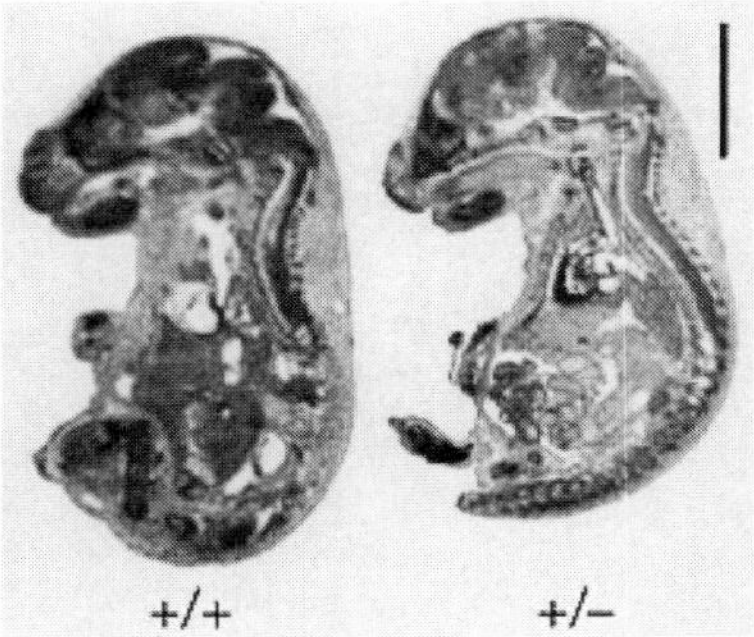

図5-1　IGF1受容体遺伝子ノックアウトマウス
左が野生マウス、右がIGF1受容体遺伝子欠損マウス（ヘテロ）の受容体オートラジオグラフィー。右は身体がやや小さめで、受容体レベルが半減している
(M. Holzenberger et al., Nature, 2003より)

マウスの変異でみえた人間の「健康長寿」

ホルツェンベルガーらは1990年代から、マウスの遺伝子を操作して遺伝子欠損ミュータント（いわゆるノックアウトマウス）をつくる新しい手法を開発していた。マウスでは、IGF1受容体をコードする遺伝子はigf1rであり（以下、「IGF1受容体遺伝子」と表記する）、それは12番染色体上にある。この遺伝子の3番目のエクソンを「飛ばす」ことでタンパク質ができないよう細工して、IGF1受容体遺伝子欠損マウスを手にした。

だが、染色体の両方の遺伝子がないミュータント（ホモマウス）は生まれてこなかった。そこで、彼らはしかたなく、片方の遺伝子だけがなくなったマウス（ヘテロマウス）を使って解析を進めた（図5-1）。半年以上かけてノックアウトマウスをつくっても、寿命解析にはさらにまた3年かかる。線虫とは比較にならない辛抱強さが要求される研究だった。

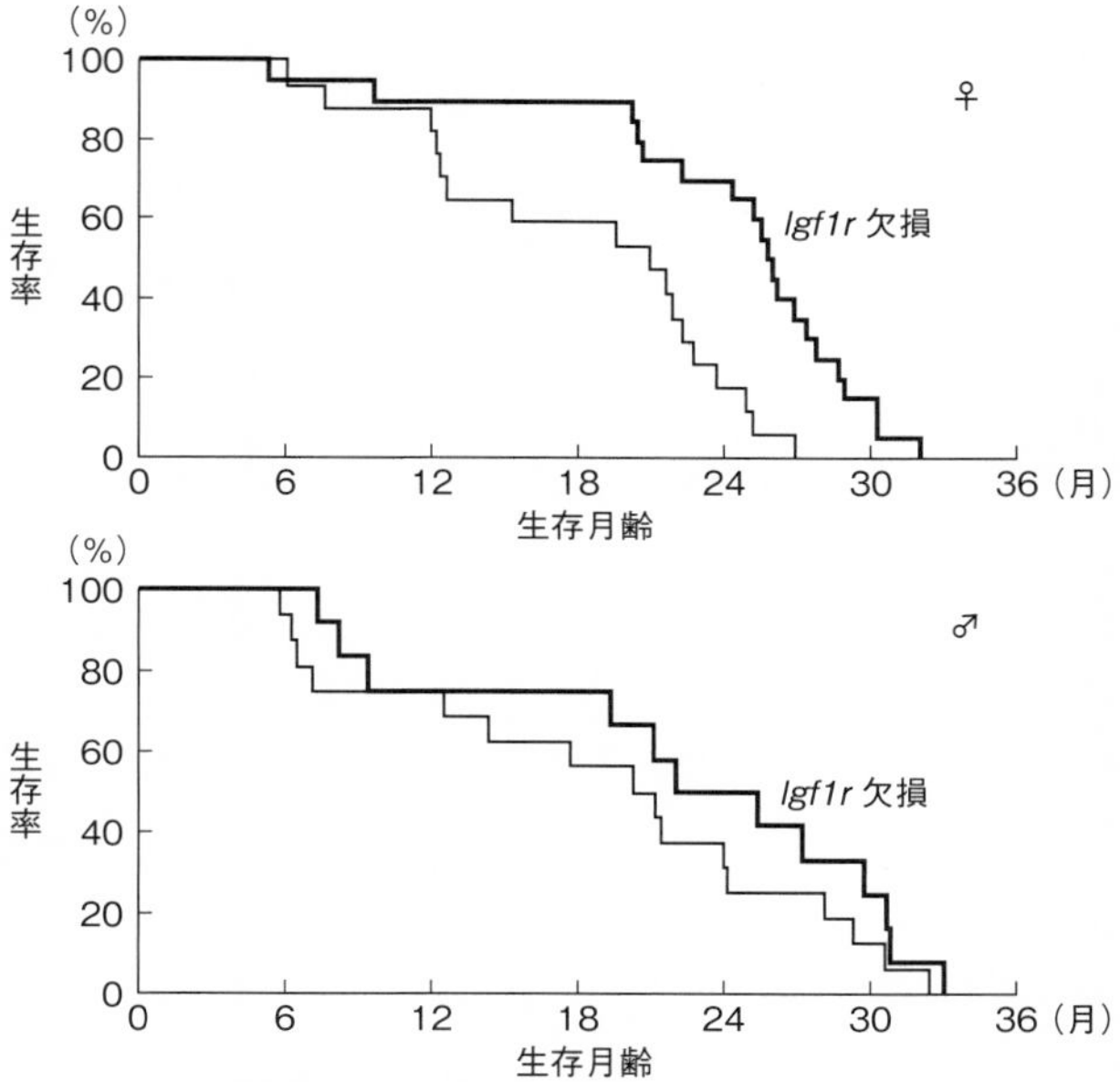

図5-2　IGF1受容体遺伝子欠損マウスの寿命曲線
上が雌、下が雄。平均すると26%の寿命延長があった
(M. Holzenberger et al., Nature, 2003より)

生存曲線を見てみよう（図5－2）。上が雌、下が雄である。野生マウス、すなわちIGF1受容体遺伝子が両方ある対照群と比べると、片方の遺伝子が欠損したマウスは雌雄いずれも右へシフトしていた。つまり「長寿化」傾向がみられた。雌では寿命延長の効果は33％で、統計的にも有意だった。雄の延長効果は16％で、統計的には有意ではなかった。これらを平均すると26％ほどの寿命延長があったとされた。

遺伝子欠損ヘテロマウスの

体重は、やや少なめではあるが矮小というほどではない。餌の摂取量も、活動性もエネルギー代謝も、対照群とほとんど変わりがなかった。生殖能力も同じだった。しかし、このヘテロマウスには「酸化ストレス」に強いという傾向があった。除草剤に使われるパラコートという毒性の強い酸化剤をマウスに注射して、その後、数日の変化をみたところ、雌でも雄でも明らかに対照群よりも死亡率が低かったのだ。ただし、これも雌でその傾向は顕著で、雄の場合は対照群との差はわずかでしかなかった。

酸化ストレスは、老化を進行させる主要な原因のひとつと考えられている。したがって、この結果は、インスリン様成長因子の受容体をコードするＩＧＦ１受容体遺伝子の欠損マウスは、酸化ストレスへの耐性が高まり、老化が抑制されることを示唆していた。線虫のダフ２遺伝子のような、インスリンに関係するシグナル経路の「抑制」によって寿命が延びる可能性が、哺乳動物で初めて示されたのである。

こうして、高等哺乳動物であるわれわれ人間でも同じように、インスリン様成長因子の受容体系を「抑える」ことが、健康長寿へつながるのではないかと考えられるようになった。線虫でわかってきたことが、急に身近な話題になってきたのである。

雄は「？」でも寿命延長効果はあり

実験結果はポジティブだったものの、ホルツェンベルガーらはやはり、雌に比べて雄では寿命延長の効果が顕著ではないことが気がかりだった。一般に、マウスの「表現系」はマウスの系統によって変化することがある。系統とは、遺伝子ゲノム全体の組み合わせのバリエーションのことで、同じマウスでも系統によって寿命は違うし、活動性や賢さも多少異なる。そこで彼らは、作成したヘテロマウスを他の系統のマウスと交配させて、遺伝子プールの背景が異なるマウスどうしで比較しようと考えた。遺伝子プールとはひとつの生物個体がもっているすべての遺伝子のセットのことで、１個の遺伝子の機能が、他のたくさんの遺伝子群の微妙な組み合わせの違いによって影響を受けることもある。そこを注意して見なくてはならないのだ。

通常、遺伝子欠損マウスをつくるときは１２９系統のマウスを使う。１００年ほど前に米国のコロンビア大学にいた発生遺伝学者レスリー・ダンによって樹立された系統のマウスだ。雄の精巣に奇形腫が生じやすく、遺伝子改変マウスを作成するうえでなくてはならない胚性幹細胞（ＥＳ細胞）を得ることができる。当初、ホルツェンベルガーらが使ったのはその亜系だった。図５－２の寿命曲線はそれらのマウスでの結果である。

彼らはこの系統のマウスを、１２９系統よりも比較的長生きで賢いC57BL/6Jという系統のマウスと交配させつづけた。そして20世代ほど継代したマウスで、再度、生存曲線を比較してみた。その結果、C57BL/6Jの遺伝子系統で比較しても、ＩＧＦ１受容体遺伝子欠損マウスの寿命

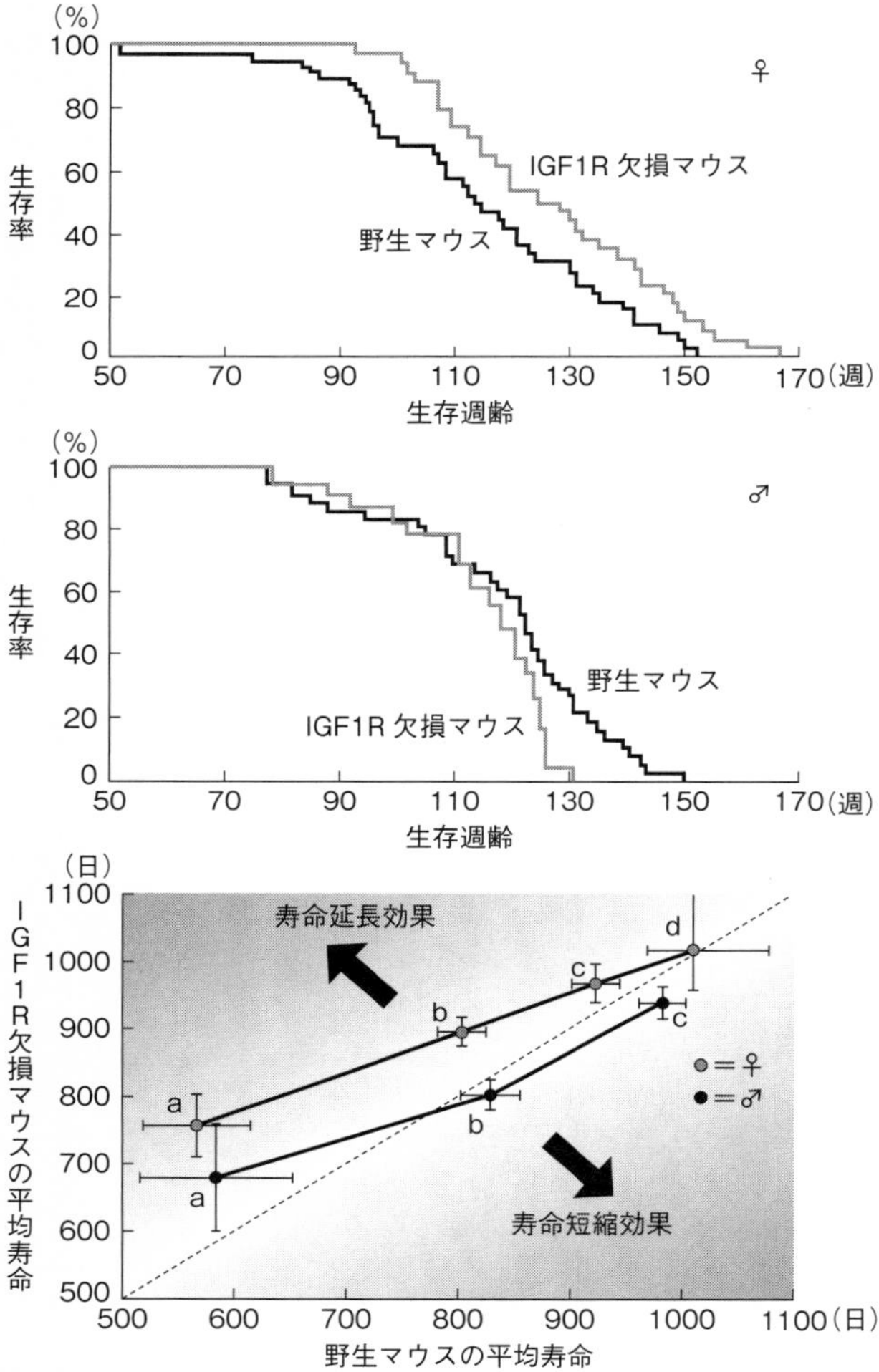

図5-3　遺伝子背景（系統）を変えて寿命の変化を調べる
上と中：C57BL/6J系統での寿命比較
下：ホルツェンベルガーらの２系統と他の研究での寿命を比較したもの
(J. Xu et al., Aging Cell, 2014より)

は長かった（図5－3）。ただし、それは雌の場合で、雄ではほとんど違いがなかった。なんと、結果はさらに曖昧になってしまった。しかも、雌でさえも寿命延長効果は低くなったのである。

しかし彼らは論文の中でこの実験結果を、他の研究者たちの研究もあわせて総合的に評価し、雌の長寿傾向はどのコロニーでも同じで、IGF1受容体遺伝子欠損マウスと対照群の寿命に差があることは間違いないと結論づけた。

アルツハイマー病のマウス

線虫のように「ポンと2倍」と簡単にはいかなかったが、哺乳動物のマウスでもIGF1受容体遺伝子発現の低下あるいは抑制によって、多少なりとも寿命延長がみられた。すると、このマウスは多くの老化研究者の興味を引いた。

ひとつ面白い研究を紹介しよう。南カリフォルニアのサンディエゴ郊外にあるソーク研究所のアンドリュー・ディィリンが中心になって進めたものである。彼はサンフランシスコのシンシア・ケニオン（第2章参照）のもとで博士号をとった、線虫もマウスも扱う新進気鋭の研究者だ。パリのホルツェンベルガーの研究室からヘテロマウスを送ってもらい、カリフォルニア大学サンディエゴ校でアルツハイマー病を研究しているエリーザー・マスリアのところでつくったマウスと

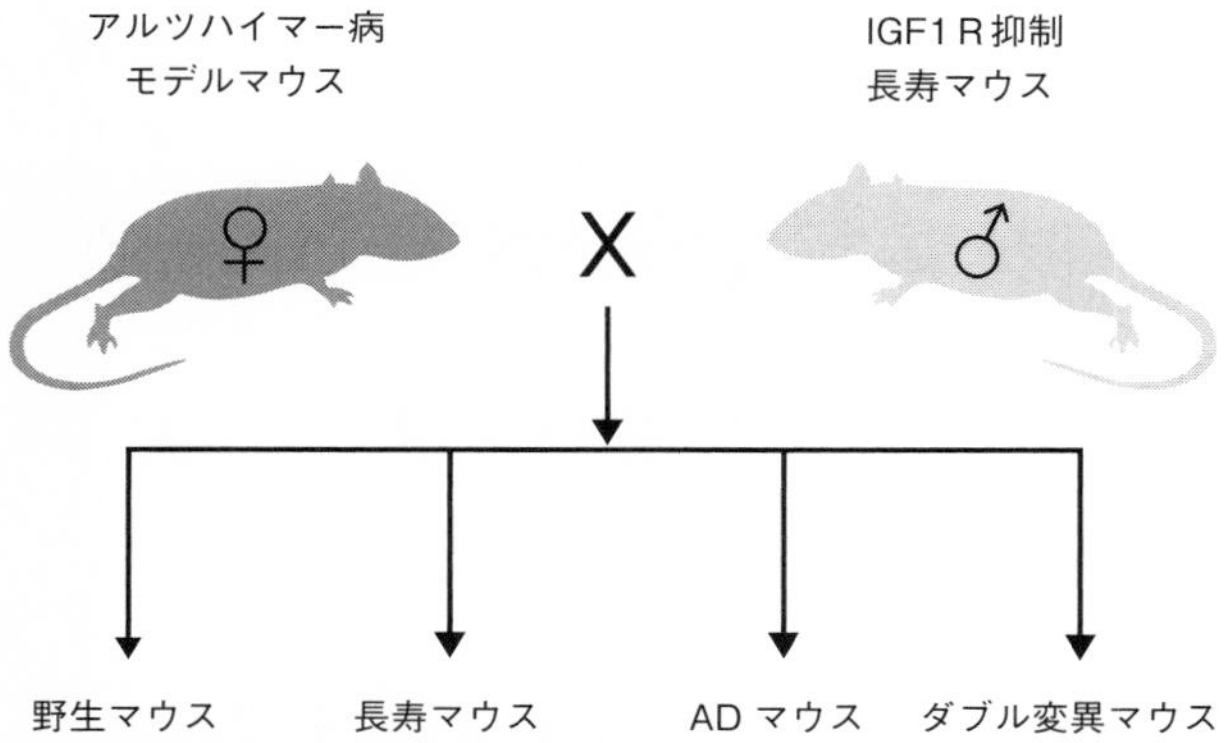

図5-4　認知症マウスvs.長寿マウス
アルツハイマー病のモデルマウスと、インスリン様成長因子の受容体遺伝子が片方の染色体でなくなり長寿になったマウスを掛け合わせると、４種類のマウスが生まれる。それぞれを区別して、さまざまな研究を進める
(E. Cohen et al., Cell, 2009より)

交配を始めた。そのマウスは、アルツハイマー病のモデルマウスだった。

ヒトのアミロイド前駆体タンパク質（ＡＰＰ）遺伝子を導入したマウスは、アルツハイマー病の典型的な病理像である「アミロイドプラーク」を生じる。これを、ＩＧＦ１受容体遺伝子が片方の染色体でなくなったことで長寿になったマウスと掛け合わせて、できてくるマウスと、それぞれの元のマウスを比較しようと考えたわけである。もちろん、ごくふつうで系統が同じ対照群のマウスも用意した（図５－４）。

では、何を比較するのか？　成長、代謝など、いろいろあるが、ディリンらの一番の注目点は、アルツハイマー病の症状が緩和されるのかどうかだった。

ＩＧＦ１受容体の抑制で「認知症」が改善

アルツハイマー病のモデルマウス（以下、ＡＤマウス）にＩＧＦ１受容体遺伝子欠損マウスを掛け合わせても、アミロイド前駆体タンパク質（ＡＰＰ）のレベルなどは変わらない。しかし、ＩＧＦ１受容体のレベルは半分ほどになっている。このようなマウスについて、他のマウスといろいろな行動を比較してみた。

一般に活動性などはさして変わらなかったが、「認知性」の行動には明らかな違いがあった。たとえば、マウスの知性や空間学習記憶を調べる、「モリスの水迷路」と呼ばれる有名な実験をしてみた結果が、図５－５である。

これは直径１メートルくらいの水をはったプールでマウスを泳がせて、そのどこかに隠れている小さな「プラットホーム」を探させる実験である。マウスは泳げるが、疲れるのでどこか留まれるところがあればそこに乗って休む。そこで、水面下に隠れたプラットホームがあることに気がつくまでの時間を測るのだ。ふつうのマウスは、１日目より２日目、２日目よりも３日目と、経験を積むにしたがってプラットホームがあるだいたいの場所を覚えていくので時間が短くなる。しかし、ＡＤマウス群は探すのがへたで、ふつうのマウスより時間がかかっている。しかも覚えが悪く、日数がたっても時間は短縮されない。ところが、ＩＧＦ１受容体のレベルが下がっ

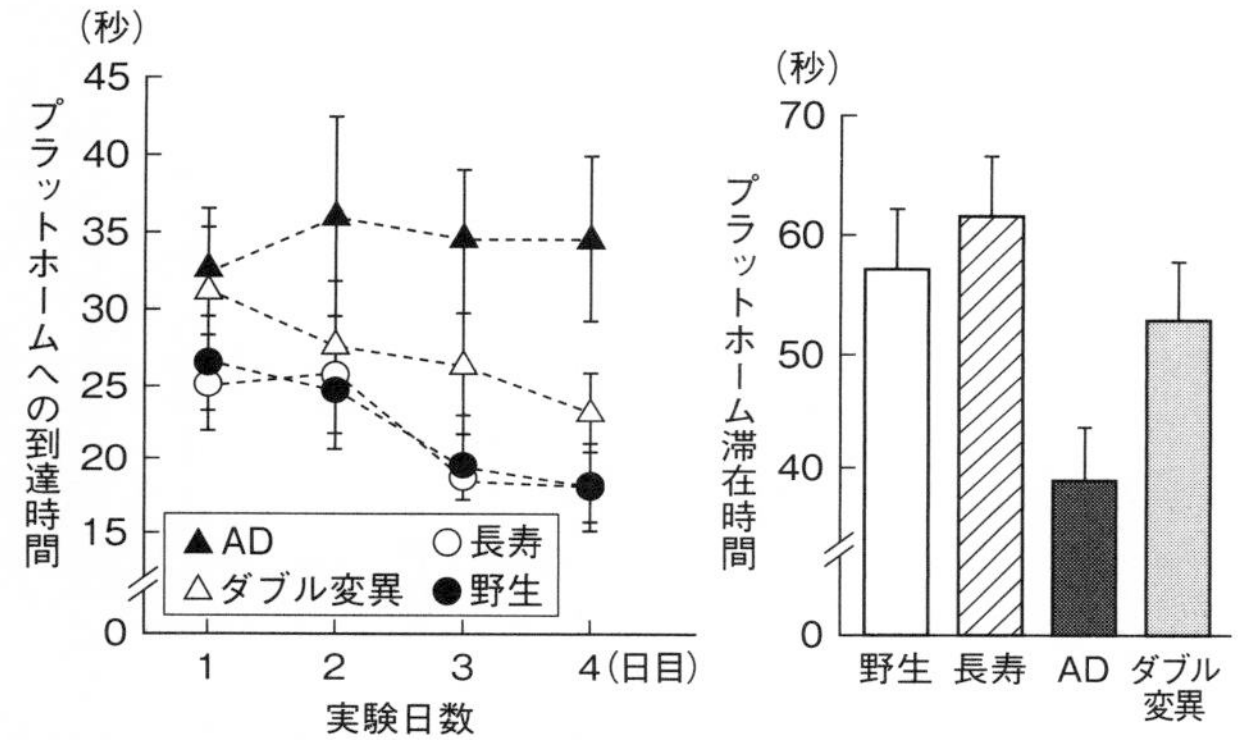

図5-5　認知症マウスの症状が改善された

左：「モリスの水迷路」での1日目から4日目までのプラットホームへの到達時間
右：その後でプラットホームを外したとき、マウスがその付近を横切る頻度
ADマウスは記憶学習能力が下がっているが、IGF1受容体のレベルが下がると、学習能力が対照群ほどにまで改善する
(E. Cohen et al., Cell, 2009より)

たマウスでは、学習能力がずいぶんと改善されていたのである。

彼らは非常に注意深く、このテストをまず、3、6、9、12ヵ月齢のマウスでそれぞれ実施している。これら若いマウスは、ADマウスでもまだアルツハイマー病は「発症」せず、行動学的に違いは認められなかった。だが、16ヵ月齢になると、ADマウスは死んでしまう（ふつうのマウスの平均寿命は約24ヵ月）。だから結局、11〜15ヵ月齢のマウスで、こうした実験が行われた。

このように「認知行動」に違いがみられた、ヒトでいえば「中年」のマウスで、脳内でのアミロイドの沈着や、グリア細胞による炎症反応、さらには神経細胞のロス（神経細胞死）などを、記憶学習に関係する「海馬」

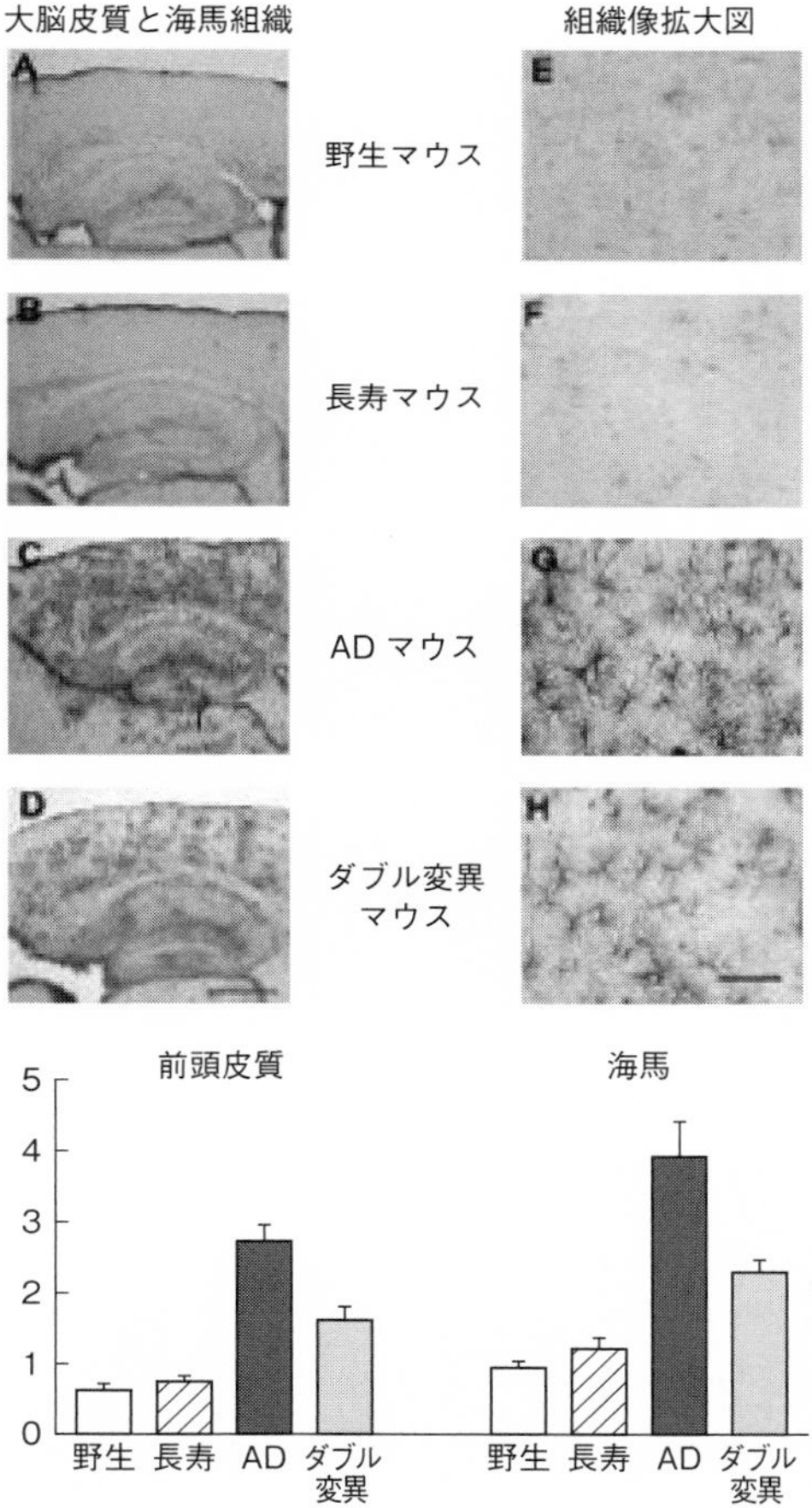

図5-6　炎症が抑えられる

上：12〜13ヵ月齢の４系統のマウスの海馬と大脳新皮質領域。GFAP染色による反応をみたもの。ADマウスでは炎症が進んでいる
下：前頭皮質と海馬での定量的な比較
(E. Cohen et al., Cell, 2009より)

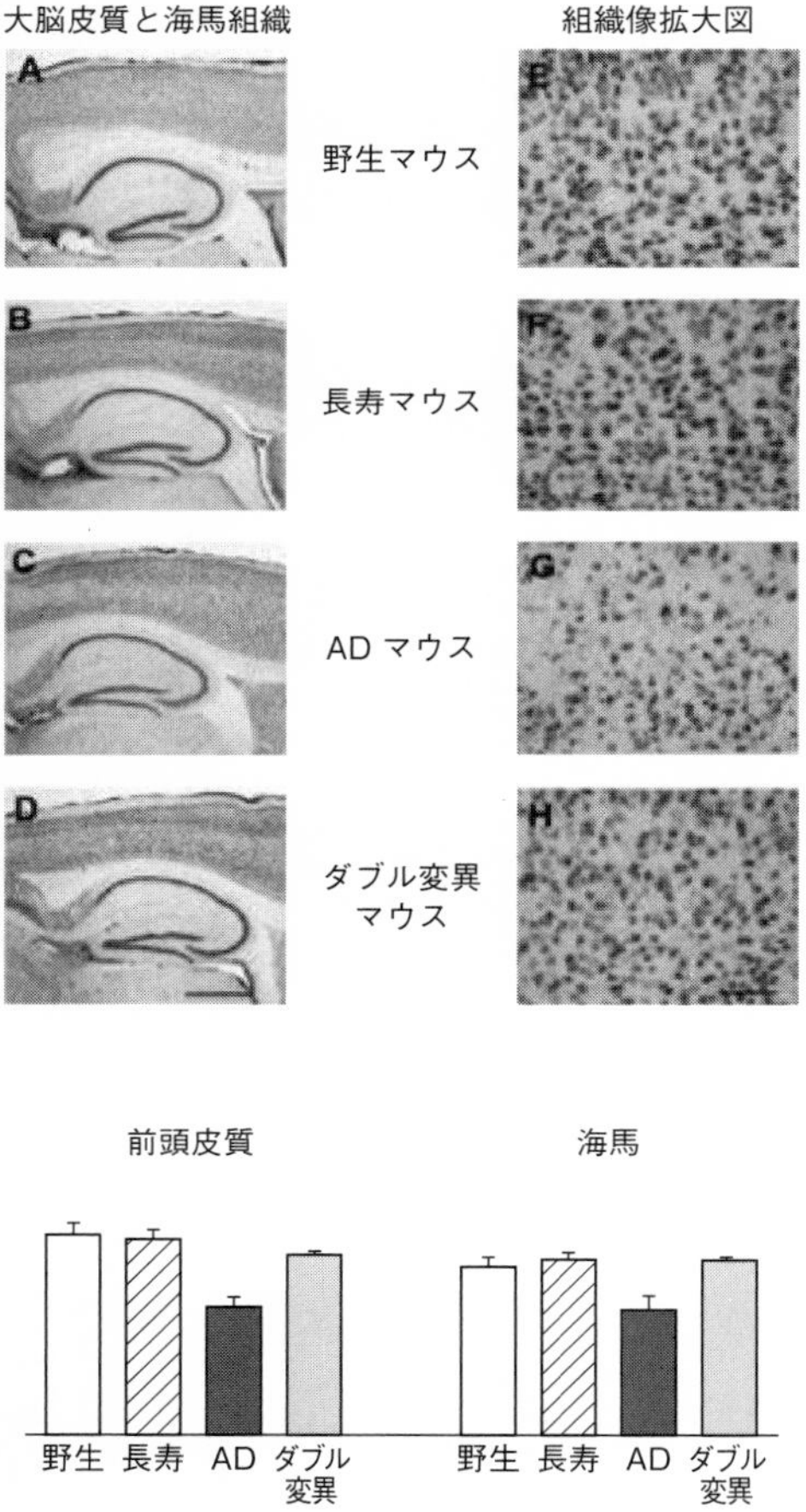

図5-7　神経細胞の脱落が抑えられる
上：12〜13ヵ月齢の４系統のマウスの脳組織の染色図。NeuN抗体による神経細胞染色。下：定量結果
(E. Cohen et al., Cell, 2009より)

の領域で丁寧に調べ、比較してみた。すると、ADマウスでは激しい炎症反応が起きているが、IGF1受容体レベルが下がると、半分ほどに減弱されることがわかった（図5－6）。またADマウスでは神経細胞、すなわちニューロンの数が明らかに減っているが、IGF1受容体レベルが半分に下がったものでは、対照群と同じレベルにまで改善された（図5－7）。

ところが、アルツハイマー病の原因として最も問題視されていたアミロイドβの蓄積という現象については、少し不思議な結果となった。ADマウスと長寿マウスの掛け合わせでは、ADマウスよりも多くの、そしてはっきりとした脳内アミロイド沈着があったのだ。IGF1受容体レベルが下がっているのに、それはおかしいではないか？　ふつうはそう思う。

しかし、最近の研究から、アミロイドβの蓄積のプロセスについては新しい考え方が定着しつつある。がっちりとコンパクトにできあがったアミロイド沈着は「悪者」ではなく、初期に形成される少しのアミロイドの集合体、これを「オリゴマー」というが、そちらのほうが「悪者」だと理解されるようになってきているのだ。ソーク研究所のディリンたちはこのあたりの解析をとても慎重に進めていて（簡便のためデータは示さないが）、IGF1受容体レベルが低い場合、このオリゴマーの段階を早くクリアするように、かえって凝集体形成を推し進めるようになったのだろう、と解釈している。

「認知症マウス」と「長寿マウス」の駆け引き

最初は、サンフランシスコ発のシンシア・ケニオンによる、線虫のダフ2変異での「ポンと2倍の長寿命」のビッグニュースだった。これに刺激されて、パリのホルツェンベルガーたちがインスリン様成長因子の受容体（ＩＧＦ1受容体）レベルが半減したマウスで、（2倍は無理だったが）2割強の寿命延長が起こることをみた。そして今度は、ケニオンラボから独立してサンディエゴに移ったアンドリュー・ディリンが、ＩＧＦ1受容体のレベルを落としておけばアルツハイマー病をも防ぐことができるのではないか、そんな夢もみせてくれている。

ＡＤマウスと長寿マウスの掛け合わせから、ずいぶん面白い話になってきた。ＩＧＦ1受容体レベルを低くしておけば、たとえアルツハイマー病が進行しはじめていても、「神経細胞死」や「炎症反応」を防ぎ、「認知能の低下」も防げる。まだメカニズムはわからないが、かなり希望のもてる結果になった。

だが、インスリン様成長因子や、その受容体は脳内でどのようにはたらくのだろう?

そもそも、ホルツェンベルガーたちのノックアウトマウスは、マウスの全身でＩＧＦ1受容体をなくしている。ヘテロマウスでは全身でそのレベルが半減している、そういう状態だった（図5－1参照）。

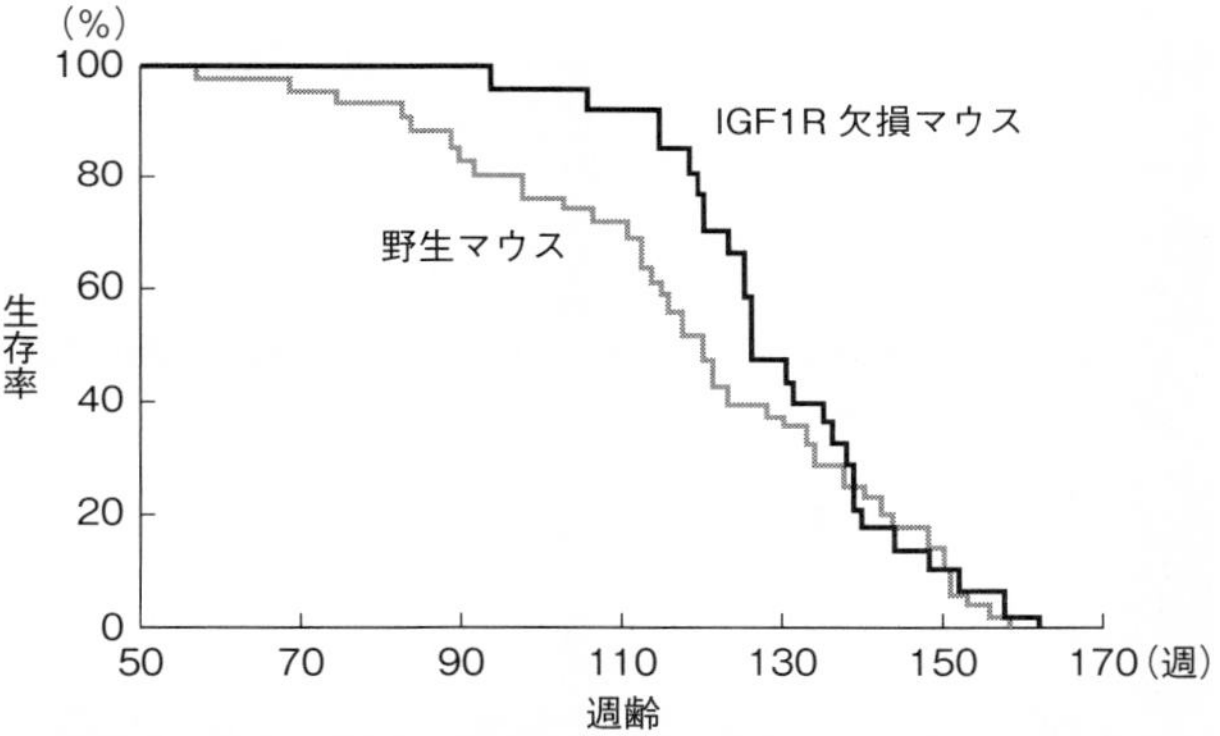

図5-8　IGF1受容体の脳特異的な遺伝子欠損①
脳だけでIGF1受容体を欠失したマウスは寿命が延びた
(L. Kappeler et al., PLoS Biol., 2008より)

では、脳だけでＩＧＦ１受容体をなくしても、同じ寿命効果が得られるのだろうか？　寿命制御の中心は本当に脳なのだろうか？　ホルツェンベルガーたちは、この疑問にもチャレンジしている。

脳からの寿命制御

脳だけでＩＧＦ１受容体の遺伝子をなくす。それを実現させるには、脳だけで発現することがはっきりとわかっている別の遺伝子の「プロモーター」と呼ばれる特殊な制御領域をうまく使って、ＩＧＦ１受容体を「脳特異的にノックアウト」すればいい。そうやってできたマウスは、やはり長生きだった（図５－８）。彼らはこのマウスの脳内のさまざまな代謝や遺伝子、タンパク質発現を精査して、非常に面白い現象に気がついた。脳の

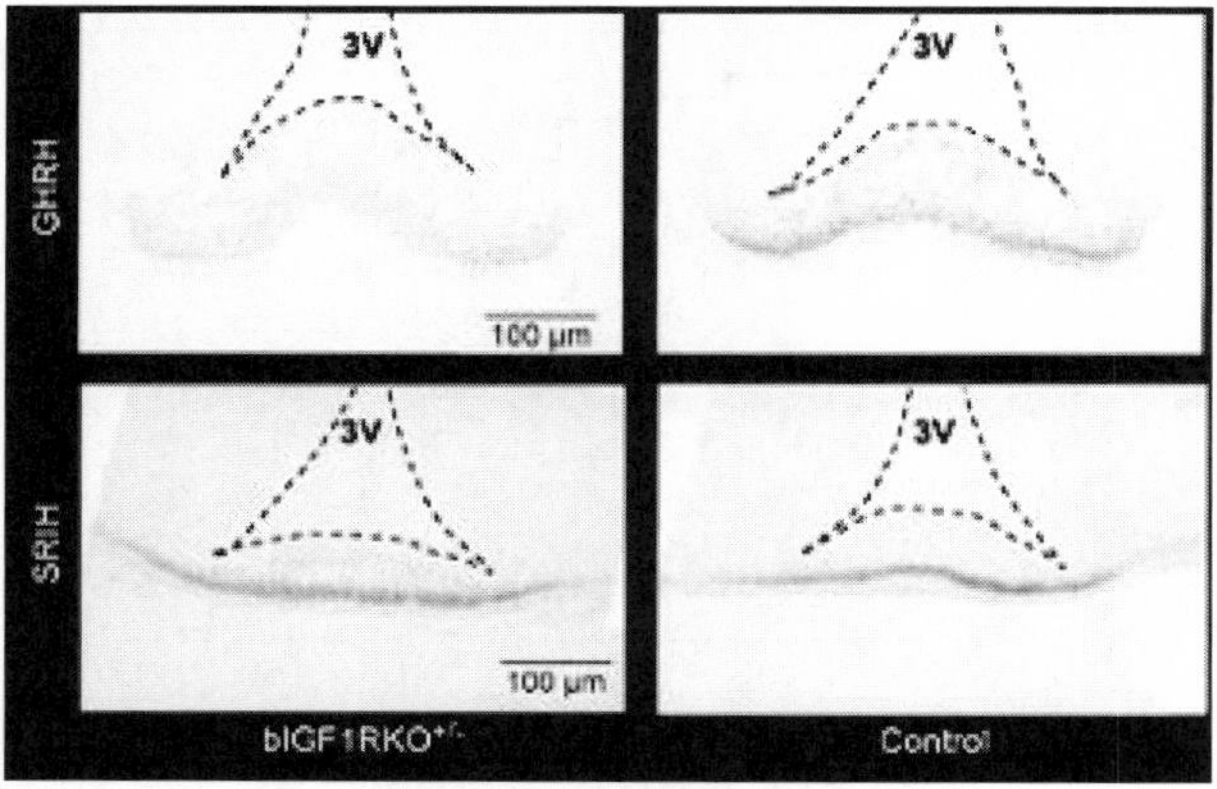

図5-9　IGF1受容体の脳特異的な遺伝子欠損②
脳だけでIGF1受容体を欠失したマウスは視床下部のGHRHが少なくなった
(L. Kappeler et al., PLoS Biol., 2008より)

奥深くにある視床下部での成長ホルモン（GHRH）の遊離を促進するホルモンGHRH（ソマトリベリンともいう）のレベルが、確実に下がっていたのである（図5－9）。

視床下部は、脳による身体制御のコントロールセンターである。発達期に身体の成長を指令するのも、成長してから食欲や体温を調節し、あるいは肥満も含めて代謝系全般をいわゆる「メタボ」にならないよう調節するのも、視床下部なのである。

そこでのGHRHレベルが低いとなると、当然、成長ホルモンが出る度合いも低くなる。それはおもにマウスの成長期に作用して、視床下部から出て血流にのって全身をくまなくめぐるホルモンである。成長期におけるそうした一時的な影響が、動物のその後のライフイベントに、つまりはずっとあとのテーマである寿命にまで影響を及ぼす。そんなスケールの大きな図式が、ぼんやりとだが見えてきた。

脳が寿命制御を指令する。これについては、じつはケニオンたちも、線虫での寿命研究の論文で、栄養感知のニューロンの重要性を指摘していた。だから、脳、それも視床下部の重要性は確かなのだろう。ただ、この「脳特異的なノックアウト」と、以前の「全身でのノックアウト」の生存曲線とをあらためて比べてみると、明らかな違いがあることにも気づく。図５－３と図５－８を比較してみよう。脳特異的にノックアウトしたマウスでは「人生後期の寿命延長がない」のである。全体としてみれば長寿傾向にあるのだが、老年期での寿命は延びず、どちらかというと若い時期の生存率が高まっている。平均寿命を過ぎたあたりからの寿命延長はないのだ。その理由はいまだ謎だが、更年期以降に起こるなんらかの代謝変化が関係しているのかもしれない。

ともかくもこうして、ＩＧＦ１受容体からの応答を脳で抑えてやれば、それが「長寿化」への指令になるということがわかってきた。じつはそのことは、ＩＧＦ１受容体のすぐあとにはたらくシグナル分子であるＩＲＳ１やＩＲＳ２の研究からも裏づけられている。

たとえば、米国ハーバード大学でのモーリス・ホワイトの研究室のデータによれば、ＩＲＳ２のノックアウトマウスはやはり長寿となるのだが、その結果を得るには脳だけのノックアウトで十分だった。このことはＩＧＦ１受容体からのシグナリングの図式（図５－10）をみれば一目瞭然だ。脳におけるＩＧＦ１受容体の反応性を抑える、ＩＲＳ１を抑える、ＩＲＳ２を抑える、そうすれば必ず「長寿化」へ向かう。ＩＲＳ以降は、第３章でみた転写因子フォクソ（ＦＯＸＯ）までのシグナル経路をたどることになる。

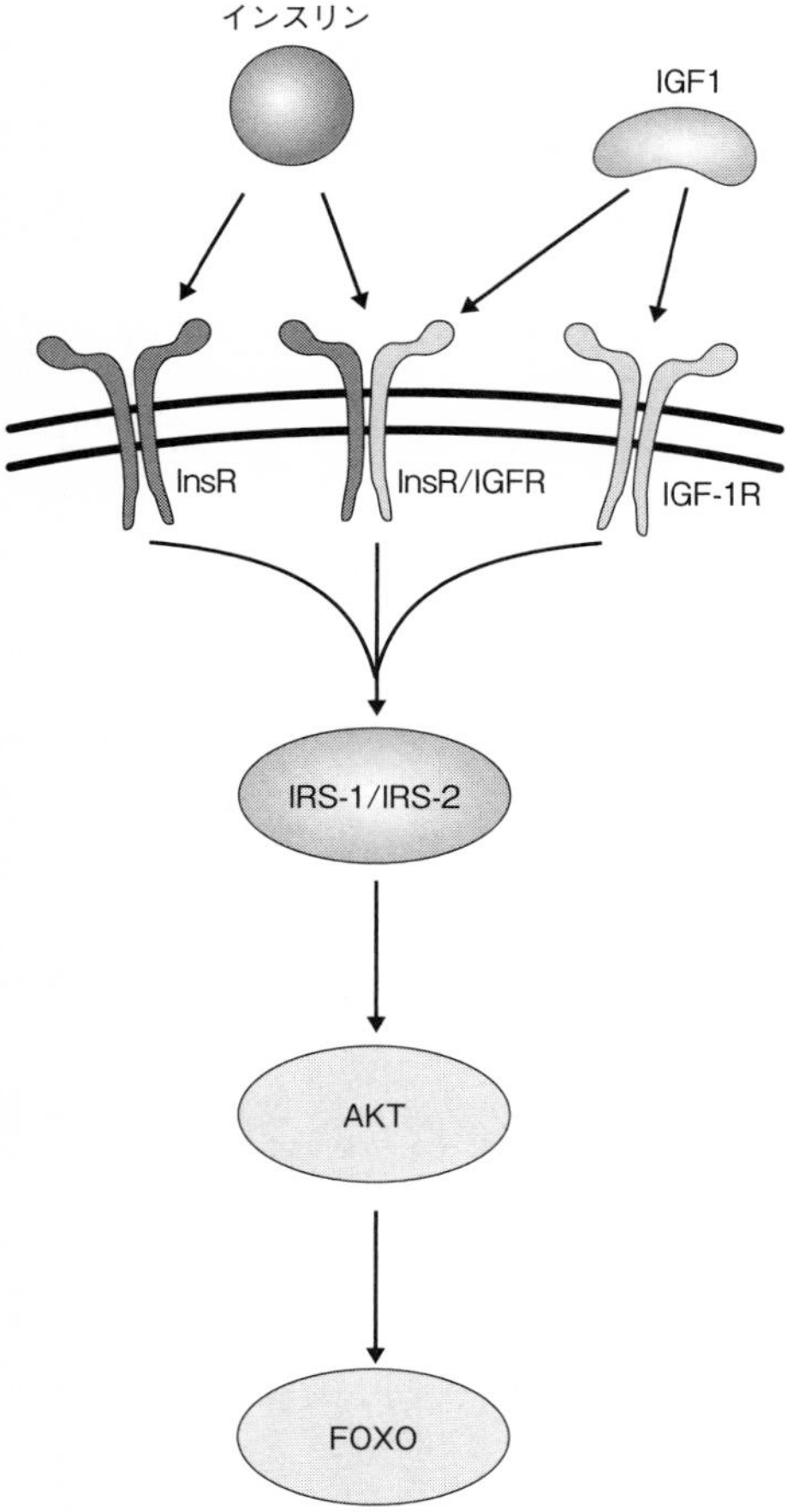

図5-10　インスリン受容体からのシグナリング

COLUMN 4

ツナオ・サイトーの見果てぬ夢

1996年5月7日の深夜のことだった。米国サンディエゴで2発の銃声がして、46歳の科学者と、彼の13歳の娘が自宅前で即死した。そのショッキングなニュースは、5月10日付のニューヨークタイムズの記事をネットで探せばいまも読むことができる。科学者はカリフォルニア大学サンディエゴ校（UCSD）で教授をつとめる斎藤綱男という日本人だった。

1980年代から90年代にかけて、ツナオ・サイトーは米国でアルツハイマー病の分子機構をさぐる研究の先頭集団にいた。80年代の後半にロサンゼルスにいた私は、年に数回はサンディエゴへ車を飛ばしたものだった。ツナオと共同研究を進めていたからだ。ツナオのラボは総勢20名ほどで、いつも活気があった。

その日、中学生のお嬢さんは放課後、UCSDの父親のオフィスで勉強したあと、一緒に帰宅した。自宅の玄関前で車を降りた瞬間、惨事は起きた。2名のプロの殺し屋の手によるものとされるが、事件から25年がたったいまも、犯人逮捕には至っていない。いったい誰が、何のためにツナオの命を奪ったのか？　真相は闇の中である。

当時、ツナオはアルツハイマー病の基礎研究によって有望な創薬候補をいくつか手にし、会社も起こしていた。今日、パーキンソン病の病理で重要視されているアルファ・シヌクレインも、まだその名前がない時代から、詳細に研究を進めていた。ツナオはそれを、アルツハイマー病患者の脳から検出されるアミロイドβを含まない凝集物の本体として、NACPと呼んでいた。

ツナオの死後、研究室は彼の片腕となっていたエリーザー・マスリアが引き継ぎ、本章で紹介したアンドリュー・ディリンとの共同研究を開始した。寿命遺伝子がアルツハイマー病の進行を抑えてくれる、すなわち寿命制御と老化脳の病理とのクロストークともいえる魅力的なテーマは、ツナオ亡きあとのサンディエゴの研究室から生まれてきたのだった。ツナオが生きていれば、それは日本人と米国人の共同研究になっていただろう。

第6章 神経 rest

老化ニューロンの守護神

ニューロンの寿命はヒトの寿命と同じ

前の章で、寿命制御の中核は脳だろうと書いた。脳は基本的には情報伝達をうけもつ神経細胞（以下、ニューロン）と、その機能保全にあたるグリア細胞とから成っている。そして、脳によっておこなわれる寿命制御の主役は、やはり神経情報を司るニューロンであろう。

成体の脳において、神経幹細胞と神経前駆細胞を除けば、ニューロンは分裂しない細胞である。生後まもなくのステージから脳の中で、細胞分裂することなく「ヒトの一生」という時間を生きつづける。ニューロンの寿命は、人間の寿命と同じなのだ。

一般の分裂細胞には分裂回数の限界、ヘイフリック限界があった（第1章）。しかし、ニューロンにはそれがない。そもそも分裂しないのだ。だから、テロメアは短くならない。したがって、ニューロンの老化は一般の「細胞老化」では説明ができない。

　ニューロンの老化は、形態と機能に表れる。形態としては「シナプスの退縮」「スパインの減少」がある。機能としては「神経可塑性の低下」「応答性の減弱」である。ニューロンとニューロンが接続するところにあるシナプスを形づくるスパインという膨らみの「大きさ」が縮小し、脳の中でスパインが分布する「密度」が下がる。すると脳内での神経情報の伝達効率が低下し、ひいては脳の老いにつながる。

　こうした目に見える「かたちの老い」が、可塑性の低下といった「はたらきの老い」につながる。これがニューロンの老化の基本的なメカニズムである。

複雑なニューロンの遺伝子発現

　ニューロンが老化するにつれて起こることの根本にあるのは、「遺伝子発現の変化」である。ニューロンには日々の活動に応じて、さまざまな「神経特異的遺伝子」がある。たとえば、アセチルコリンやドーパミンなどの合成酵素や分解酵素、その輸送体や受容体、シナプス小胞（シナプスベジクル）を形成する分子、あるいはシナプシンやシナプトタグミンなども、それらの遺伝子が発現したものだ。挙げだしたらきりがないが、神経特異的遺伝子はおよそ1000個も存在する。ニューロンはその中から選別して、ニューロンそれぞれの特性に応じて、発現しているのだ。

遺伝子の発現とは、具体的には、遺伝子のはたらきを必要に応じてオンにすることだ。必要がないときは、オフにしておく。この「オン／オフ」の切り替えがうまくできていればいいのだが、老化すると、その制御が崩れることがある。また、崩れるだけではなく、老化によって、必要とされる状況が大きく変化することもある。つまり、若いときとは「オン／オフ」を決める基準が変わってくるのだ。たとえば、老化した脳は基本的に長年の生命活動の結果、「酸化状態」にある。若い脳に比べ、老いた脳は酸化ストレスにさらされた状態にあるのだ。すると、酸化に対抗する遺伝子の発現が自然にオンになる。これ自体は合理的な生体調節のしくみのひとつである。

遺伝子発現を調節するのは、これまでにも登場した、たとえばフォクソのような転写因子と呼ばれる一群の制御タンパク質である。その多くは細胞の核内ではたらく。「A」「G」「C」「T」が並んでできた遺伝子、いわゆるＤＮＡの配列の、特定の部分に結合して、作用を及ぼす。

一般に、転写因子はＤＮＡに結合するドメインをもっているわけだが、そのほかに、制御に必要なほかの「補因子」（コファクター）と相互作用するためのドメインや、遺伝子ＤＮＡからある情報をもったＲＮＡを生みだすために重要な合成酵素「ＲＮＡポリメラーゼ」と相互作用するドメインをもつ場合もある。

ニューロンにおける転写因子の作用機構を語りだすと、これもまた複雑すぎてきりがないが、要するに１０００個もの神経特異的遺伝子の中でどの遺伝子を発現し、どの遺伝子を抑えるかをコントロールする司令塔である。その微細な調節が適切におこなわれればいいのだが、老化や疾患などによって状況が変化して、うまくいかないことがある。結果的にはそうした変化がニューロンの「かたち」や「はたらき」の変化となって表面化してくるのである。

老化脳で重要な「レスト」

このように非常に複雑な仕事をしている転写因子のなかでも、とくに重要な制御因子が「マスターレギュレーター」（統括的制御因子）である。それは数多くの遺伝子に影響を及ぼし、その活動のしかたは神経の形態や機能に非常に大きな変化を起こす。21世紀初めに米国テキサスのベイラーカレッジのジョナサン・レヴェンソンと、テネシーのヴァンダービルト大学のデーヴィッド・スウィートは、なかでも最も注目すべきマスターレギュレーターは「ＲＥＳＴ」（以下、レスト）という転写因子であろうと指摘した。

レストは神経の初期発生時に、ゲノムの中のＮＲＳＥと呼ばれる小さなエレメントに結合して、遺伝子のオン／オフを調節する。結合すればオフ、離れればオンだ。未熟な細胞では、神経に特異的な遺伝子にレストが結合してオフのままだが、神経発生が進むにつれてレストがはずれていき、神経特異的遺伝子の多くがオンになる。その結果、神経らしさが増してゆくのだ。

当初、NRSEに結合する転写因子は、エレメントに結合する因子（ファクター）ということでNRSFと呼ばれた。じつはこれは、筆者がカリフォルニア工科大学にいたときにボスのデーヴィッド・アンダーソンとそう命名したものだった。それが最近になって、老化した脳の中でNRSFがいかに重要なはたらきをしているかが盛んに明らかにされるとともに、「レスト」と呼ばれるようになった。レヴェンソンとスウィートが存在を指摘したころには想像もできなかったことだが、それから10年後、レストはいま、老人の脳の中で予想外の重要な機能をもっていることがわかってきたのである（くわしくは後述）。

これまで、線虫やマウスでの実験や寿命遺伝子の話をしたあと、ヒトへの応用の可能性にもふれて、ウェルナー症やプロジェリアなど、ヒトの老化症の例もみてきた。ヒトの老化といえば、多くの人が気がかりなのはアルツハイマー病だろう。それはまさしくヒトの脳の老化制御における最大の課題である。研究者たちがマスターレギュレーターの重要性に気づきはじめたころは、いわゆるヒトゲノムプロジェクトが完了した時期でもあった。つまり、そのころ、人間の脳の中のニューロンでも、「核」の中にある「ゲノム」と、それを構成する「遺伝子」のすべての実体が手にとるようにわかるようになったのである。少しその状況をふりかえり、そのことが老化研究にどう影響したかをみておくことにしよう。

ヒトゲノムプロジェクトからの恩恵

米国の神経科学者たちの間では、20世紀の最後の10年間は「脳の10年」(decade of the brain)とも呼ばれているが、世界的にはこの10年はまさに「ヒトゲノムの10年」だった。

1990年はじめ、米国が主導し、日欧も国際連携して、人間のゲノムの遺伝子の配列をすべて読み解こうという壮大な企てがスタートした。米国で、この国家プロジェクトの全体的な指揮をとったのが、第4章の最後に登場したフランシス・コリンズである。

プロジェクトが始動したとき、ヒトゲノムをすべて解読するには15年はかかると考えられていた。ところが、あるひとりの男が猛然と解読を進め、結果としてプロジェクトはほぼ10年で決着をみた。当初はプロジェクトを組織した米国国立衛生研究所（ＮＩＨ）にいて、のちにそこを離れてセレラ・ジェノミックス社を興し、社長となったクレイグ・ヴェンターである。

ヴェンターははじめ、ヒトゲノムを読み込んで発見した遺伝子をすべて特許化することをもくろんだが、プロジェクトを営利目的で利用する発想には批判も相次ぎ、結局、特許化の思惑は泡と消えた。しかし、計画達成が大幅に前倒しできたのは、セレラ社の猛烈な追い上げのおかげに

図6-1　ヒトゲノム特集を組んだ2001年の『nature』誌（2月15日号：左）と『Science』誌（2月16日号：右）
左：「二重らせん」のイメージは1200枚ほどの老若男女の写真のコラージュ
右：赤ん坊から大人たち、そして老人までが立ち上る柱のように表現されている

ほかならなかった。ヴェンターらはヒトゲノムをすべて完全に解読したわけではなかったが、「ほぼ全容」がわかる「ドラフトシークエンス」が解読できたと認められた。２００１年の２月、21世紀初頭を飾る『ネイチャー』誌と『サイエンス』誌の表紙には「ヒューマン・ゲノム」の文字が躍り、プロジェクトの成果と、その影響を考察する特集が組まれた（図６－１）。

ヒトゲノム解読を始める前、すでにショウジョウバエや線虫のゲノムは解読されていて、遺伝子数はそれぞれ２万数千個とされた。小さな無脊椎動物のゲノムがそのくらいなら、高等な人間のゲノムは当然、少なく見積もっても「10万個」はあるだろうと誰もが予想した。

しかし、結果は「3万個」程度。これには誰もが驚いた。人間の尊厳が崩れる、とまではいかなくとも、どうしてハエや線虫とほとんど同じ数の遺伝子で、こんなにすぐれた人間が成り立つのか、なぜ人間の脳の知性や、やさしい心が成立するのか——ゲノムがわかったことで、謎はよけいに深まったともいえる。

やがて、「ヒトゲノム配列」はデータベースとして公開された。それまで、遺伝子を扱う分子生物学者たちは、「インヴィボ」（生体内）や「インヴィトロ」（試験管内）で仕事をしてきたが、これによって「インシリコ」（コンピュータ内）でもかなりの仕事ができるようになった。ヒトゲノム情報は大きな知的財産であり、まさに人間の知性の源がすべてこの配列の中にあるともいえる。

読まれたヒトゲノムはある特定の個人の遺伝子だった。誰のものかは秘匿されているが、性染色体から、XとYのある男性であることはわかっている。しかし、人種や年齢などは公表されていない。それでも、このヒトゲノム情報は、老化研究にも大きな影響を及ぼした。

その一つは、年齢ごとの遺伝子発現状況を、網羅的に解析できるようになったことだ。たとえば「発達期」「成熟期」「初老期」「老年期」といった人生のステージごとに、脳内などで遺伝子発現がどう変化するのかが、正確に調べられるようになったのである。なぜなら、一滴の血液やごくわずかの（外科的に取り出した）脳のかけらなどから細胞で発現されているRNAの配列と量をすべて正確に調べることも可能になっていたので、それをゲノム情報と参照し、人生のなかでどのようなはたらきのものがどれだけ増えたり減ったりするかがすべて見えるようになったからだ。

ヒトゲノムプロジェクトが終了したころから、各所で「網羅的な解析」がうたわれるようになった。遺伝子発現によって出てくるＲＮＡの網羅的解析は「トランスクリプトーム」、細胞内で出ているタンパク質の網羅的解析は「プロテオーム」など、網羅的、総括的を意味する「〜オーム」がつくような大仕事をしないと、なかなか研究として認めてもらえなくなった。研究者にとってはある意味、大変厳しい時代になってきたともいえる。いまの生物学は「オームの時代」といえるかもしれない。全体を包括的に見通すことが、つねに求められる時代になってきたのだ。

遺伝子発現の驚くべき逆転現象

ヒトゲノム解読によってすべての遺伝子の実体が把握できたことで、細胞の中での遺伝子の発現を網羅的に解析すれば、どの時期にどの遺伝子がオンで他はオフか、あるいは発現量が多いか少ないかなど、さまざまなことが調べられるようになった。

若齢から老齢までのヒトの脳での遺伝子発現を網羅的に解析した研究がある。米国ハーバード大学の神経科学のブルース・ヤンクナーらは、26歳から１０６歳までの30人の脳の遺伝子発現をの領域ですべて解析した。ひとくちに脳といっても、領域ごとにはたらきが違うから、それぞれの遺伝子発現も違うだろう。彼らは「前頭皮質」に注目した。大脳の前頭葉の新皮質、そこは意識や意欲の根源である。ポジティブな行動を起こす司令塔であり、人間の人間らしさに関わる部分でもある。彼らはさまざまなヒトの脳のストック、いわゆる「ブレインバンク」から、その領域の断片の遺伝子DNAを抽出し、発現しているメッセージ、mRNAを「定量的に」すべて読み上げて、30人の脳でどの遺伝子が、どのくらい発現しているのかを明らかにしたのである。

解析した遺伝子の数は数千におよぶので、それを逐一、名前をあげて議論することはあまり有益でない。そこで、こういった解析のあとでは、大きくひとつのイメージ図にまとめて遺伝子の発現量やそのレベルが表現されることが多い。これを「ヒートマップ」という（図6－2）。

この図では、上から下へ、遺伝子のバンドが並んでいる。その順番は、遺伝子発現の強度と、遺伝子機能の類縁性にもとづいて決められる。色が濃いのは「発現抑制」、色が薄いのは「発現促進」、そのレベルをコントロール（対照群）との対比の数値として表示してある。つまり、このヒートマップは遺伝子発現の年齢による変化を網羅的に調べたものであり、これを見れば老化の過程で遺伝子発現がどう変化するかを大まかにとらえることができる。

それは意外にも「連続的」ではなく、ある段階で急にパターンが「逆転」する、ということがわかった。上方に示された遺伝子群の発現は、左方の若いステージでは抑制的だが、70歳になる

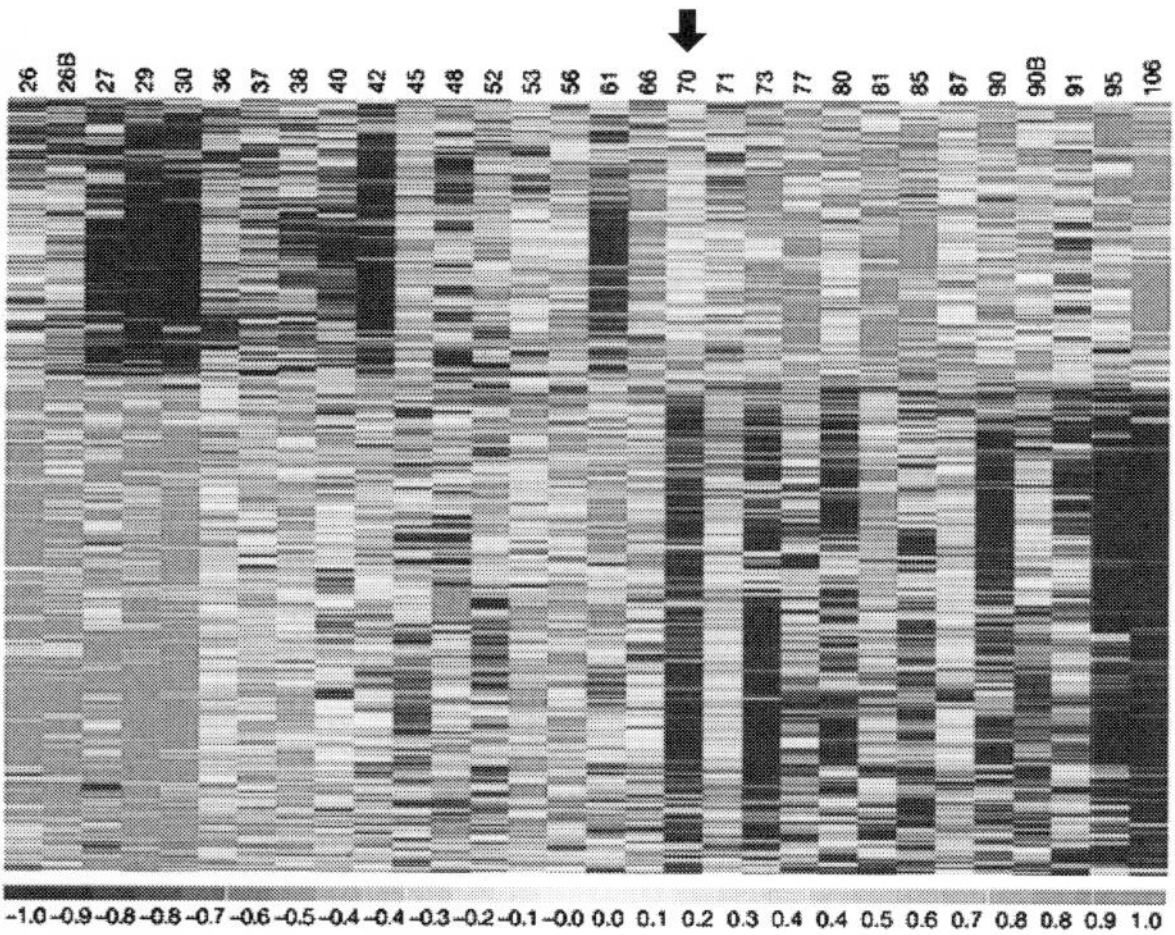

図6-2　ヒトの大脳新皮質（前頭葉）の遺伝子発現ヒートマップ
26歳から106歳までの30人の遺伝子発現パターンを定量的に比較したもの。70歳を境に急にパターンが逆転している
（T. Lu et al., Nature, 2004より）

と促進的になっている。逆に下方の遺伝子群は、若い時期には促進的、つまり発現が多いのだが、70歳以降は抑制的、つまり発現が抑えられる――そんな実態がみえてきた。70歳を境に、遺伝子発現の大きな逆転現象が起こるのである。

　そのほかに、30歳あたりでも発現パターンに変化があること、また、上の一群と、下の一群とでは、遺伝子集団に大きな区分けがありそうなこともみえてきた。つまり、若い時期に使われる遺伝子群と、老年期に使われる遺伝子群とは、大きく区別できるのである。いったい、このように遺伝子発現を大きく変えているのは何だろう？　ヤンクナーらは考えた。それはひょっとして、遺伝子発現制御において最も重要なマスターレギュレーターと考えられる転写因子「レスト」ではないだろうか？

レストは70歳で発現する？

彼らはそう考えて、さらにサンプルを増やして網羅的に、遺伝子発現の解析を進めた。今度は24歳から95歳までを対象に、前頭葉での遺伝子発現を解析し、その結果をレストの「ターゲット遺伝子」かそうでないかで区分けして表示した（図６‐３）。レストのターゲット遺伝子とは、レストが直接に制御している遺伝子という意味で、ターゲット遺伝子の制御領域にはレスト分子が結合するＤＮＡ配列がある。

すると、もののみごとに、70歳前と70歳以降とではターゲットの「逆転現象」が起こることが明らかになった。レストのターゲット遺伝子の発現は、70歳まではオンだったが、70歳を過ぎるとオフになったのである。

レストは転写抑制因子であり、遺伝子の発現を抑制する。つまりこの結果は、70歳まではレストは前頭葉に発現していない（あるいは機能していない）が、70歳以降に発現（あるいは機能）することを示唆している。

さらに、レストの発現レベルを老若の脳で比較してみても、若い脳ではレストが少なく、老化

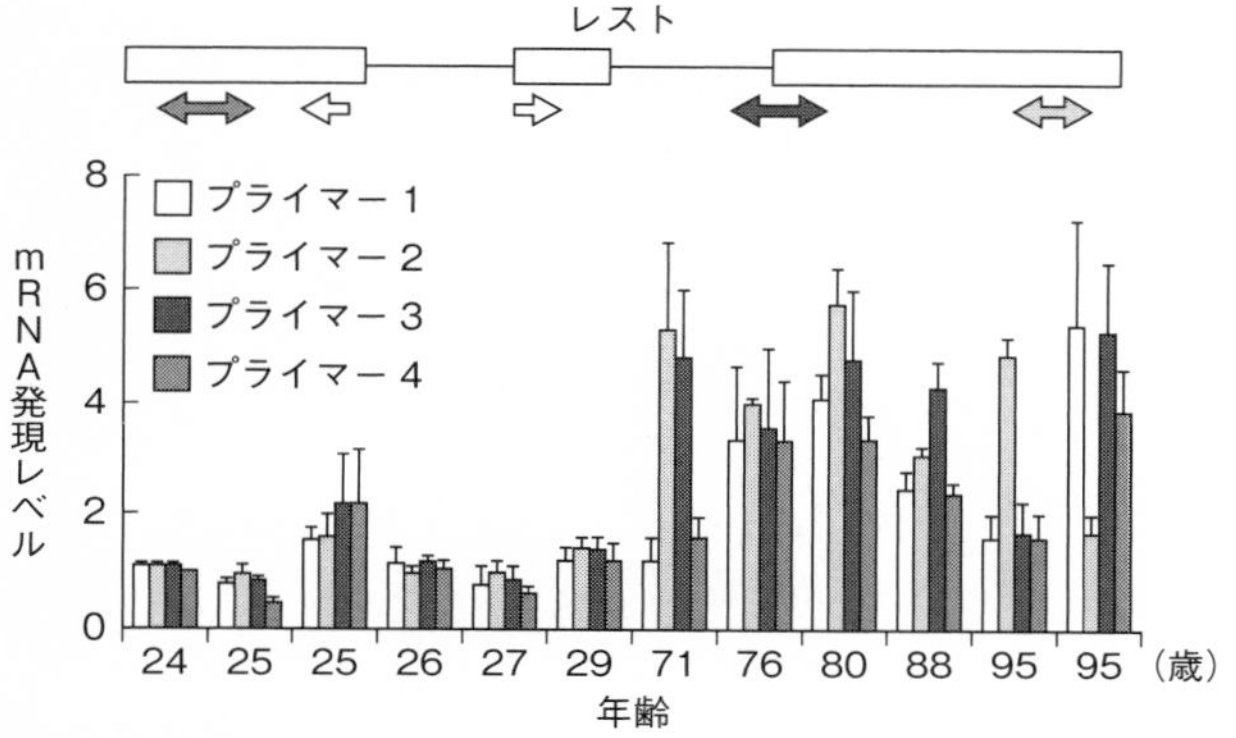

図6-3　老化脳でのレスト発現

20歳代と70歳以降のレストmRNAの発現レベルの比較。70歳以降では発現レベルがまったく異なり、レストmRNAが多くなる
（T. Lu et al., Nature, 2014より）

脳では多いことがわかった。

しかも驚いたことに、アルツハイマー病の脳では、老化した脳に多いはずのレストがほとんど発現していなかった。レスト発現の逆転現象は、正常な老化脳と神経変性疾患のアルツハイマー病の脳との間でも起こっていたのだ。ただし、同じ「老化脳」でもレストが多い一群と、やや少ない一群とに分けられることもみてとれた。これはおそらく、アルツハイマー病の予備軍とされる軽度認知障害（ＭＣＩ）の一群と思われる。

脳のニューロンの核内にあるレストのレベルを、年齢ごとにプロットしてみると、図６‐４のようになった。70歳代、80歳代では、レストの増加は多くてもそれ以前の２〜３倍のレベルだが、90歳以降になると、それよりかなり多い

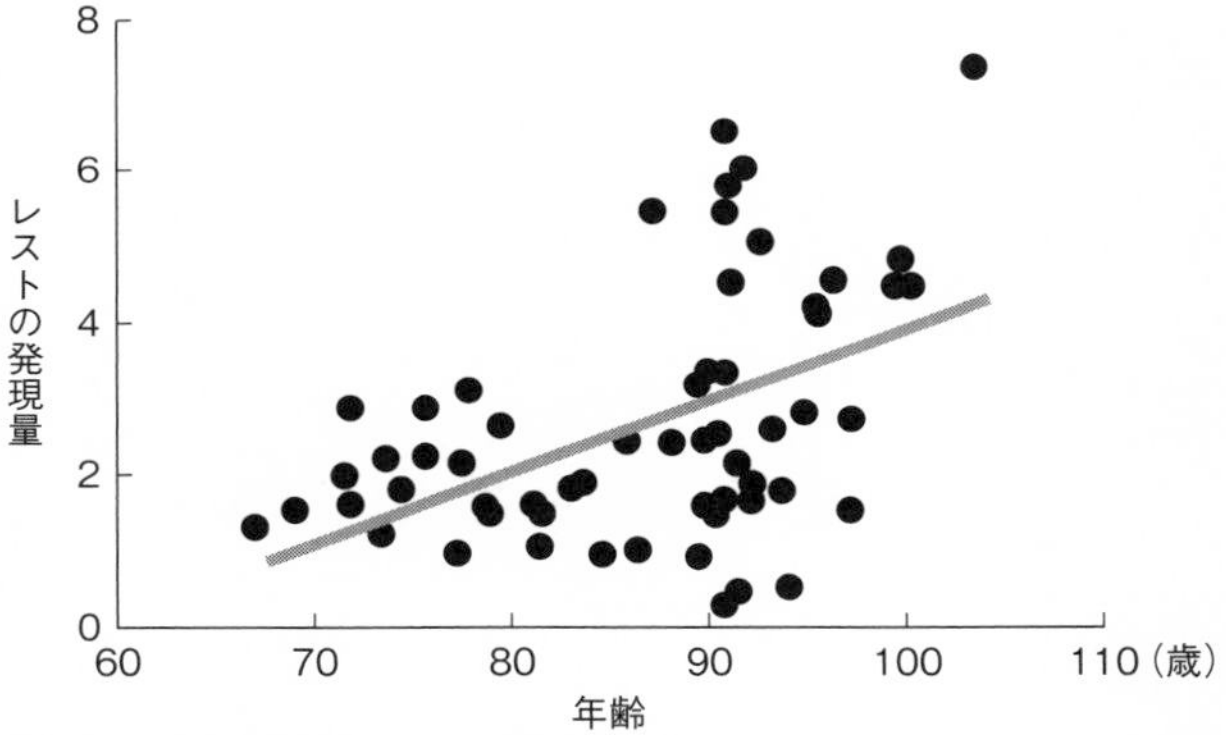

図6-4　老化とともにレストは増える
67歳から104歳までの61人の前頭葉の細胞の核内レストの量を比較した。高齢になるほどレストは増える傾向にある（T. Lu et al., Nature, 2014より）

一群（4～8倍）と、逆に少ない一群（2倍以下）とが共存している。これはおそらく、健常な高齢者と、認知症など神経変性疾患が進行している可能性のある高齢者との違いと解釈できるだろう。

レストがない脳は細胞死が起きやすい

レストは老化脳で多い。しかし、神経が変性したアルツハイマー病脳では少ない。これは何を意味しているのだろうか？

レストは神経保護にはたらくのではないか——そう考えるのがふつうだろう。そこで、ヤンクナーらは次に、それを確かめる実験に着手した。

彼らはまず、レストを発現する遺伝子（以下はレスト遺伝子と表記する）をノックアウトして、レストがないマウスを作成した。ただし、発生初期のマウスからレストをノックアウトすると幹細胞の分化がうまくゆかず、マウスは生まれてこないので、発生後期のニューロンでのみレスト遺伝子をノックアウトする特殊なマウスをつくった。次に、このノックアウトマウスの脳からニューロンを分離して、実験室のシャーレで培養した。こうして、ふつうのマウスの脳のニューロンと比較したのである。

彼らはそれぞれのニューロンに、酸化ストレスを加えたり、アルツハイマー病のモデルとされる細胞毒性のあるアミロイドβをふりかけたりして、種々のストレスへの耐性を比較してみた。するとレスト遺伝子をノックアウトした培養細胞は、ストレス耐性が低下していた。過酸化水素への抵抗性も弱まっていた。

結論として、ニューロンでのレスト発現をなくしたマウスの脳は、細胞死が起きやすくなっていた。海馬のニューロンの密度も、レストがないと低下していた。つまり、レストには予想どおり、神経保護作用があるのだ。

進化を超えて受け継がれた寿命遺伝子

レストは老化によって発現量がふえる。そして神経をさまざまなストレスから保護している。そのことはわかった。では、レストは寿命とは関係あるのだろうか？

彼らはレスト遺伝子をノックアウトしたマウスを作成していたので、それを2～3年飼ってい

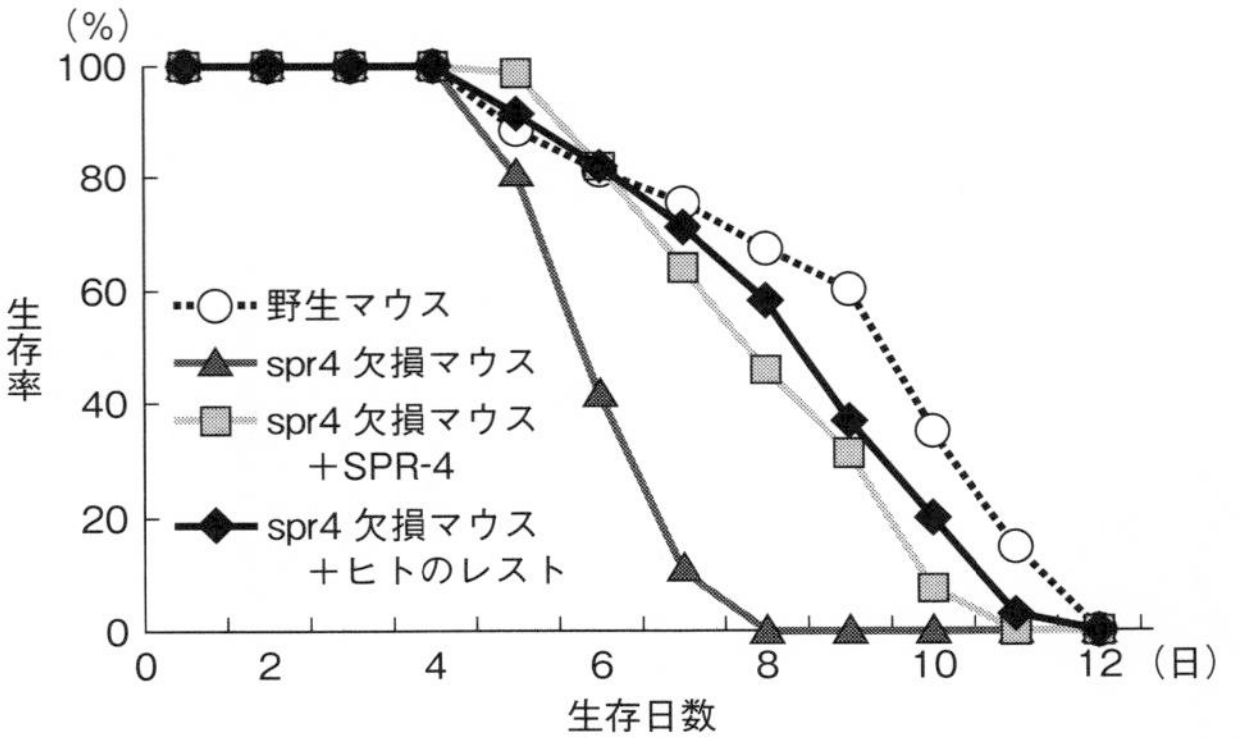

図6-5　寿命遺伝子としてのレスト／SPR-4
線虫でレストに相当するタンパク質SPR-4を発現するspr-4遺伝子に変異があると寿命が短くなる。だがSPR-4を導入すれば寿命は回復する。しかも、ヒトのレストでも線虫の寿命は回復する。レストとSPR-4は進化を超えて受け継がれた寿命遺伝子だった（T. Lu et al., Nature, 2014より）

れば、生存曲線を描くことも可能だったはずだ。そうすれば、ふつうのマウスと寿命を比較することもできる。しかし、それでは時間がかかりすぎる——おそらくはそういうことだったのだろう、ヤンクナーたちは思い切ったことをやってのけた。マウスではなく、線虫のレスト遺伝子に相当する遺伝子を変異させてみたのである。

その遺伝子はsprといわれるものであることがわかっていた。これにはspr-1、spr-2、spr-3、spr-4といったサブタイプがある。彼らはまず、それらの遺伝子の機能を失わせたミュータントをつくり、それぞれの寿命をふつうの線虫と比較してみた。すると、どのミュータントも寿命が短くなった。図6－5はspr-4の結果だけを示したものだが、明らかに短命である。

ところが、このミュータントの遺伝子を操作して、ヒトのレストに相当するＳＰＲタンパク質を発現するようにしてやると、寿命がもとに戻る傾向がみられた。

次に彼らは、ミュータントがヒトのレストを発現するよう遺伝子を導入してみた。すると、やはり寿命は回復した。これで線虫のＳＰＲとヒトのレストが、機能的に同じものであることが裏づけられたのである。

これらの実験から、レスト遺伝子そのものが「寿命」に影響を及ぼす遺伝子、すなわち寿命遺伝子であることが明らかとなった。本書の最初のほうでみてきたエイジ1やダフ2の場合、その変異によって「長寿化」が促された。つまり「ある」と短命で、「ない」と長寿になった。だが、レスト遺伝子や線虫のsprの場合は、変異すると「短命化」した。つまり、「ある」と長寿で、「ない」と短命になる。

いずれにせよ、レスト遺伝子やsprは寿命遺伝子の範疇に入る。線虫とヒト、進化的にはかけ離れているようにみえるふたつの「動物」は、機能を同じくする寿命遺伝子をもっているのだ。

レストは「老化脳の守護神」

ところでさきほど、高齢期の、とくに90歳前後の人には、レスト発現がきわめて高い人と発現の低い人がいて、ばらつきが大きいという話をした。その違いはなぜ生じるのだろうか？

ヤンクナーたちは、その点にも検討を加えた。高齢者に記憶力テストや認知症テストを実施して、その成績と、レストの発現レベルには関連性があるかどうかを、軽度認知障害やアルツハイマー病の患者も含めて比較解析したのである。すると興味深いことに、ほぼすべての記憶力テストで、成績のいい人ほどレストの発現レベルが高いことがわかった。レストは老化脳でニューロンをストレスから守るだけでなく、学習や記憶などの高次脳機能の維持にも重要な役割を果たしていると考えられた。

じつは、このハーバード大学での研究は、いま生きている高齢者を対象としたものではない。すでに亡くなった人の脳のストック（ブレインバンク）と、生前の治療過程での認知症テストの成績、さらには高齢者全体に対するコホートスタディーなど、つまりはある地域で高齢者の身体状況を追跡調査したデータを駆使しておこなわれたものなのである。いってみれば、過去のデータ、過去のサンプルなのだが、ある特別の視点をもってそれらの情報を活用すれば、意外な事実がみえてくる。ヤンクナーたちの研究はそのことをまざまざと見せつけてくれた。

こうして、レストは老化脳において、まさに「守護神」ともいうべきはたらきをしていることがわかったのである。

レストのターゲット

いわゆる「ヒトゲノムプロジェクト」が完了して、ヒトの全ＤＮＡ配列が公開されたあと、すぐさまそのデータベースを活用して、レストのターゲット遺伝子を網羅的に調べ上げたのが、英国はリーズ大学の分子生物学者ノエル・バックリーだった。彼らは、神経でよく発現しているナトリウムイオンチャネルの遺伝子の制御領域にあるレストの結合部位「サイレンサー」の配列「TTCAGCACCACGGACAG」をもとに、ヒトゲノム全体を探索した。いわゆる「インシリコ（コンピュータ内）の解析である。彼らはヒトゲノムだけでなく、当時すでに完了していたマウスゲノムとフグゲノムも同時に解析を進めた。なぜ急にフグ？と思われるかもしれない。じつは、魚のフグはとてもコンパクトなゲノムをもっていることが当時わかっていた。遺伝子全体が小さく収まっている。遺伝子数が少ないのではなく、遺伝子と遺伝子の間の「ジャンクＤＮＡ」とも呼ばれていた部分が短いので、解析しやすいのだ。

バックリーたちは、ヒト、マウス、フグのゲノム上で、レストが結合すると目される遺伝子を片っ端からリストアップした。すると、ヒトでは１８９２個、マウスでは１８９４個、フグでは５５４個の遺伝子にレストの結合配列、いわゆるサイレンサーがあることがわかった。ほぼ同数だったヒトとマウスの遺伝子の中味をみると、多くは「神経活動」に直結していた。当時の解釈はそういうところに落ち着いたのだが、あとで、このときのデータを見直してみると、全体の4分の1は「その他」に分類されていた。どうも、必ずしも神経の機能性に直結しない遺伝子が約1900個の4分の1、500個ほどもあったのである。いまになってみると、これらの遺伝子が、老化脳においてレストに制御されているストレス応答やDNA障害に関係する遺伝子群であるように思われる。

英国でバックリーらがこのようなインシリコ解析に取り組んでいたころ、米国のカリフォルニア工科大学にいたバーバラ・ウォールドは、「クロマチン」という核内のタンパク質と遺伝子の複合体の中から、レストが直接結合する遺伝子を網羅的に選別して取り出す努力をしていた。これはコンピュータ解析ですむインシリコ探索に比べると、非常に大変な実験だった。ウォールドたちはなんとか、2007年の夏までにその解析を終えた。そして最終的に、ヒトゲノム上には、レストの結合遺伝子は1946個あると結論した。

これは「机上の議論」ではなく「実験的な立証」である。ヒトゲノムの遺伝子は、全体で3万個といわれる。そのうちほぼ2000個が、レストによって制御される。つまり、ゲノム全体の6～7%の遺伝子が制御下にある。これはとてつもない「マスターレギュレーター」であり、遺伝子発現の「統括的な指揮者」ともいうべき存在である。

しかも、レストは発生期にも老齢期にもはたらく。ほぼ2000個のターゲットのうち、4分の3は神経の初期発生で使われるが、残り4分の1は、老化脳で使われるようなのだ（もちろんふたつのステージで多少のオーバーラップはあるだろう）。老化脳を守るレスト遺伝子、その裾野は、多くのターゲットを通して大きく広がっている。

レストと神経幹細胞の深い関係

レストが発生期にも老齢期にもはたらくこと、つまり発現に「二相性」があることは、レスト遺伝子の神経幹細胞、いわゆるステムセルでのはたらきとも呼応する。

神経系のステムセルの維持にレストが必須であることは、従来から知られていた。それは幹細胞が「幹」として自分で自分をふやす「自己新生性」（セルフリニューアルな性質）を維持するために必要なのだと考えられていた。ところが、このところ、幹細胞から分化して「枝葉をはった」ニューロンでもレストが発現することがしきりと強調されるようになってきた。神経幹細胞におけるレストの関与についてもたくさんの研究があるが、ここでは米国テキサス州ダラスのジェニー・シーらの研究成果をみてみよう。

図6-6は、神経幹細胞の維持からニューロンの分化、さらに成熟へと至る各ステージでの、主要な遺伝子発現をまとめたものである。ネスチン（Nestin）やソックス・ツー（Sox2）は幹細胞の維持や、できたばかりの幼若なニューロンの初期分化に必要な因子で、そのあとにニュー

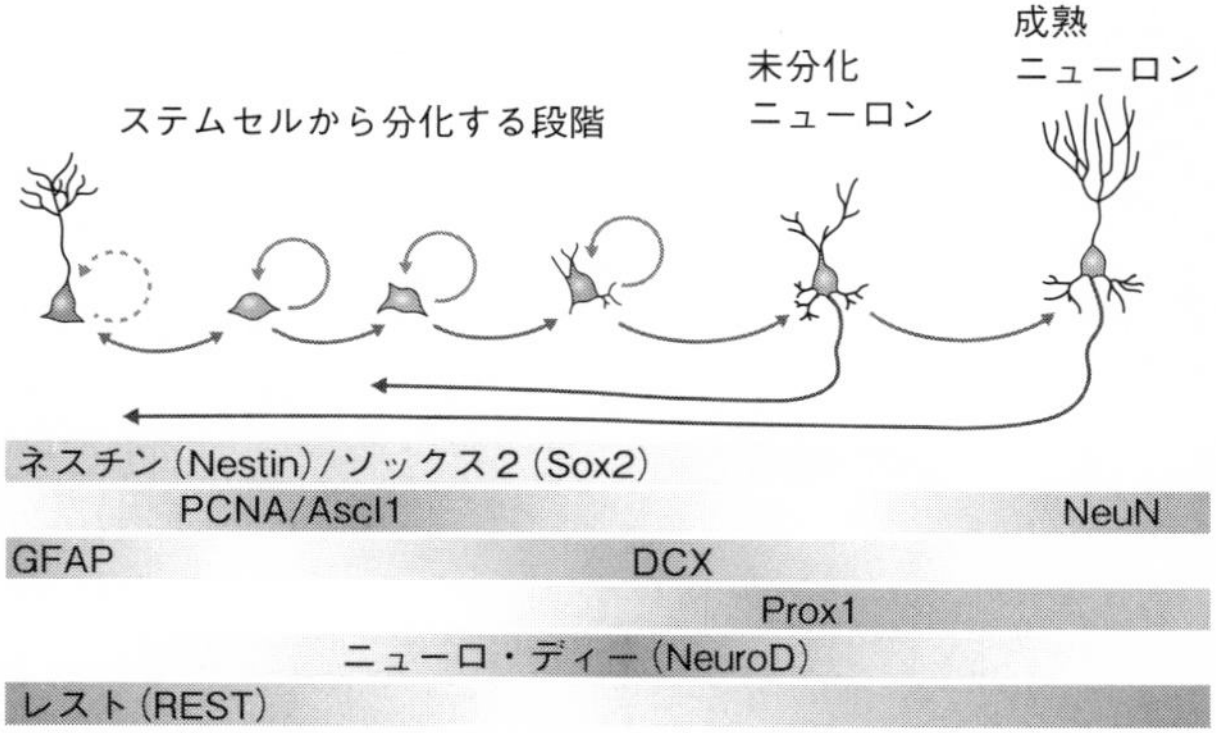

図6-6　成体脳の海馬での神経新生におけるレスト遺伝子など主要な遺伝子の発現（Z. Gao et al., J. Neurosci. 2011より）

ロ・ディー（NeuroD）という転写因子が誘導されるようになる。

そして、これをみるとわかるように、レスト遺伝子はいったん発現が弱まったあと、神経の成熟化のステージでまた必要となり、最終的なニューロンでもしっかりとその発現が維持されている。

未分化なステムセルの維持にもレストは必要で、ニューロン分化の後期にもまた必要ということで、レスト遺伝子はニューロンの一生のごく幼い時期にも、また、晩年に入ってからも、多くの遺伝子の統括因子としてはたらいていることが明らかになったのだ。

ニューロンの人生で、レスト遺伝子は二度はたらく。初期と末期で、まったく異なる機能を発揮する。寿命遺伝子でありながら、神経発生と神経老化という大舞台でも、ともに統括的な指揮者となるマスター遺伝子だったのである。研究者仲間の間では、ときに冗談でこういわれる。

「レスト（ＲＥＳＴ）に休む暇はない」

第7章　時間

clk-1

身体にひそむ暦

時間という「感覚」

私たちが「時間」の流れを感じることはいわゆる「五感」には含まれないが、明らかに「感覚」である。私たちは、短い時間、長い時間を区別できるし、一日と一年、昨日と明日がどう違うかを理解している。過去と未来を峻別し、現在という時間の中に生きていることを自覚している。しかし、私たちはまだ時間を感知する感覚器を知らない。

それでも私たちは、一日のリズムの制御に関わっているのが脳内の「視交叉上核《しこうさじょうかく》」と「松果《しょうか》体《たい》」であることは知っている。かつてデカルトは、松果体こそが外界と人間の精神をつなぐ重要な構造体であると考えた。目から入った視覚情報は、松果体を通して脳室へ伝えられる。17世紀のヨーロッパでは、人間の精神や精霊は、脳室に宿ると考えられていた。いまでこそ、脳室は脳の実質ではなく、脳脊髄液のプールと考えられているが、当時はデカルトといえども、そんなことは知るよしもなかった。

人間やマウスでは、松果体が夜間にメラトニンというホルモンを合成して、その濃度が一日の中で波のように変動することで「日周リズム」が生まれる。しかし、リズムの大元は、脳のさらに深いところにある。視交叉上核が目のレンズを通して入ってきた視覚情報——この場合は色や形ではなく、光の明暗——を感知して、強度の違いもともなって松果体へ伝える。すると、そこから視床下部へと情報が伝わり、身体全体の日周リズムへと広がってゆくのだ。

視交叉上核は小さな神経核だが、およそ1万個のニューロンが存在していて、一日のリズムを自律的に生みだす発信装置となっている。そして、ここが「中枢時計」と考えられているのだ。ただし、この時計が測るのは一日という長さの時間であり、それより長い「一年」とか、ましてや人の「一生」などといった時間を測るものではない。

生体のリズムとクロック遺伝子

一日のリズムは「概日《がいじつ》リズム」と呼ばれる。「概日」とは「およそ一日」という意味であり、英語では「サーカディアン」(Circadian) という。「サーカ」は「だいたい」で、「ディアン」はデイ、「一日」のことだ。生体の一日のリズムはきっちり24時間周期ではなく、おおよそ24時間前後の周期で繰り返されているのだ。

たとえばショウジョウバエを暗黒の中で飼育しておくと、生体リズムは24時間より少し長めの周期にシフトしていく。そのまま放っておけば、一日が25時間の周期に近づいていく。そのハエをふたたび太陽の光の中に戻してやると、体内時計はリセットされて、より24時間に近い周期に戻る。

マウスでもハエでも一日を感知しているが、じつは植物でさえ、一日をきちんと感知している。脳がなくても、松果体がなくても、細胞の中の葉緑素「クロロフィル」が、光に応じた化学反応によって濃度が変わることで昼夜を区別し、一日のリズムを知るセンサーとなっている。植物はまた、一日だけでなく、季節をも十分に感知している。一年草や落葉樹であれば季節の移ろいにしたがって適時、花を咲かせたり紅葉させたりする。

だが、動物のサーカディアンのしくみは、それとはまったく異なる。日周リズムを生みだしているのは、脳なのである。マウスや人間のような脊椎動物には松果体があり、ショウジョウバエや線虫のような無脊椎動物には松果体はないが、光感知に特化したニューロンが存在し、そこで「時計遺伝子」がはたらいているということは、脊椎動物、無脊椎動物に共通したしくみである。

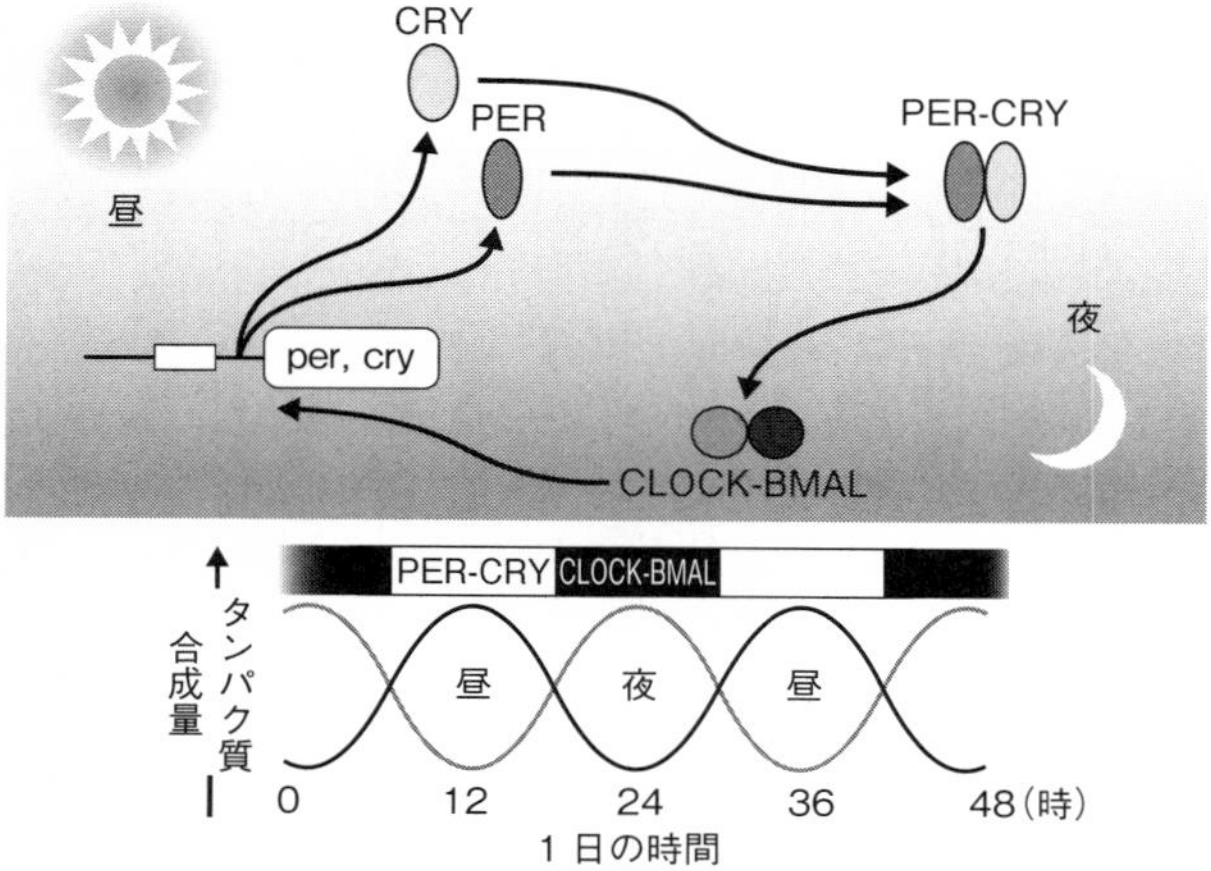

図7-1　サーカディアンリズムと代表的な時計遺伝子
一日のなかでのショウジョウバエの代表的な時計遺伝子の産物の発現レベル。これらの24時間周期での自発変動がバイオリズムの源にある
（The Cell System Markup Language（CSML）より改変）

時計遺伝子の代表的なものはperとcry、そしてbmalとclockである（図7-1）。perの名はperiod（期間／時間）に由来し、「パー」と読む。cryはcryptochrome（クリプトクロム／隠れた色素）に由来し、「クライ」と読む。clockは読みも「クロック」で、時計遺伝子として大変わかりやすい名前だ。それぞれの産物（タンパク質）はPER、CRY、CLOCK、BMALで、これらが2個ずつ組み合わさって昼夜で入れ替わり発現する（図7-1）。CLOCK-BMALは遺伝子perとcryの発現を制御する転写因子だ。1984年にこうした概日リズムを生む時計遺伝子を発見した米国のジェフリー・ホールとマイケル・

ロスバッシュらは2017年にノーベル医学・生理学賞を受賞した。なお、2人はともに第9章で登場するシーモア・ベンザーの教え子で、ベンザーも存命であれば当然、最重要候補になっていただろう。

一年の時間、一生の時間

さて、ここでサーカディアンを離れて、もっと長い時間感覚を考えてみよう。植物が感じているような一年の季節の移ろい、さらには十年、何十年という時間。私たちヒトは、それらがどのくらいの時間なのかを想像することはできる。だが、そのような長い時間を測れる感覚器はない。それだけの時間に起こったことはヒトの大脳皮質で意識の中、記憶の中には残るものの、それとは別の器官が長い年月を感知し、蓄えているとはいまのところ考えられていない。

第1章で、細胞の老化に関連してテロメアという構造体について述べた。細胞は一回分裂するごとにテロメア、つまり染色体の末端構造を短くしていき、これ以上は短くなれないという限界がきたら、分裂できなくなる。それがフェーズ3の細胞老化のステージであり、やがて細胞寿命を迎えることになる。ヒトの正常二倍体細胞はだいたい63回の分裂でその命を終えるのだった。

細胞の寿命とはそのように、ある意味では単純なものなのだが、たくさんの細胞からなる臓器や、それを組み合わせた個体として成立する動物の寿命を考えると、そう単純なものではない。

臓器の細胞ごとに分裂回数は異なるので、動物の身体ではさまざまな長さのテロメアが共存することになる。老齢期の動物では、皮膚の細胞はテロメアが短くなっているが、筋肉や神経細胞のテロメアはまだ長いままそこにある。テロメアを「老化時計」という言い方もあるが、テロメアで測れるのはあくまでも細胞老化であり、個体の老化を測っているわけではないのだ。

では、サーカディアンの時計ではなく、テロメアの細胞老化の時計でもない、動物個体の老化を測る時計はあるのだろうか？

寿命を延ばす時計遺伝子

コロラドでトム・ジョンソンがエイジ1をとり、サンフランシスコでシンシア・ケニオンがダフ2をとってからしばらくして、今度はカナダのモントリオールにあるマギル大学のジークフリート・ヘキミが、線虫の新たな寿命遺伝子を単離した。clk-1（以下、クロック1）と命名されたこの遺伝子は、どのようなはたらきをするのか、まずは例によって、この遺伝子に変異を起こしたミュータントの寿命曲線をみてみよう（図7-2）。

野生株に対して、クロック1に変異を起こしたミュータントは平均寿命も最長寿命も、25〜30%ほど延びた。クロック1はエイジ1やダフ2のように「ない」と長寿化する寿命遺伝子だった。

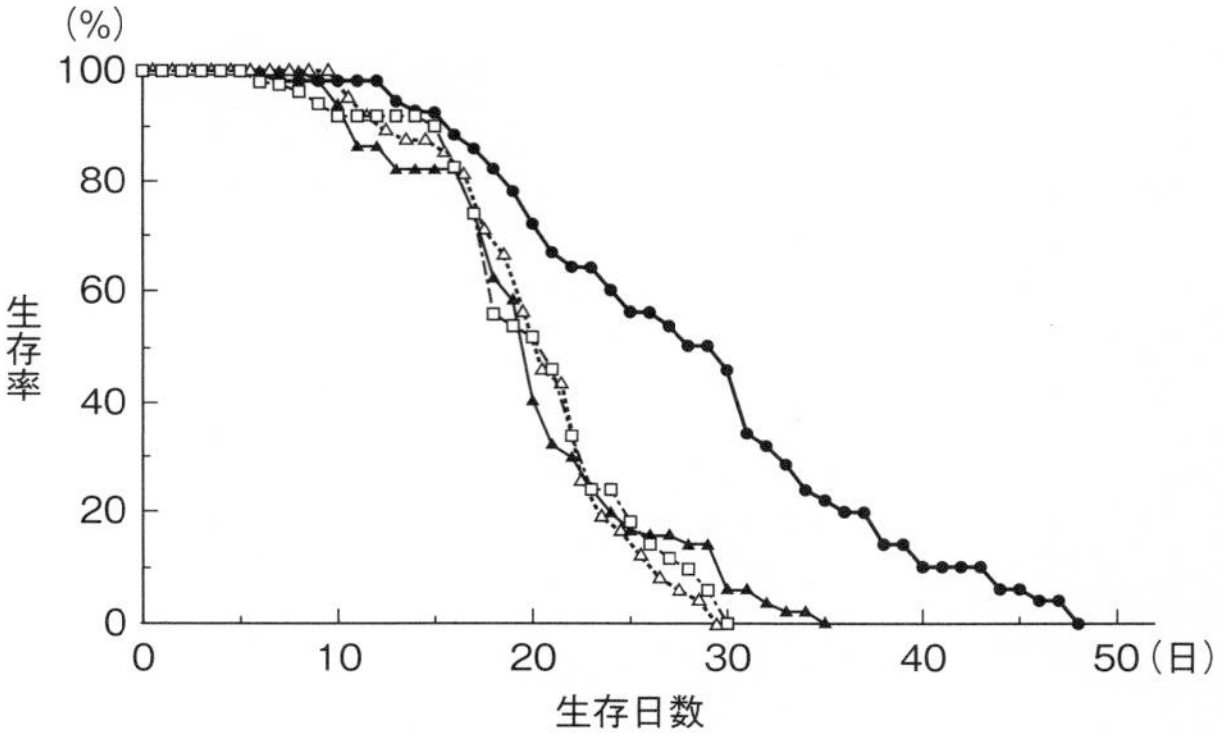

図7-2　クロック1変異による長寿化
野生の線虫（▲）に比してクロック1ミュータント（●）は平均寿命、最長寿命ともに延びている
（J. J. Ewbank et al., Science 1997より）

さらにヘキミたちは、クロック1の類縁遺伝子であるクロック2、クロック3のミュータントも同時にとった。また、線虫の成長に影響をおよぼす遺伝子gro-1（以下、グロー1）も、クロック遺伝子と同類の遺伝子と考え、これらの遺伝子をさまざまに比較する研究も進めた。

そのなかでもとくに興味深いのが「二重変異」の効果についての研究である。彼らがこれらの遺伝子の変異を、二重に組み合わせてみたところ、寿命がさらに延びるケースがあったのだ。

たとえば、クロック1とクロック2のダブル変異体、あるいはクロック1とクロック3のダブル変異体は、寿命が40日程度にまで延びた。だがクロックシリーズのどれかとグロー1との組み合わせでは、それほどは延びなかった。

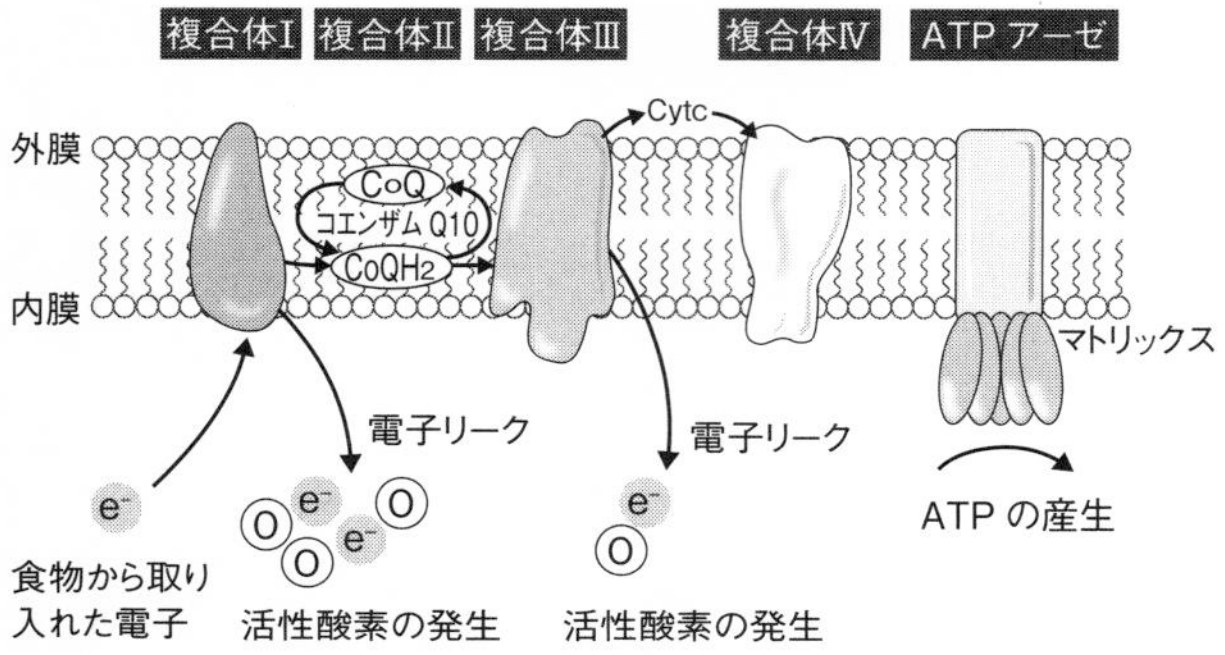

図7-3　ミトコンドリアの電子伝達系
複合体（コンプレックス）I, II, III, IV, Vを経てATPを産生する、細胞のエネルギー産生経路で、コエンザイムQは複合体IIに必要とされる。この経路はATP産生の一方で、活性酸素の発生源ともなる

これらの結果は、次のことを想像させた。クロック1、クロック2、クロック3の遺伝子産物は、それぞれ異なる経路で機能するタンパク質なのであろう（だから組み合わせることで相乗効果があった）。クロックシリーズとグロー1の遺伝子産物は、相互に関連する経路で機能するタンパク質なのであろう（だから組み合わせてもあまり効果が上がらなかった）。

では、クロック1とは何者なのだろうか。それは、ミトコンドリアでのエネルギー産生に関係する遺伝子であることがわかった。ミトコンドリアには、いわゆる生体エネルギーとして知られている「ATP」を産生する、「電子伝達系」というルートがある。その2番目の複合体（コンプレックスⅡ）の活動に必要とされるのが、ＣｏＱ（コエンザイムＱ）と呼ばれる、酵素のはたらきを助ける補酵素だ。そしてＣｏＱを合成する酵素をコードしているのが、クロック１なのである（図７－３）。

ミトコンドリアの電子伝達系は細胞が「呼吸」をする場所ともいえるところで、生命活動を支える根源的な経路なのだが、そこで使われるのが「ＣｏＱ」（コキュー）というのも面白い偶然だ。このコエンザイムＱの構造では、側鎖のひとつに脂質性のイソプレニル基と呼ばれるものがあり、その数は高等動物ほど多い。ヒトでは10個で、よくサプリメントとして売られているＣｏＱ10（コキューテン）がまさにそれだ。マウスや線虫ではＣｏＱ９となる。さしずめクロック１は「コキュー」のもと、ということになるだろうか。

クロック変異線虫はゆっくり生きる

ＣｏＱは細胞のミトコンドリアがＡＴＰをつくる過程で、コハク酸から遊離される電子を受け取り、複合体Ⅲを経て、チトクロームＣへ受け渡す。電子の授受が続くので電子伝達系というわけだ。スムーズに進めば、最終的に５番目の複合体であるＡＴＰアーゼによりＡＴＰがつくられる（図７－３）。しかし、途中で電子が漏れ出すことが往々にして起こり、これが「活性酸素」を生みだすことになる。英語ではＲＯＳ（reactive oxygen species＝活性酸素種）と呼ばれるものだ。活性酸素は細胞内のさまざまな分子に悪影響を及ぼし、電子伝達系の効率を下げるだけでなく、いわゆる「酸化ストレス」を生みだすもとにもなる。

線虫のクロック変異体では、クロック1が機能しない。したがって結果としてCoQ9が生成されず、エネルギー産生効率が下がるのだが、同時に、酸化ストレスも下がることになる。単位時間当たりに産生されるエネルギーが低いので、クロック変異線虫はゆっくりと呼吸し、ゆっくりと成長し、ゆっくりと拍動し、ゆっくりと行動し、ゆっくりと排便をすることになる。唐突に「排便」が出てきたが、これも生きていくためには当然、避けて通れないものであって、一日の排便回数はバイオリズムの指標のひとつでもある。

クロック1にかぎらず、すべてのクロックミユータント線虫は同じように、バイオリズムが遅くなる。呼吸も、体をくねらして進む動きも、食べるペースも、そして排便の回数も。彼らはゆっくり成長し、ゆっくり生きる。その結果、大変面白いことに、長寿化するのである。

マウスのクロック変異も長寿化した!

線虫のクロック1ミユータントが長寿化するのであれば、マウスにおいてもクロック1を欠損させれば、長生きになるのだろうか?

この疑問に答えるため、ヘキミたちはクロック1ノックアウトマウスを作成した。マウスやヒトは父親と母親から2本の染色体ゲノムをもらっているが、両方の染色体でクロック1がないと胎生致死となってしまうので、片方の染色体でのみこの遺伝子がないマウス（ヘテロマウス）を作成して、寿命を比較した。

すると、最初に作成した系統でも、それを何世代も掛け合わせて作成した系統でも、クロック

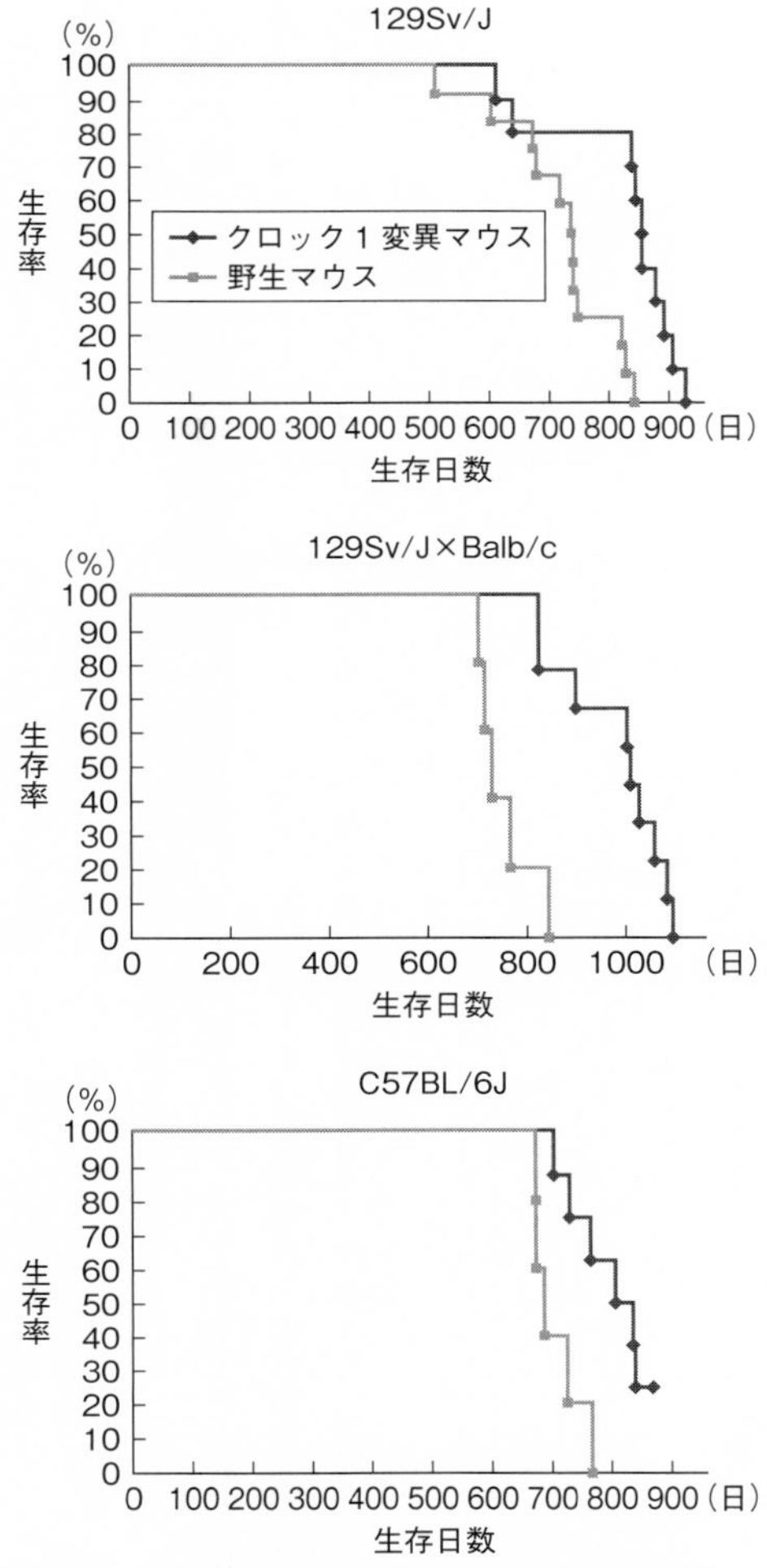

図7-4　マウスのクロック1変異による寿命延長
クロック1ノックアウトマウスは寿命が延びた
(X. Liu et al., Genes Dev., 2005)

1の遺伝子欠損で長寿化がみられた（図7－4）。すなわち、クロック変異による長寿化は、無脊椎動物の線虫でも脊椎動物のマウスでも、ほぼ同様に起こることがわかったのである。

クロック1ノックアウトマウスの胚から幹細胞とES細胞をとって調べてみると、いずれの細胞も酸化ストレスへの耐性が増し、DNAもダメージを受けにくくなっていた。つまり、比較的頑強な細胞になったということができる。一般に、酸化ストレスは老化を促進するものと理解されている。そして、酸化ストレスへの抵抗力が高まれば、必ず長寿化へ向かう。抗酸化は、長寿化への切り札なのである。

クロック1は核内でもはたらく

ヘキミらの研究とは別に、最近では、英国マンチェスター大学のリチャード・モナハンらが、クロック1が細胞の核の中で果たす新たな役割についても言及している。

彼らによれば、線虫でもマウスでもヒトでも、ひとつのクロック遺伝子から2種類のタンパク質（遺伝子産物）ができる。これまで述べた、ミトコンドリアで機能するものとは別に、細胞の核の中で機能するタンパク質があり、とくに遺伝子発現に関わっている。ミトコンドリアでは、「N末端」の側が分解されたやや短いタンパク質がコエンザイムQ合成酵素として機能するが、一方で核の中では、N末端が分解されず残ったままの大きな分子のタンパク質が存在し、酸化ス

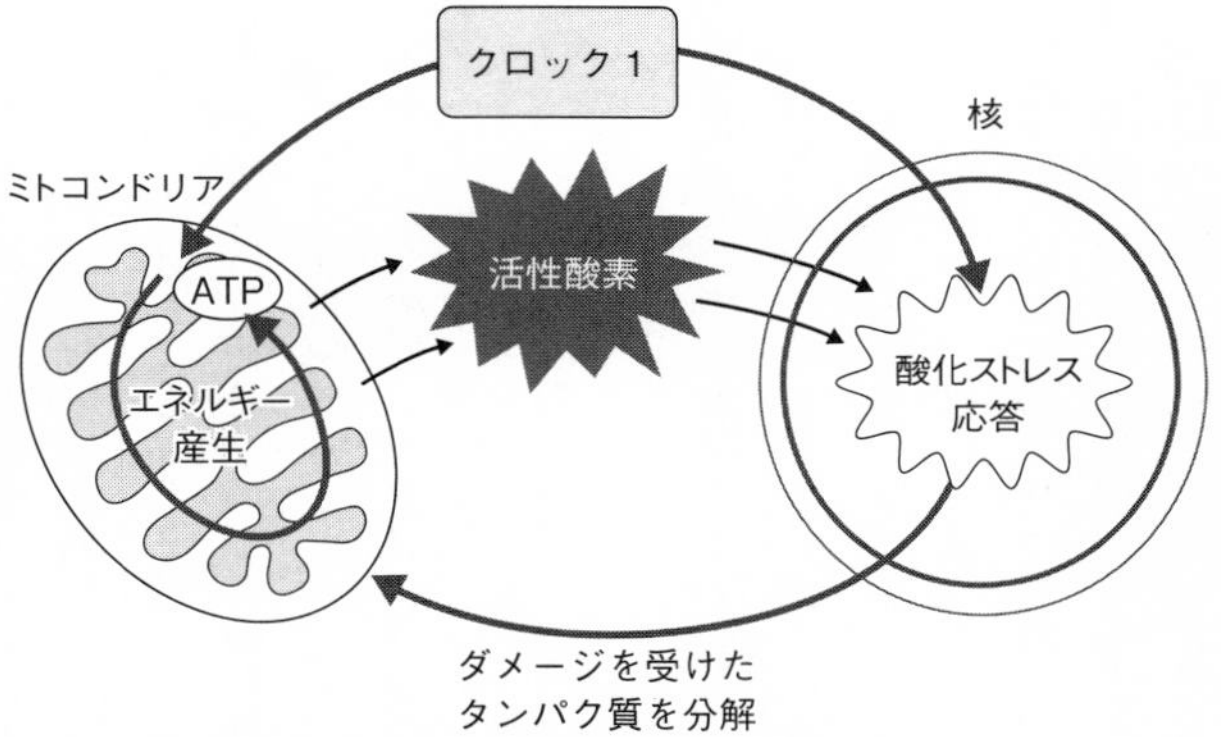

図7-5　クロック１から２種類のタンパク質ができる
ミトコンドリアではたらくタンパク質と、核内ではたらくタンパク質ができる。前者はN末端が削られて、少し小さめになる
(R. M. Monaghan et al., Nature Cell Biol., 2015)

トレス応答や、ダメージを受けたミトコンドリアタンパク質の分解除去などに関わる遺伝子の発現を制御しているというのである（図７－５）。

タンパク質のはたらき方についてはやや複雑な話になってきたが、クロック１の変異は細胞のエネルギー産生をスローにして、逆にストレスへの応答性を高めることで長寿化することは、線虫とマウスの研究から明らかである。線虫ではまた、クロック遺伝子を導入して発現レベルを上げると、寿命が縮まることもわかっている。

ところで、ヘキミらが線虫から取り出したクロックシリーズはほかに、クロックの２と３もあったことは前述したが、このうちクロック２については、その実体がわかってきている。

クロック2は細胞寿命に関係するテロメアの長さを調節し、また、細胞分裂の際にDNA損傷に問題がないかをチェックする段階で機能する分子だった。いかにも寿命遺伝子らしい機能である。先にも述べたとおりこの経路は、クロック1のミトコンドリアでの機能や核内での遺伝子発現の経路とは重複しない。このことからもクロック1と2のダブル変異体がさらなる寿命延長となったことが理解できる。

もうひとつのクロック3の機能はいまだに不明であるが、今後の研究に期待がかかる。

バイオリズムとクロック

クロック1と2の機能は、これまでに線虫で知られていたエイジ1、ダフ2系統のルートとはまったく異質のものである。第1章から第3章でみたように、エイジ1やダフ2系統の変異は、いわゆるインスリン様成長因子のシグナル経路に関係している。しかし、クロック変異の場合、その特徴は生体リズムの遅延にある。リズムといってもいわゆるサーカディアンリズムではなく、呼吸、心拍、排便、運動などのペースをスローにして、成長に時間がかかるようになることによって、成熟後の老化の速度を遅くする。その結果、長寿化したのである。

じつは、線虫の寿命は飼育温度とも密接な関係がある。高温(20〜25度)で飼えば短命で、低温(15〜18度)で飼えば長生きである。寿命を比較するときは、どちらかといえば低温で飼育することが多い。これは代謝率にもとづいている。小型の動物は基礎代謝が高く、大型の動物は基礎代謝が低いのだ。往年のベストセラー『ゾウの時間 ネズミの時間』の考え方で、動物は一般に、一生の間に消費するエネルギーはほぼ一定であるという原理がある。大きくゆったりと生きようが、小さくせかせかと生きようが、一生でできる仕事は結局、同じであり、哺乳動物であれば大きかろうが小さかろうが、どんな動物でも一生の間に心臓は約20億回打ち、呼吸は一生の間に5億回、というものである。

いま、自分の呼吸を意識してみると、スーハーと吸って吐いて、だいたい4秒で一呼吸している。1分間で15回。1時間で９００回。1日で2万１６００回。一生の間に5億回の原理に照らせば、私は63年生きることになる。これでは平均寿命にも及ばない。では、少しゆっくりと、５秒で一呼吸にしてみよう。1分間で12回。1時間で７２０回。1日で1万７２８０回。これだと５億回達成までにほぼ80年生きることになる。男性としてはこれでよしとしておこう。

これは数字の遊びだが、従来の「エネルギー一定の法則」の背後に、クロック遺伝子のような存在があり、それが呼吸や運動や排便などのバイオリズムを制御していること、それをスローにすることで長寿化が期待できること、そんなことがいま、わかってきたのである。

第8章 情報 ストレスと環境適応

Shc

がん研究の落とし物

本来は老化研究や寿命研究をめざしているのではない人が、たまたま寿命に関して大変面白い変異体を手にすることがある。

イタリアのミラノにある先端医学研究所のがん研にいるピエール・ジョゼッペ・ペリッチの研究室では、白血病を中心にがん遺伝子の研究を進めていた。1992年に彼らは、ある興味深い遺伝子を見つけた。その遺伝子を皮膚の細胞（線維芽細胞）へ導入すると、細胞はがん化する。マウスに注射すれば、がんができる。つまりそれは、細胞の無限増殖を促進してがん発生にしむ

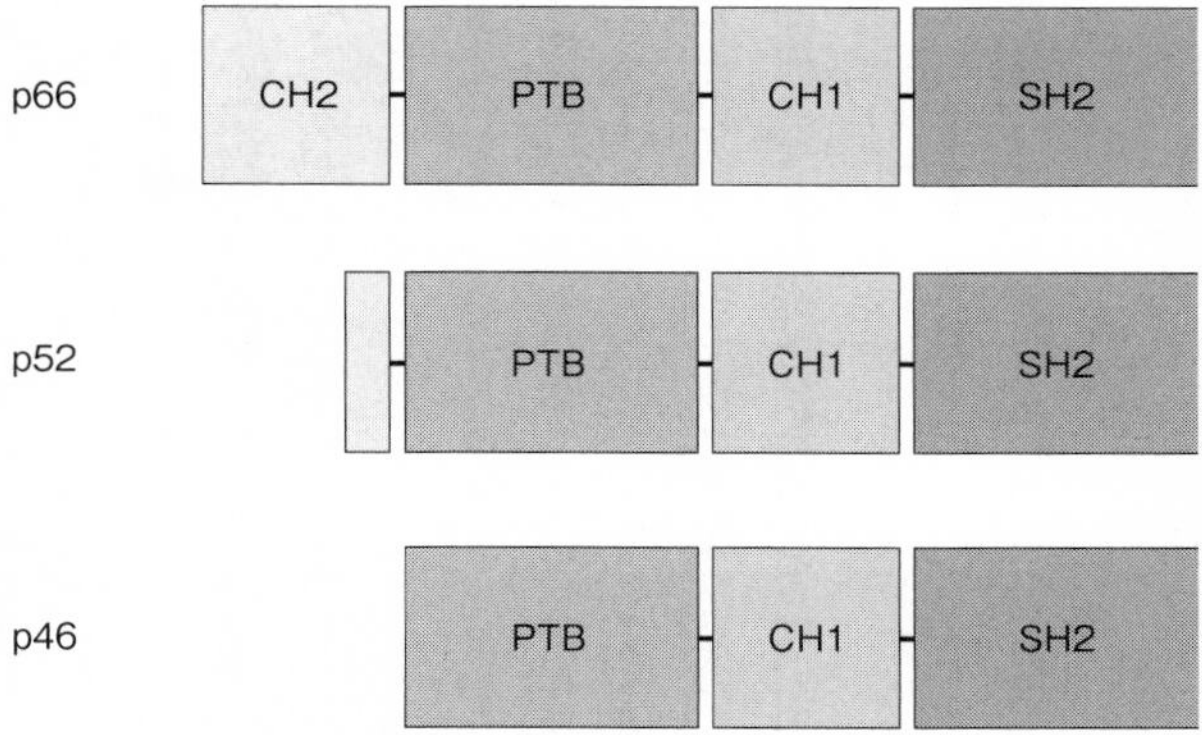

図8-1　シックの遺伝子産物のドメイン構造
p66はドメインが４つあり、p52やp46よりも１つ多い。このドメインに酸化ストレスや細胞死（アポトーシス）などのシグナル伝達に関わる機能がある

けるがん遺伝子のひとつだった。

面白いのはそこからである。ペリッチたちは、この遺伝子のノックアウトマウスをつくってみた。すると、マウスは生まれてこないことがわかった。これを「胎生致死」という。発生のプロセスに必須な遺伝子がノックアウトされると、胎仔は発達が阻害されて、どこかの段階で死滅してしまう。がんを引き起こすこの遺伝子は意外にも、そうした、発生に不可欠な遺伝子でもあったのだ。彼らはこの遺伝子を「shc」と名づけた（以下は「シック」と表記する）。

シックからは、少なくとも3つの遺伝子産物、つまりタンパク質が産生される。p66とp52とp46だ。pはプロテイン（protein）のpでタンパク質を意味する。66とか52という数字はタンパク質の「分子量」という、ある意味で「体重」のようなものだ。つまりｐ66が少し大きい。その構造を調べると、４つの構造単位、つまりドメインから成り立っていることがわかった（図８－１）。

シックのノックアウトマウスが胎生致死になったときは、ｐ66もｐ52もｐ46もすべてなくなっていたので、これらのタンパク質がみな同じはたらきをしているのか、それとも違うのかはわからなかった。そこでペリッチたちは、ｐ66はなくなるがｐ52とｐ46は残るようにうまくデザインして、「ｐ66シックノックアウトマウス」をつくった（以下は「ｐ66シックKOマウス」と表記する。ｐ52シック、ｐ46シックのノックアウトマウスも同様）。すると、このマウスは死なずに生まれ、成長し、ふつうに成体になった。さらに交尾もして、仔が生まれて繁殖した。がんになるわけでもなかった。みたところ何の変哲もない一生を送る、研究者からすればある意味、あまり面白みのないマウスとなったのだ。

研究者が研究を始めるときは、何らかの「変化」を期待して実験を進めるものだ。ペリッチたちはがんの研究者だったから、なんとかがんの兆候でも見つからないかと、マウスから細胞をとって培養するなど、いろいろ調べたことと思う。しかし、みたところ対照の野生型と比べて、何が違うのかまったくわからない日々が続いた。

ｐ66シック：「長寿マウス」の誕生

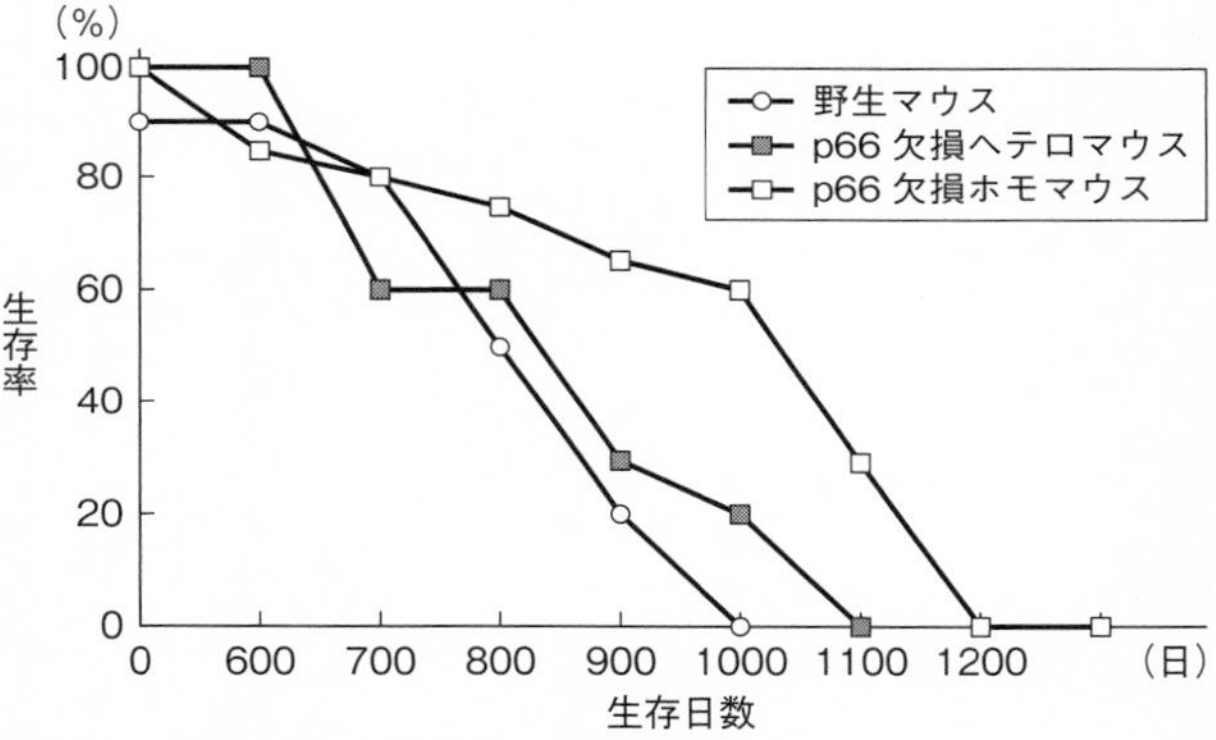

図8-2　p66シックＫＯマウスの生存曲線
p66シックＫＯマウス（ホモマウス）は平均寿命も最長寿命も約３割延びた

ところが、ペリッチたちはあるとき、このｐ66シックＫＯマウスが、野生型の数が減っても、まだ数多く残っていることに気づいたという。

そこで今度は、ｐ66の遺伝子をマウスの両親のどちらかの染色体からなくしたヘテロマウスと、どちらの親の染色体からもなくしたホモマウスをそれぞれ15匹ずつ作成して、3年ものあいだ、研究所の動物施設で飼っておいた。いずれ、少しずつ死んでいく。それを記録して生存曲線を描いてみた（図8－2）。すると驚いたことに、ｐ66シックＫＯマウスは明らかに「長生き」だった。さらにいえばヘテロマウスよりもホモマウスがより長命だった。つまりｐ66が半分なくなるよりも、すべてなくなったほうが長生きになった。データからは、平均寿命も最長寿命も、30％ほど延びるという結果になったのである。

これは、一つの遺伝子に人為的に起こした変異でマウスの寿命が延びた最初の例となり、1999年暮れ、『ネイチャー』誌に論文が掲載された。

当然、誰もが、このp66がマウスの身体の中で、あるいは細胞の中でどのようなはたらきをするのかに興味をもった。ペリッチたちもすぐに研究にとりかかった。

p66シックKOマウスと野生型マウスにいろいろなストレスを与えて応答をみたところ、いちばん明瞭だったのは、p66シックKOマウスは「酸化ストレスに強い」ことだった。このマウスの皮膚から線維芽細胞をとってシャーレに撒き、培養する。そこに過酸化水素（H_2O_2）を加える。これは強烈な「酸化剤」である。ふつうなら、細胞はしばらくして死ぬ。ところが、野生型マウスの細胞に比べて、p66シックKOマウスの細胞は明らかに、酸化ストレスへの耐性が強くなっていた。また、このマウスにパラコート（第5章にも出てきた猛毒の除草剤）を注射してみると、やはりp66シックKOマウスは耐性が強く、死なずに残った。

さらにわかったことがあった。マウスの細胞が酸化ストレスに対して耐性をもつかどうかは、シックp66タンパク質が、「リン酸化」するかどうかにかかっているようなのだ（リン酸化についてはこの章の最後のコラムを参照）。p66のリン酸化は、p46やp52にはないp66特有のCH2というドメインでおこなわれる（図8－1参照）。ペリッチらは、ここに存在するセリンというアミノ酸を、アラニンに変える変異遺伝子を入れてみた。セリンがアラニンに変わると、p66

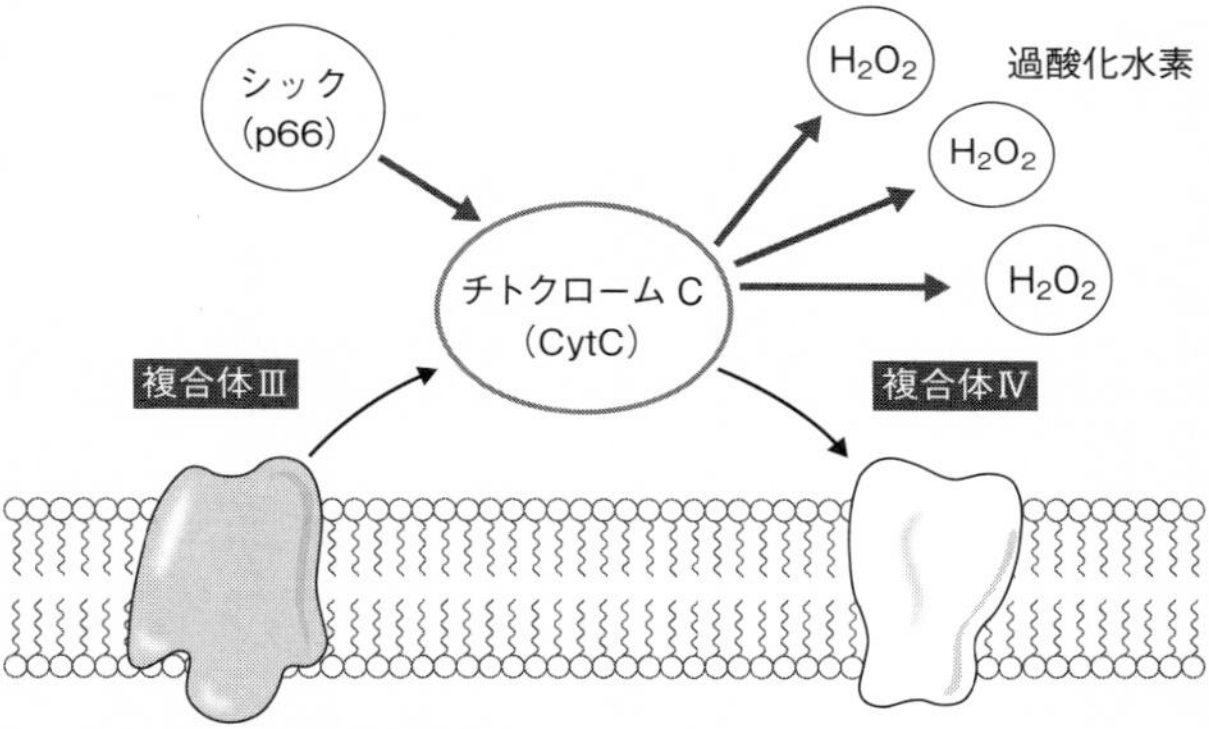

図8-3　p66は 過酸化水素（H_2O_2）を生みだす

ではリン酸化が起きなくなる。その結果、変異細胞は酸化ストレスへの耐性を獲得したのだ。

つまりp66がリン酸化しなければ、細胞はストレス耐性をもつ。しかし、リン酸化すると耐性ができず、酸化ストレスに見舞われる。すると、ストレスに耐えられなかった不出来な細胞は、みずから「細胞死」へ向かい、排除される。これをアポトーシスという。その意味では、p66には酸化ストレス応答の機能があるといえる。しかしそれは、ストレスが生じたとき細胞を「防御」する機能ではなく、「自爆」する機能なのだ。

このように、細胞の酸化ストレスへの耐性の有無は、シックp66がつくるタンパク質でセリンがリン酸化されるか否かによって決まる。そして酸化ストレスへの耐性があれば、マウスは長寿化する——ペリッチらは、そう結論した。

その後の研究から、このp66タンパク質は細胞内でミトコンドリアに局在することがわかった。では、ミトコンドリアでどのようなはたらきをしているかというと、ATPを産生する電子伝達系（第7章の図7－3参照）のなかで、複合体のⅢからⅣへと進む過程でチトクロームCに作用して、過酸化水素（H_2O_2）を生みだしていた（図8－3）。要するに、酸化ストレスを生み出す元となっていることが判明したのである。

だから、シックがないほうが酸化ストレスは低く、p66シックKOマウスが長寿になるのだ。これなら納得がいく。非常に合理的な説明ができた、と思われた。

「都会のネズミ」と「田舎のネズミ」

ところが、それから10年ほどして、少しおかしなことになってきた。シックp66のないマウスは、研究室での飼育下ではたしかに「長命」なのだが、どうも自然界では「短命」であることがわかってきたのだ。

一般には、研究者はほとんど実験室でマウスを調べるだけで、自分のマウスを野生下におくことはない。しかし、ペリッチたちはあえて、それをした。おそらく、これまでの実験結果を多少疑いたくなるような状況がでてきたからなのだろう。

研究所の実験動物施設では、マウスは「無菌」状態で飼育される。餌は潤沢で、いつでも食べられる状態にある。ケージの中の敷き床（木材チップ）も、定期的にきれいなものに入れ替えられる、そんな清潔な環境でマウスたちは飼育される。温度も一定（通常は25度）、昼夜のサイクルも蛍光灯で12時間ごとに点灯と消灯が繰り返される。そのような決まりきった環境で飼育されるのがふつうなのである。

これに対して、ペリッチラのマウスが放り込まれた「自然界」を模した環境とは、彼らの研究所の裏庭だった。餌は与えられたが、ほぼ「野ざらし」で風雨にも見舞われ、野草だらけで多少の虫もいるようなところだった。もちろん自然には「四季」もある。ミラノの夏はそこそこ暑く、冬には雪も降る。そんなところで２００８年の8月から２００９年の9月まで、ほぼ一年間、飼育されたのだ。通常のマウスと比べれば、言ってみれば「都会のネズミ」と「田舎のネズミ」ほどの違いがある環境で、ｐ66シックＫＯマウスの寿命を比較したのである。

すると、野生型のマウスは（当然のことながら）野生でも強かったが、シックｐ66のないマウスは、このような自然環境の下では「短命」となった（図8－4）。研究所のきれいな飼育施設では「長生き」だったのに、厳しい環境ではなかなかうまく生きられない。いわば「かよわい都会的な」マウスになっていたことが判明したのである。

それは、ひとつには感染に弱かったせいもあるかもしれない。だが、マウスの身体の脂肪のつき具合や、体温、筋肉からの発熱効率などを比較してみたところ、シックのないマウスはこのよ

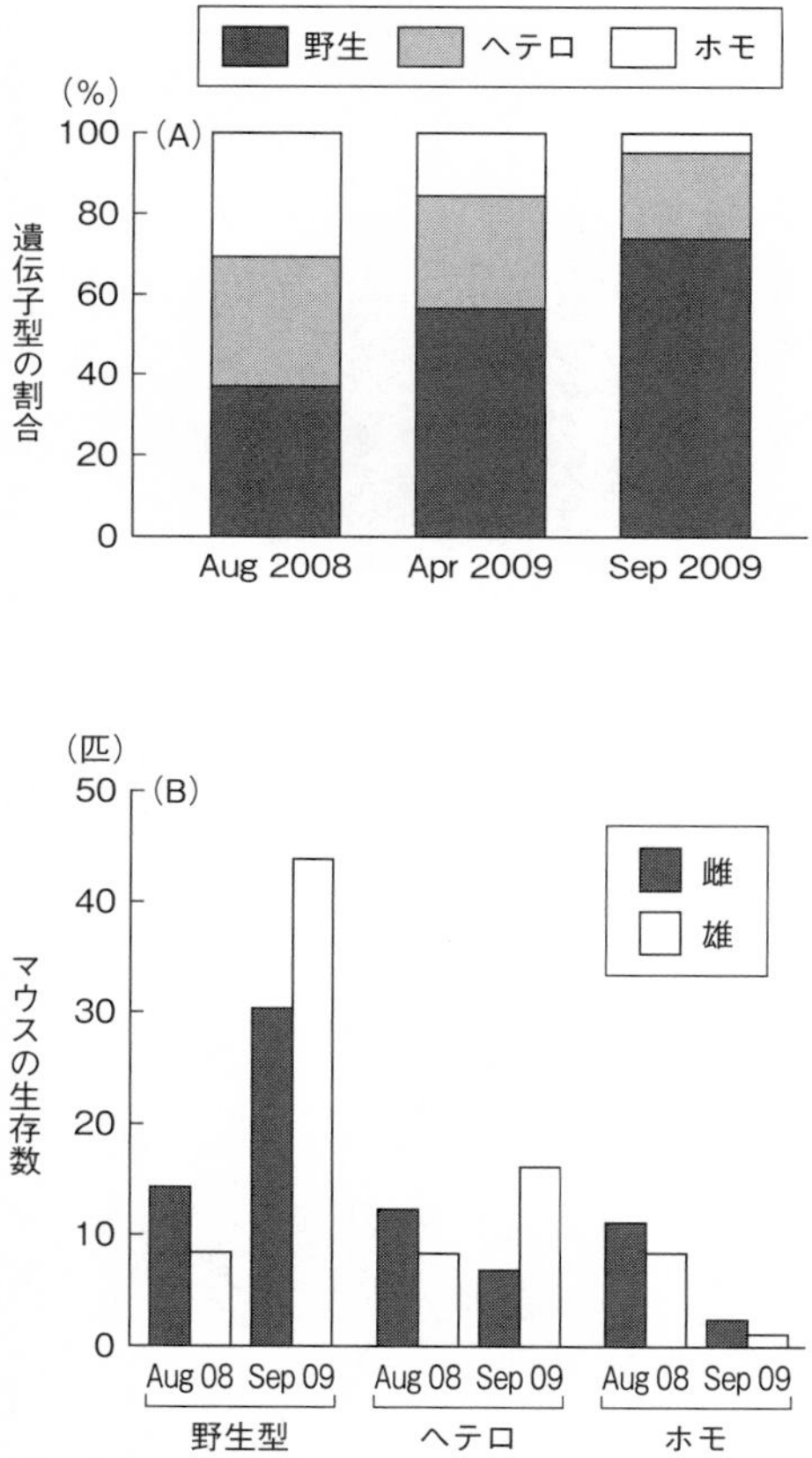

図8-4　自然環境下でのp66シックKOマウスの寿命
p66シックKOマウスは研究室では野生型マウスより長寿だったが、自然環境下では短命だった

うな「エネルギー産生」に関わる面が弱くなっていることが想定された。このマウスは、見た目は明らかに「痩せたマウス」で、脂肪のつきが悪い。食餌の摂取量については、論文中にはっきりとした記載がないのだが、ひょっとすると摂取量が野生型マウスに比べて少ないため、結果的に「カロリー制限」状態になって、そのため研究室での飼育では「長寿化」したというシナリオも排除できないのかもしれない。

ふたつのノックアウトマウスの不思議

当初は、ひとつの遺伝子の欠損で「長寿命」になったと思われたｐ66シックＫＯマウスだったが、自然環境下での寿命が短いことがわかって、雲行きはあやしくなった。単純にシックがないと長寿になる、とは言いきれなくなってしまったからだ。

このような状況の中で、独自にｐ66シックＫＯマウスをつくっていた別のグループがあった。米国ウィスコンシン大学のトーマス・プローラらである。彼らはそのマウスをつくったものの、とくに何の解析もせずに、時を過ごしていた。おそらく、イタリアのペリッチたちの猛烈なスピードで進む研究には、とても対抗できなかったのだろう。

ところで、プローラがつくったこの米国製ｐ66シックＫＯマウスは、少し「太ったマウス」だった。これでは、整備された環境で飼育しても寿命が簡単に延びるとはとても思えない。本当にこのようなマウスが、ペリッチらが言うように長生きできるのだろうか。何かがおかしいように思われた。

そのころ、米国カリフォルニア大学のデーヴィス校の獣医学部では、ジーノ・コルトパッシのグループにいたロシアからの研究者アレクセイ・トミロフが、先行するペリッチたちのマウスを調べていて、ひとつおかしな現象に気づいていた。

シックｐ66はたしかになくなっているのだが、シック遺伝子から発現されてくる他の分子サイズのもの、ｐ52とｐ46の発現量が、対照の野生マウスと比べると、組織によってずいぶん違っていたのだ。とくにｐ46は、白色脂肪組織では4倍も多くなっているものもあった。しかもｐ46もｐ66と同様に、ミトコンドリアの中にある。ミトコンドリアではｐ66はなくなったが、その代わりにｐ46がずいぶんと多くなっていたのだ。

なお、中間サイズのｐ52は細胞質にあり、細胞膜上の受容体からのシグナルを受けとめるアダプターとして重要なはたらきをしていることは以前からよく知られていた。それも多くなってはいるのだが、ｐ46の増加はより顕著だった。

こうなると、ペリッチらのシックｐ66のないマウスの、見かけ上の様子（表現型）の違いを生みだすのは、「ｐ66がない」ことではなく、「ｐ46が多い」ことである可能性もでてきた。

トミロフのボスのコルトパッシは、ウィスコンシンのプローラのｐ66シックＫＯマウスも取り寄せて、ふたつのノックアウトマウスを比較しながら、くわしく調べていった。便宜上、最初にイタリアのペリッチがつくったマウスは「シックＰ」、そのあと、米国でプローラがつくったマウスは「シックＬ」と呼ばれた。シックＰは「痩せマウス」、シックＬは「太っちょマウス」というわけだが、なぜ「Ｐ」と「Ｌ」なのかは定かではない。

ひるがえった結論――ｐ46過剰で長寿にならない！

たくさんの実験がカリフォルニア大学デーヴィス校の実験施設でなされたが、要点はこういうことだ。

シックＰとシックＬの寿命を比較してみた結果、ペリッチたちが発表したように研究室の飼育環境下では「痩せマウス」のシックＰは長生きになった（図８‐５上）。しかし「太っちょ」のシックＬの寿命は野生株と変わらなかった（図８‐５下）。シックＬはシックｐ66遺伝子がなくても長生きにならなかったのである。

シックのタンパク質であるｐ52とｐ46の発現を比較してみると、肝臓では、痩せたシックＰはｐ52もｐ46も発現量が減っていたが、太ったシックＬはｐ52もｐ46も野生株と同じくらいの発現だった（図８‐５下）。さらに前述のように、シックＬの白色脂肪組織では、ミトコンドリアに局在するｐ46が４倍も多くなっていた。

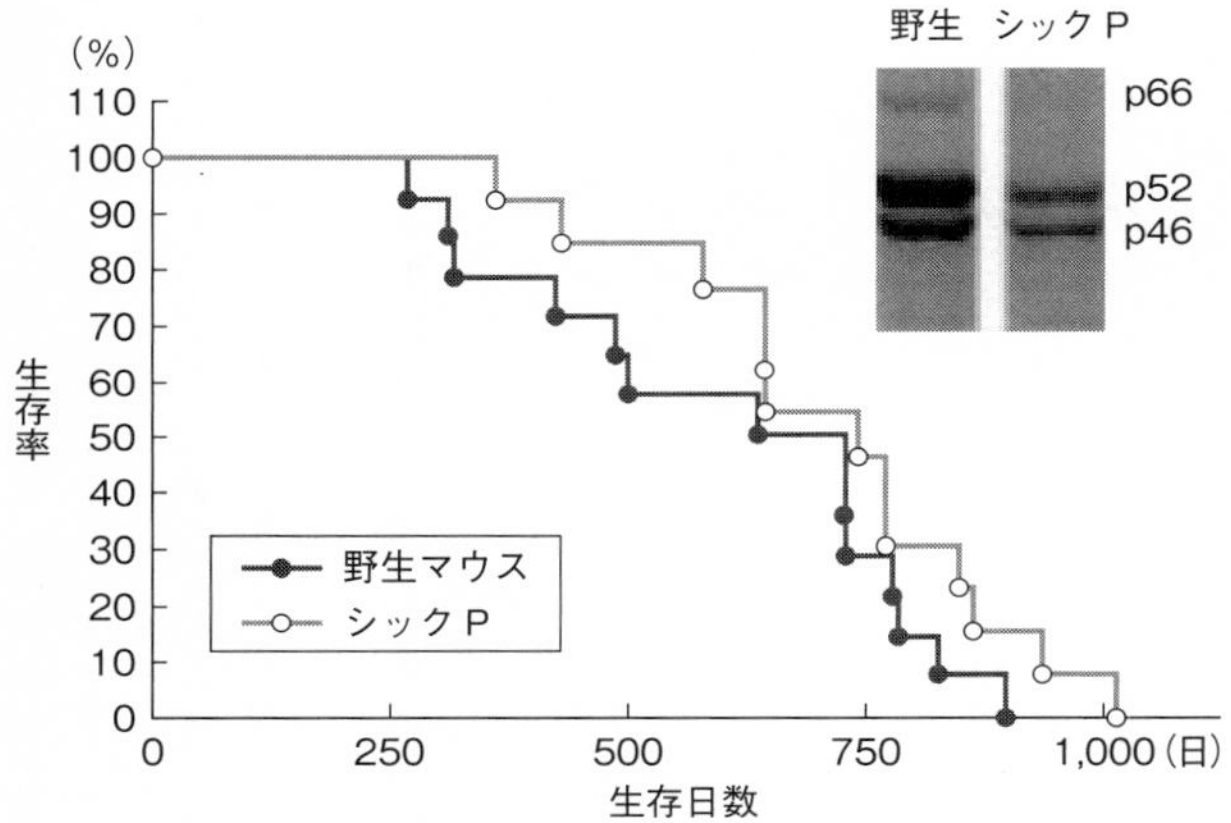

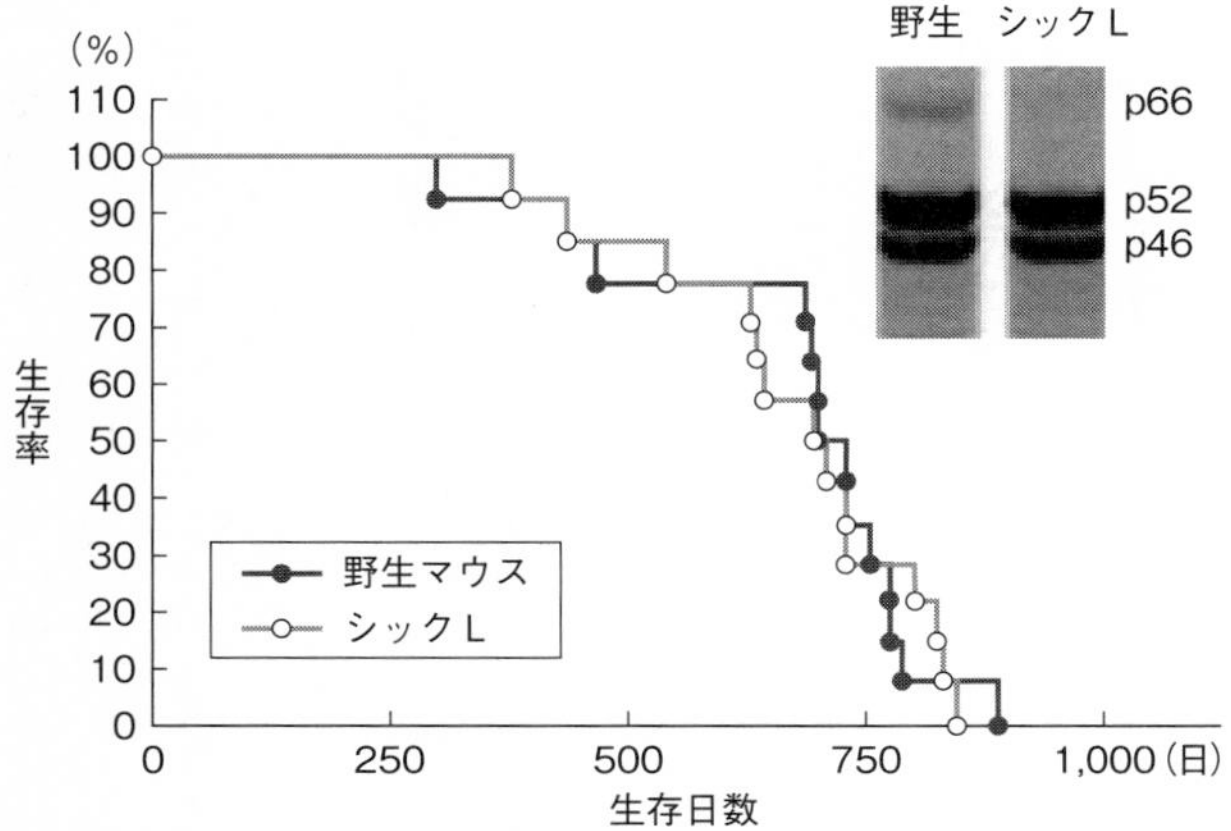

図8-5　シックPとシックLの寿命の比較

イタリアのシックPは長寿になったが、ウィスコンシンのシックLは長寿にならなかった。シックLではp46の発現が増強されている
(A. A. Tomilov et al., Aging Cell, 2011より)

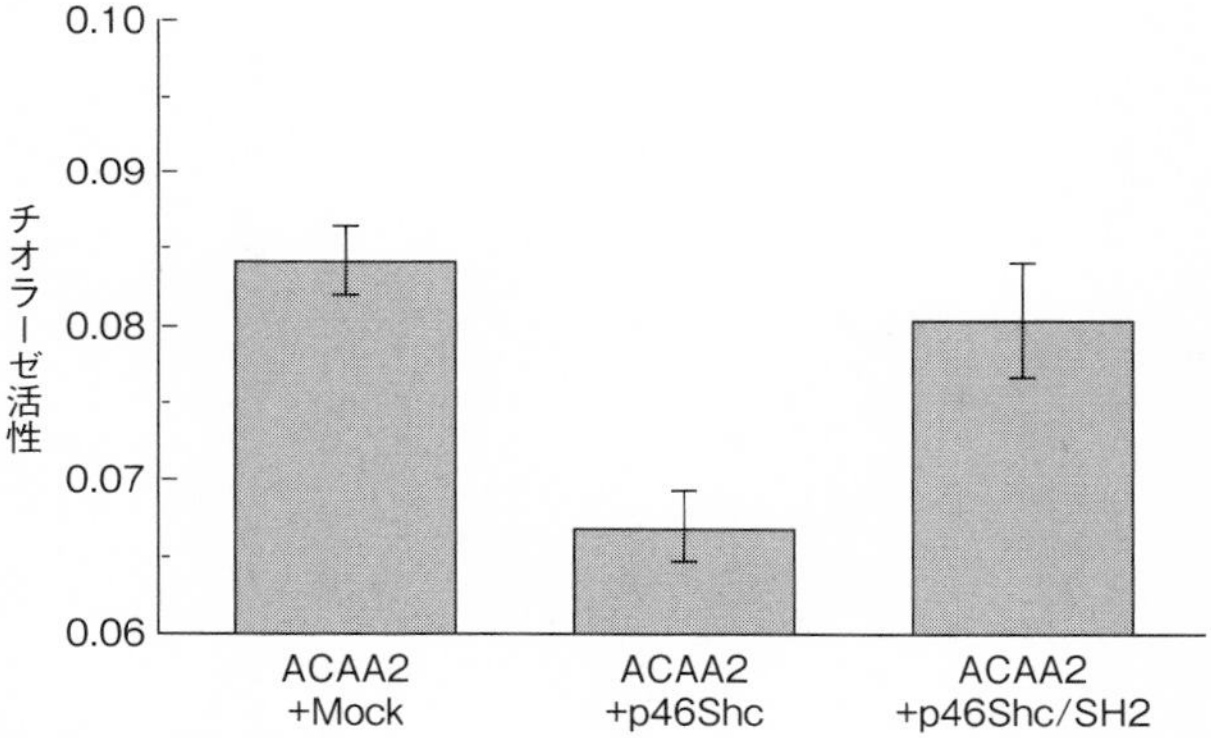

図8-6　p46の機能
p46はミトコンドリア内部で脂肪酸の分解に関係する酵素3-ケトアシルCoAチオラーゼ（ACAA2）に結合して、その活性を阻害する、脂肪分解の調節因子である

そこで、ミトコンドリアの形態や機能をくわしく調べていった彼らは、２０１６年6月、ようやく以下のような結論にたどりついた。

ミトコンドリアの中では脂肪酸が分解されてエネルギーとして使われる。これをβ酸化という。私たちがダイエットによってやせるのも、β酸化の作用だ。この反応の最終段階では、ＡＣＡＡ２と呼ばれる酵素がはたらく。ところがｐ46は、この酵素に結合して、その活性を奪ってしまう。すると、脂肪酸分解が進まなくなり、マウスは太ってしまう。シックＬは、ｐ46が通常より4倍も多くなって「太っちょマウス」になったため、脂肪組織でｐ66はなくなったものの長寿化は起こらず、ふつうの寿命になってしまったのだ。

１９９９年にペリッチらがｐ66シックＫＯマウスの寿命が30％も延びたのを発見したとき、「長寿マウス」の誕生に歓喜したことだろう。p66はミトコンドリアでの酸化ストレスのもとになることもわかり、彼らはシックがないマウスの長寿化を確信した。ところが2011年ころ、生育環境によっては、やせているはずのp66シックKOマウスにも、太っているもの、そして長寿にならないものもいることがわかってきた。コルトパッシやトミロフらは地道な生化学的研究を続け、ついに2016年、p46が脂肪酸の分解を制御していることにいきついた。同じミトコンドリアの中で、酸化ストレスに関わるp66とは別の、脂肪代謝に関わるp46の動向によって、延命できない場合があることが明らかになったのである。

線虫はシックの変異で短命に?

こういうマウスでのシック研究とは別に、線虫のシック遺伝子を細工しながら、寿命と老化、ストレス応答の研究をしたグループがある。ドイツのフライブルク大学のラルフ・ボーマイスターの研究室だ。線虫にも、マウスのシックに相当するシック1という遺伝子があるのだ。彼らの論文によると、線虫ではシック遺伝子の変異で、寿命は「短く」なった。従来のシックのないマウス(シックP)での研究とはまったく逆の結果だった(図8-7)。

自然環境では長寿にならないとか、シックLマウスはやはり長寿にならないといった話をまだ誰も知らない時期だったので、私もずいぶんとまどった。研究を進めた本人たちもそうだったろ

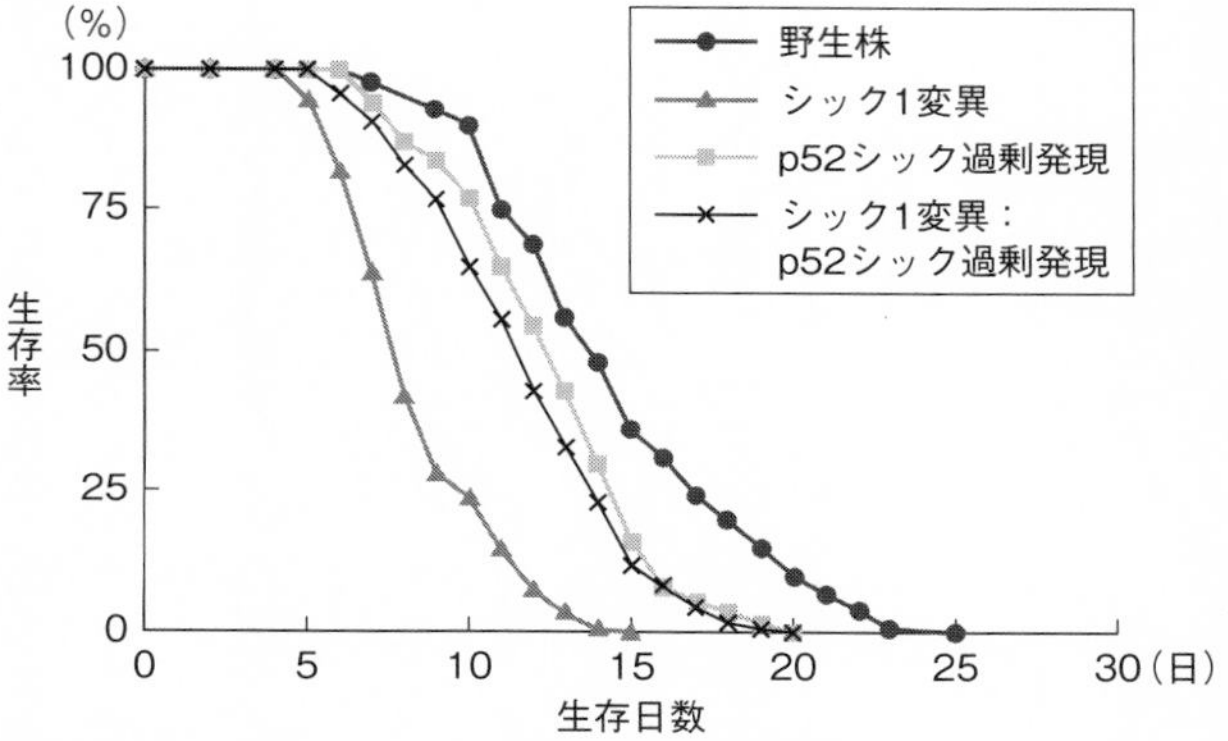

図8-7　線虫でのシック１遺伝子変異は短寿命になる
(E. Neumann-Haefelin et al., Genes Dev., 2008)

うし、その論文を評価した人たちもそうだっただろう。しかし、このグループではたくさんの実験を積み上げて、結果の解釈を揺るぎないものにしていた。ひとつだけその例をあげてみよう。

ここに線虫の生存曲線がある。野生株をみると、平均寿命は13日程度、そして最長寿命は25日だ。シック遺伝子の変異株では、その寿命が半分近くになった。平均寿命は7日、最長寿命は15日だった。この「短命」になったシック1変異株に、ヒトのシックp52遺伝子を導入すると、面白いことに寿命は延びた。線虫の遺伝子の欠損を、ヒトの遺伝子で「回復」できたのである。完全な回復ではないが、かなりの改善効果があった。こうした補充実験を、私たちはよく「レスキュー実験」という。助けを出したら、それがうまくはたらいた、ヒトのシックp52がレスキュー隊となったわけだ。

だが、さらに野生株にもこのヒトのシックｐ52を導入してみたところ、やはり寿命が延びたかというとそうではなかった。ヒトのシックｐ52そのものには寿命の阻害効果があるようで、マウスは野生株より短い寿命になった（このとき、ヒトのシックｐ66遺伝子を導入して発現してみたらどうなるか、結果を見てみたいと個人的には思ったが、そのことにはこの論文では一切ふれられていなかった）。

この結果は意外だった。これまで本書でも述べてきた流れからみれば、誰もがマウスと線虫のデータの「互換性」を期待しただろう。しかし、結果はそうならなかった。不可解なまま、何ともすっきりしない重苦しさがずっと尾をひいていた。

しかし、いまになってみれば、それも納得がゆく。すでにみたようにｐ46の存在と脂肪代謝における役割がみえてきて、ｐ66だけでは話が終わらないことがわかってきたからだ。先に結論したように、ｐ66の欠損は寿命を延ばす方向へはたらく。しかし、それに付随して影響を受けるｐ46の発現レベルによって、寿命は異なる結果になることもあるのだ。ｐ46が過剰だと、ｐ66が欠損しても長寿化は起きず、肥満が助長されて短命化の傾向となる。線虫における結果は、むしろこちらに近かったのである。

そもそも線虫の場合、シック1遺伝子からはひとつのタンパク質しか生じてこない。それは脊椎動物のｐ52に似ている。前述したように、その役目は細胞膜上の受容体からのシグナルを受けとめるアダプターである。ある種のタンパク質がリン酸化すると、すぐに反応してその活性化状態を他の分子へつなげてゆく。マウスの場合、p52シックKOマウスの結果は胎生致死だった。シック機能が発生過程で非常に重要で、それがないと発達異常を起こして死んでしまうのだ。そして線虫の場合も、そこまで重篤ではなかったが、生まれてはきても「短寿命」になった。死因はひとつに特定はできないが、ストレス応答性が弱くなっていた。シックは環境変化に呼応して、シグナル経路で機能する、細胞内情報の「読み手」としてはたらく重要な分子なのである。

寿命研究の落とし穴——遺伝子だけではわからない

こうしてみてくると、寿命遺伝子を探すためにひとつの遺伝子をつぶすだけでは、その遺伝子や遺伝子から生みだされるタンパク質と寿命の関係が簡単にはわからないことがよくわかる。遺伝子発現の調節はときにとても複雑である。マウスでもヒトでも、シック遺伝子からは３つのタンパク質が生みだされるし、その割合も、細胞の状況によって変化することもある。シンプルな実験をしても、結果の解釈が複雑になり、いろいろな可能性を注意深く考えなければならないことがある。

じつは、ここまでは述べなかったが、マウスやヒトではシックの遺伝子はひとつではない。ヒトゲノムやマウスゲノムの上には、４ヵ所にシック遺伝子があり、それぞれシックA、シック

B、シックC、シックDと呼ばれる。いまでこそ、そう統一されているが、1990年代の研究開始当初は、研究者ごとに、rai、lei、sck、N-Shcなど、いろいろな名前で記載されていた(N-Shcは筆者らの命名)。これら4種のシック関連遺伝子は、発生過程での発現パターンや、神経系や筋肉などの組織ごとの発現パターンもさまざまで、さらに、p69やp68、p49など、分子サイズの微妙な違いもある。それらをすべて網羅して解析するのは、なかなかに至難の業なのである。

それでも研究者たちは注意して実験をデザインし、結果を地道に解釈して、新しい結論を導こうとしてきた。科学はその繰り返しである。

川の流れのように

シックのタンパク質はよく、シグナルとシグナルをつなぐ「シグナルアダプター」といわれる。PTBとSH2というふたつのドメインをもつのは線虫でもマウスでも同じである。どちらのドメインも「リン酸化チロシン」に結合することができる。リン酸化はこのあとのコラムで述べるが、細胞内の多くのタンパク質が、タンパク質リン酸化酵素(キナーゼ)によってある種のアミノ酸に「リン酸基」を入れることだ。リン酸化されるアミノ酸は一般にはセリンやスレオニンなのだが、細胞のがん化や分化の制御系ではチロシンが使われることがある。シックはそんなチロシンのリン酸化に特化した特殊なシグナルアダプターなのである。シグナルアダプター、それはリン酸化のマークがついたタンパク質にしっかりとかみついて、その信号をまた他の分子へつなげていく役割をするものなのだ。

これは一種の「情報」の流れであって、リン酸化が順に起こることによって「情報が流れる」ことになる。これが細胞内の「シグナル伝達」の姿なのである。シックとは、生命進化上、多細胞生物が生みだされたころにシグナルアダプターとして誕生した遺伝子だと考えられている。

それは細胞や組織の発生、分化に関わり、脂肪代謝に関わり、ストレス応答にも関わり、また寿命制御にも関わる。生物の発生から老化までの長い時間の中で、肝臓や脂肪細胞、神経組織、そして筋肉でもシックは機能している。

マウスで最初の「長寿遺伝子」と考えられたシックｐ66は、意外にも別のシックｐ46の新たな機能性を明らかにした。そうした発見も巻き込みながら、シックは細胞内のさまざまなシグナル伝達の媒介者として、生体のいたるところで情報を流しつづけている。

COLUMN 5

リン酸化は「闇夜のシグナル」

生命科学の領域では、細胞内で伝えられるさまざまな「情報」のことを「インフォメーション」とは言わず、「シグナル」と呼んでいる。伝わるのは「情報」ではなく「信号」（シグナル）なのだ。

闇夜を航海する船が、陸地にひとつの灯を見つけたときのことを想像してみるといい。それがいかに小さなものであっても、どれほど貴重なシグナルであるか、実感できるだろう。

では、「細胞」という暗黒の海の中で、何が「信号」となっているかというと、基本的にはそれは、「リン酸化」という現象である。

細胞内でさまざまな仕事をしているのは、おもにタンパク質だ。そして多くのタンパク質は、リン酸化によって「修飾」と呼ばれるシグナルを受け取る。タンパク質が酵素であれば、リン酸化によって「活性化」や「抑制」という修飾を受ける。つまり、タンパク質の機能のオン／オフを、リン酸化が制御しているのだ。

タンパク質をリン酸化するのは「リン酸化酵素」（キナーゼ）である。そしてリン酸化をはずすのは「脱リン酸化酵素」（ホスファターゼ）だ。いわば「信号」を発するのはキナーゼ、消すのはホスファターゼという、鉛筆と消しゴムの関係であり、細胞内にはそれらがたくさんある。

あるタンパク質がキナーゼによってリン酸化され、活性化する。そのキナーゼも酵素なので、別のキナーゼにリン酸化される。さらに、そのキナーゼもまた別のキナーゼにリン酸化される。上には上がいるのだ。細胞内ではこのように、いくつものキナーゼがあたかも滝のようにつながっている。それらが細胞内でシグナルを伝える「流れ」をつくっているのだ。

だが、「信号」は受信されなければ意味がない。リン酸化の滝が流れていても、そこから発せられるシグナルをキャッチできなければ細胞はみな、航路を見失ってしまう。では、誰がその仕事をしているのか？

それが「シグナルアダプター」と呼ばれる分子であり、これをコードしている遺伝子が、第8章で登場したシックなのだ。

「闇夜」に灯ったシグナルを確実に受けとめるシックが、寿命遺伝子の一員としていかに重要か、おわかりいただけるだろう。

第９章　受容

長老の教え

methuselah

最初に使われたモデル生物

寿命遺伝子の探索について、本書で紹介してきた研究でこれまで用いられてきたモデル生物はシー・エレガンスと呼ばれる無脊椎動物の線虫と、脊椎動物のマウスだった。それぞれの利点はすでに簡単に述べたが、ここであらためて比較し、整理しておこう。

まず線虫は、身体を構成する細胞はほぼ１０００個と少なく、遺伝子操作がしやすい。寿命も２週間ほどと短いので、マウスなどに比べれば格段に短期間で多くの実験をこなし、それらの寿命への効果を調べることができる。だから線虫は老化研究に限らず、発生研究でも神経研究でも盛んに利用されている。線虫のモデル生物としての素地を確立したのはおもに、英国ケンブリッジMRC分子生物学研究所のシドニー・ブレンナーだった。

一方でマウスは、線虫以前からよく使用されてきた。脊椎動物であり、かつ哺乳動物なので、組織構成も代謝系も人間によく似ているからだ。生まれて3ヵ月ほどで大人（成体）になり、寿命はほぼ3年だが、系統によっては1年ほどの短命なマウスもいる。がんにもなるし、免疫システムもある。学習記憶のメカニズムは脳科学の研究にも使える。どの分野でもノックアウトマウスやトランスジェニックマウスをつくって、ひとつの遺伝子の機能を失わせたり、過剰発現させたりして特定の遺伝子のはたらきを探ることができる。もちろん遺伝子と寿命の関係についての研究にもよく使われている。

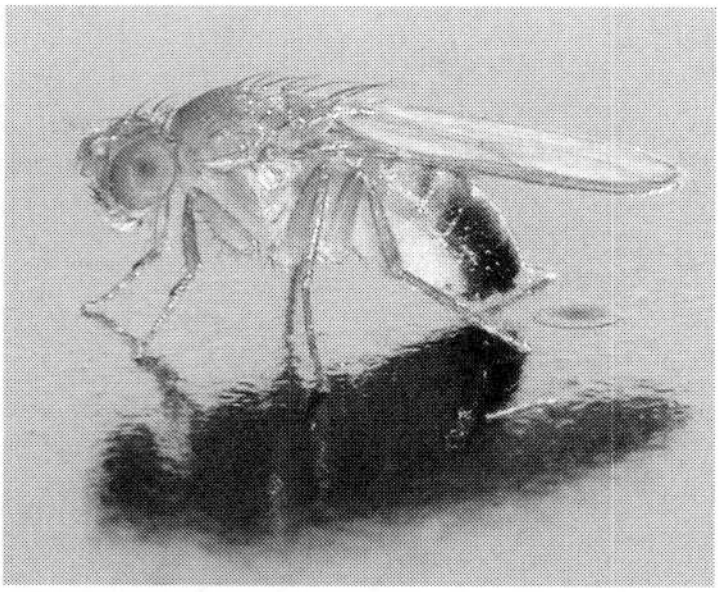

図9-1　ショウジョウバエ

だが歴史的にみれば、生物科学研究でモデル生物として最初に導入されたのは、ショウジョウバエだった（図9－1）。俗に「小バエ」とか「果実バエ」（fruit fly）とも呼ばれる、スイカやトマトにたかる小さなハエである。なかでもよく利用されるのはドロソフィラ（*Drosophila melanogaster*）という系統だ。いまから100年ほど前の1910年に、米国のトーマス・ハント・モーガンが、普通は目が赤いショウジョウバエの中で「白目」のミュータントをひろったりして、遺伝学を駆使できるモデル生物として学問上の礎を築いた。メンデルの遺伝の法則は知られていたものの、まだ遺伝子の実体はむろん、その存在さえも不確かな時代だった。

ニューヨークのコロンビア大学でショウジョウバエの研究を開始したモーガンは、後年、西海岸のカリフォルニア工科大学（カルテック）で生物学部門の立ち上げに尽力し、世界的に最先端の分子遺伝学研究を精力的に発展させていった。1933年には「遺伝における染色体の役割」の発見によりノーベル生理学・医学賞を受賞している。なお、カルテックの生物学部門からはその後、分子遺伝学や生物学領域で8名のノーベル賞受賞者を輩出している。有名なところでは、初期のカルテックでバクテリオファージの研究を牽引したマックス・デルブリュック（1969年に生理学・医学賞）がいる。

ショウジョウバエの分子遺伝学

モーガンがカルテックで生物学部門を立ち上げてしばらくして、ここでショウジョウバエの研究を始めたのがエドワード・ルイスである。彼はミネソタの大学を出たあと、1938年にカルテックの大学院に入ってモーガンの下でショウジョウバエ遺伝学の研究を始め、第二次世界大戦中の1942年に博士号を取得した。一時は兵役に出たが、終戦後、カルテックに戻り、研究を再開した。

ルイスの有名な仕事のひとつに「4枚羽」ミュータントの発見がある。ショウジョウバエは昆虫なので、頭部・胸部・腹部からなり、6本足で、通常は胸部から2枚、大きな羽が出ている。ところがルイスは、発生過程での突然変異により、羽が4枚ある個体を発見したのだ。だがこの発見が重要なのはそこではなく、胸部、いわば胴体が2倍化していたことにある。英語ではこのミュータントは「bi-tholax」(2つの胸部)と呼ばれている。これはボディーパーツの存在様式を決める形態形成遺伝子(Ubx=ウルトラバイソラックス)の変異体で、そこからいわゆるホメオティック遺伝子(発生初期の胚で体の構造を決める遺伝子)の発見へとつながった。ルイスは1995年に「初期胚発生における遺伝的制御」の研究でノーベル生理学・医学賞を受賞した。

1960年代なかば、カルテックでモーガン以来のショウジョウバエ遺伝学を継承する主任教授に就いたルイスの最初の仕事のひとつが、新進気鋭の若手研究者を探し、教授に抜擢することだった。白羽の矢がたったのは、当時、インディアナポリスのパデュー大学にいたシーモア・ベンザーである。ベンザーは一時期、カルテックでポスドクをしていたが、その後、分子遺伝学を武器にショウジョウバエの行動遺伝学へ切り込もうとしていた。それは新しい形の神経科学への挑戦だった。

ルイスは「4枚羽」のミュータントを発見したが、いうまでもなくハエの羽は、飛ぶためにある。だが、面白いことにハエは、求愛行動にも威嚇行動にも、羽をふるわせて自分の意思を伝えようとする。「一寸の虫にも五分の魂」というが、まさにショウジョウバエにも「魂」がある。意思があり、行動がある。ならば、そこにも遺伝子は関係しているのだろうか。当時、遺伝子が変化すれば身体の構成や発生の過程が変化することはわかっていたが、遺伝子が行動をも規定するかどうかについては大きな議論があり、その研究は大きなチャレンジだった。ベンザーはまさにそこへ切り込もうとしていたのだ。今日では、いわゆる「こころ」の動きにも遺伝子が影響することが明らかになってきているが、当時は、そこは完全に闇の中だったのだ。

とにかく、戦前のモーガンから戦後のルイスへ、そして分子生物学の時代になってベンザーへと、カルテックのショウジョウバエ遺伝学は大きく世代交代していった。言ってみれば、

モーガンがつき　ルイスがこねし　ハエのラボ　あと引き継ぐはベンザーの夢

だろう。ベンザーの夢、それはショウジョウバエの行動の背景にある遺伝子を探りながら、究極的には人間の行動の進化基盤を知ることではなかったかと想像する。神経科学の目的は、何も脳を知ることだけに留まらない。人間はどう行動するのか、それをどう意図し、どう指令するのか。ベンザーは86歳で脳梗塞のため倒れる日まで、その答えを求めて分子行動遺伝学の最先端を切り開いていった。

ベンザーが老化研究を意識しはじめたのは、ふつうの人であれば定年を迎える65歳ころからだった。ちょうど、線虫や酵母で寿命遺伝子の存在が明らかになった時期でもあった。しかし、線虫や酵母ならぬハエの老化や寿命研究には、新たな手法の開発や概念の導入が必要だった。ハエには足や触覚や羽があり、組織構成も線虫よりはるかに大きく複雑化している。寿命はショウジョウバエの場合、25度の常温で1〜2ヵ月あり、幼虫から成虫へ、変態もする動物である。

1980年代の終盤、ベンザーは、ショウジョウバエの後期の分化制御に関わる遺伝子を探るべく、幼虫期と成虫期の各ステージにおいて、発現が大きく変動する遺伝子を網羅的に探索した。その結果、成虫バエの頭部に特異的に発現する436の遺伝子を特定した。人間になぞらえると、脳機能に直結した遺伝子ということになる。ベンザーはそれらの中から、成虫脳において神経変性を誘導する変異体を多数単離し、それぞれにユニークな名前をつけた。スイスチーズ、スポンジケーキ、エッグロール、ドロップデッドなどである。そして、それらの変異体をヒトのアルツハイマー病などと対比させて解析したのである。そのほか、本書のこのあと第11章で登場するTORというタンパク質を抑制すると寿命が延びることも発見している。

メトセラの発見

ベンザーのショウジョウバエにおける寿命制御、老化制御の研究への貢献はここではとても言

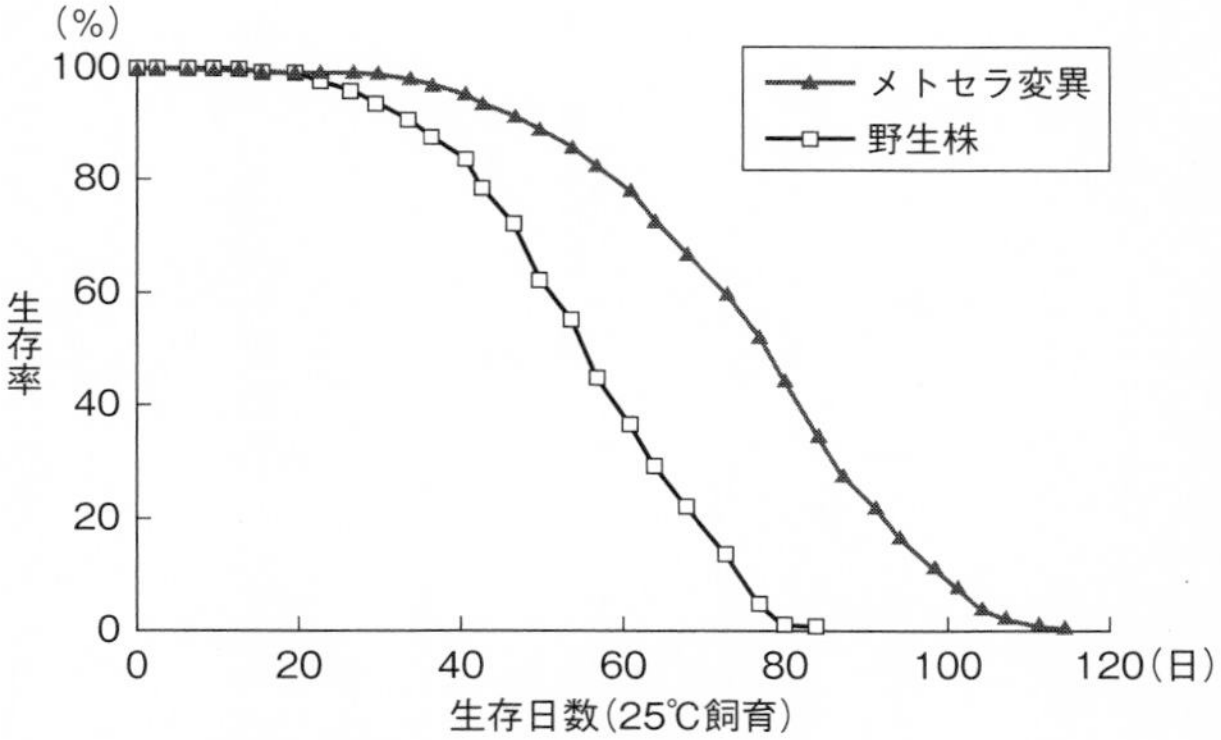

図9-2　メトセラ遺伝子の変異で寿命が延びる
(Y.-J. Lin et al., Science, 1998)

い尽くせないが、しかし1990年代後半からの研究成果の中で、老化研究の視点から最も注目を浴びたのは「メトセラ」と名づけられた寿命遺伝子の発見だろう。

この名前は、969歳まで生きたといわれるユダヤの長老、メトセラ（Methuselah）に由来する。無論これは「伝説」上の話であって、本当に969歳まで生きたユダヤ人がいたわけではない。だが、この遺伝子の変異体は、ストレス耐性を獲得して寿命が（平均寿命も最長寿命も）35％程度も延びているのだ（図9－2）。

これはちょうど、マウスにおけるp66変異体（第8章）、線虫におけるエイジ1やダフ2変異体（第1章、第2章）と似た状況にある。だが、メトセラ遺伝子の場合、細胞膜上の受容体に、なんらかのタンパク質をコードするシグナルを発していることは明らかだったが、それがいったいどのようなシグナルなのかは、長らく不明だった。受容体が「Gタンパク質共役型受容体」（GPCR）と呼ばれるもののかっこうをしていることはわかっていたのだが、それが何の信号を受けとめるのかが、判然としなかったのである。このような受容体は、よく「オルファン受容体」と呼ばれた。オルファンとは「孤児」のことで、どこに属するかわからないというニュアンスがある。

メトセラなどと大それた長老の名前を冠してはいても、それがショウジョウバエの組織や細胞においてどう作用して、それが変異したハエがなぜ長生きになるのか、そのしくみはまったくの闇の中だったのだ。

ついに解明されたメトセラのシグナル伝達

突破口を開いたのは、ベンザーがその生涯の最後に教えた学生たちだった。彼らはベンザーが亡くなったあとも、師の遺志を引き継いで研究を続けた。そしてついに、メトセラ受容体には、内在性のアンタゴニストがあることを発見したのである。

「アンタゴニスト」とは、受容体の機能をブロックする分子である。いわば「阻害剤」だ。そして「内在性」とは、外部からの薬物などによるものではなく、身体の中にもともと備わっていて、生理的に機能するはずの物質といった意味である。つまりショウジョウバエの身体には、メトセラからのシグナルの受容をシャットアウトする阻害分子が、もともと備わっていたのだ。それはアミノ酸が数個つながった、ある種のペプチドだった。

メトセラ受容体は、細胞膜から外に突き出した領域、すなわち細胞外ドメインが比較的大きい。彼らはこの細胞外ドメインに特異的に結合するペプチドを、ある特殊な方法（mRNAディスプレイ法）を使って取り出し、非常に多くの候補の中から、ぴたっとはまるものを特定した。それらはいずれも内在性ペプチドで、多くはメトセラ受容体の作用を打ち消すアンタゴニストだった。そのうちの代表格で、彼らが「R8-12」と呼んだペプチドを強制的に発現させたショウジョウバエは、寿命が30％程度延びた。すなわち、メトセラ変異による寿命延長と同様の結果を示したのである。

小型で長生きの「スタント変異」

メトセラ受容体に作用する内在性ペプチドとしては、このR8-12のほかに、コーネル大学のグループが発見した「Stunted」（以下、「スタント」）がある。ただし、こちらはアンタゴニストではなく、「アゴニスト」。つまり、メトセラ受容体の機能の「阻害剤」ではなく「促進剤」としてはたらくペプチドである。「Stunted」は「矮小な」という意味で、その変異によってショウジョウバエが小さくなることからそう呼ばれた。そしてじつは、小さくなることで、ハエは長

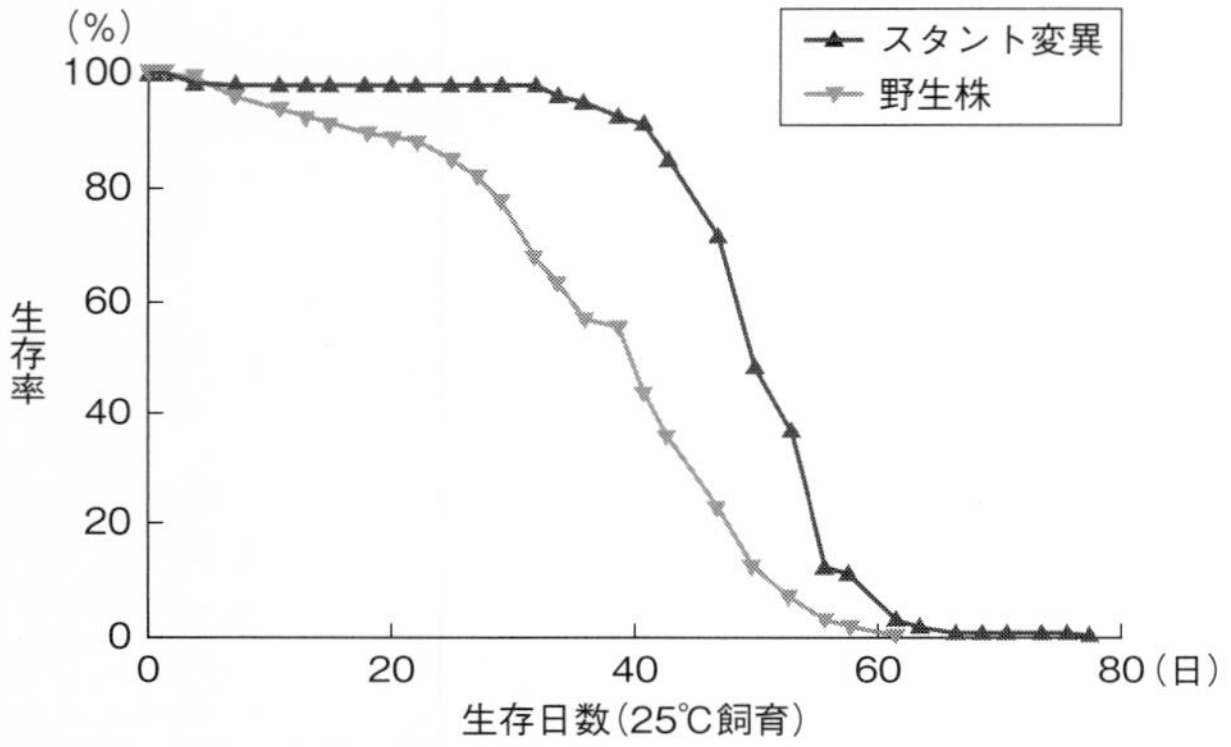

図9-3　スタントペプチド遺伝子の変異で寿命が延びる
(S. Cvejic et al., Nature Cell Biol., 2004)

寿命にもなったのである（図9-3）。

メトセラ受容体のミュータントや、「阻害剤」（R8-12）を発現させたハエが長寿命になり、その「促進剤」（スタント）を発現させたハエもまた、長寿命になる。この事実は、スタントからメトセラへのシグナル経路が寿命を制御することを意味する。

スタントはミトコンドリアや細胞膜に存在するATPアーゼというエネルギー産生装置のサブユニットであり、酵母から哺乳動物に至る進化の過程で保存されていることがすでに知られていた。つまり酵母でもショウジョウバエでも、マウスでもヒトでも、スタントは内在的に存在し、ふだんはATPアーゼの一部でありながら、何らかの状況になると、そこから離れて細胞外へ放出され、メトセラ受容体へ作用するのだろう。そして、一方では細胞外ドメインにあるR8-12ペプチドが、それを阻害するア

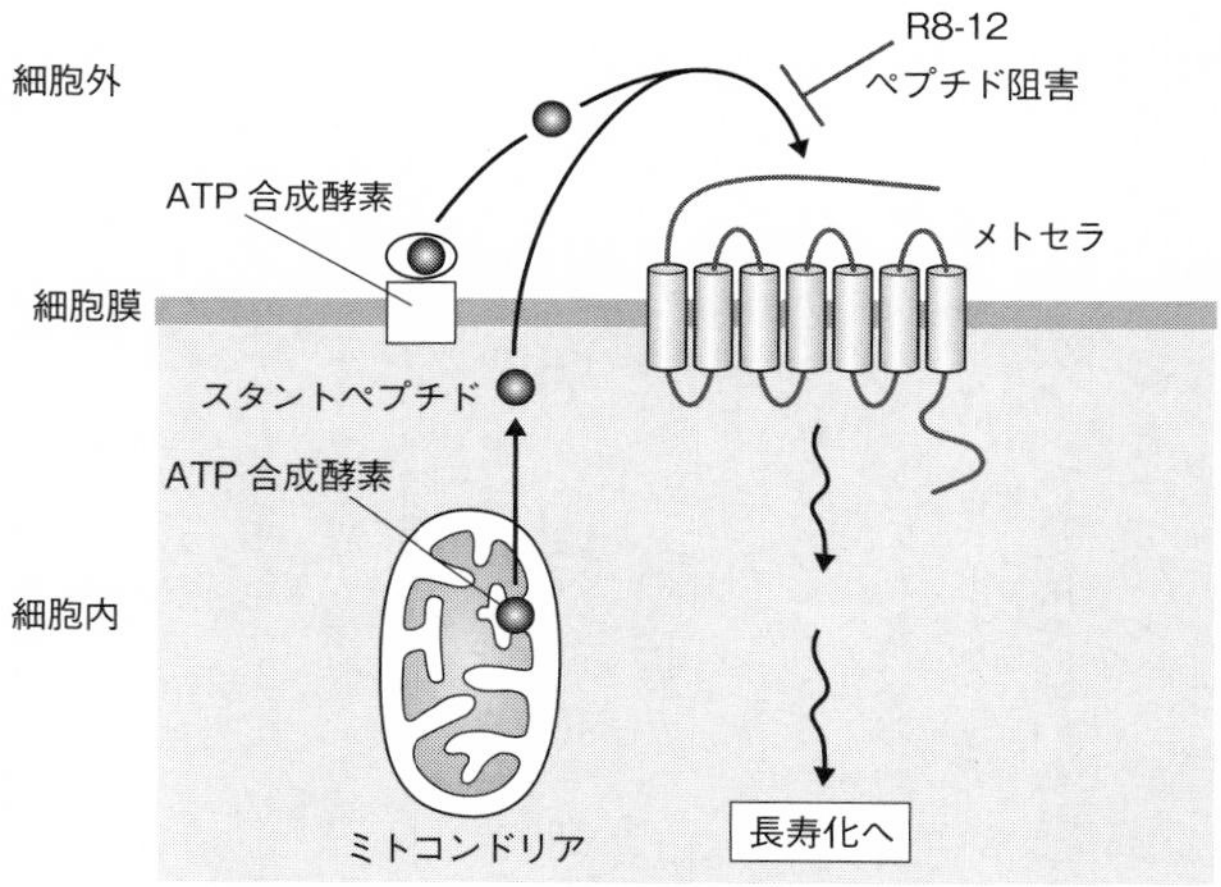

図9-4　メトセラ受容体とそれに作用する内在性ペプチド
ミトコンドリアや細胞膜にあるATPアーゼの一部がスタントとなって細胞外からメトセラ受容体に作用する。それに加えてR8-12などの内在性ペプチドがそれに拮抗して、メトセラのシグナル伝達を制御する
(D. McGarrigle D, X.-Y. Huang Nature Chem Biol., 2007 より改変)

ンタゴニストとして作用すると考えられる（図９‐４）。こうして、メトセラを正にも負にも制御する内在的なシステムがあることがわかってきたのである。

さらに最近になって、このシステムのありようが次々と明らかになってきた。まず、スタントペプチドがつくられるのは脂肪細胞であり、メトセラ受容体が機能するのは脳であることがわかった。脳の中でもとくに、血リンパ組織である。「血リンパ」とは少しわかりにくい言葉だろう。人間やマウスでは血液とリンパ液がはっきり区別できるが、じつは無脊椎動物の昆虫やイカなどでは、区別されない。体液中を血液とリンパ液が混じったようなものが循環しているのだ。

そして、ショウジョウバエの脳の血リンパ組織からは、なんとインスリン様ペプチドが分泌されていることがわかったのだ。読者も「インスリン様ペプチド」と聞けば、第3章までに述べた、線虫やマウスに存在する「エイジ1→ダフ2→ダフ16」というインスリン様成長因子を介しての寿命制御のルートを思い出すだろう。

ショウジョウバエの脂肪組織からは、スタントのほかに「DILP6」というペプチドも分泌される。これらから出される信号が、ホルモンのように脳へ作用して、インスリンのようなもの、すなわちインスリン様ペプチドである「DILP2」が分泌されるのである。このようなホルモンを介した組織どうしの連携が、ショウジョウバエの「成長」と「ボディーサイズ」を決めている、というのだ。

成長が遅くなれば寿命が延びることは第7章で述べた。また、身体の大きさと寿命は比例することもわかっている。その制御はおおかた、動物が摂取可能な「栄養」の状況によって左右される。最近の人類は高カロリー食に満たされているが、進化史の上では人類も含めて多くの動物は、飢餓や栄養失調への適応を強いられてきた。私たちのDNAにはその歴史が刻み込まれているのだ。

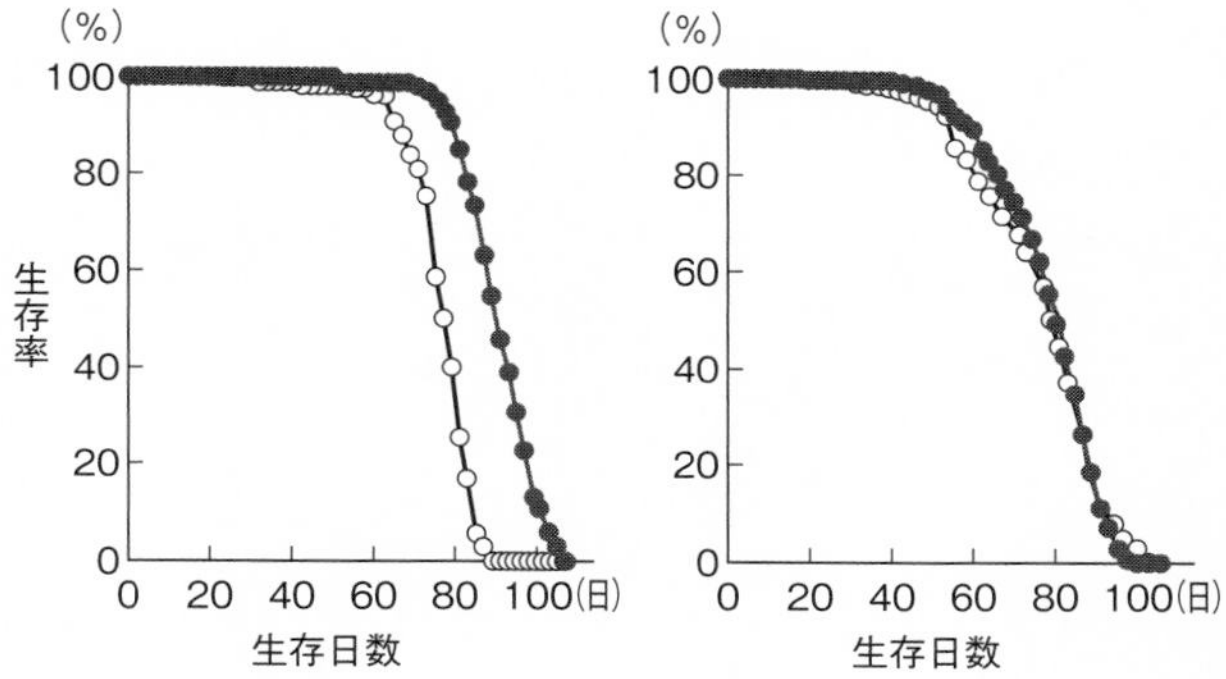

図9-5　脂肪組織からのDILP6の過剰発現で寿命が延びる
A：低栄養（2%グルコース）では寿命が延びる
B：高栄養（8%グルコース）では寿命延長がみられない
（いずれも○は野生株）（H. Bai et al., Aging Cell, 2012）

脳を起点とするインスリンのシグナル

脂肪組織のスタントペプチドから脳のメトセラ受容体へ、そこからインスリン様のシグナル伝達へ、そして血リンパが体中をめぐる。こういう循環がみえたところで、さらにわかったことがあった。この脂肪細胞から出るＤＩＬＰ６ペプチドを過剰発現させると、ショウジョウバエの寿命が延びたのだ。ＤＩＬＰ６も長寿化の要因だったのである（図９－５）。しかもＤＩＬＰ６が脳に作用すると、そこからのインスリン様ペプチドＤＩＬＰ２の産生が抑えられることもわかった。脂肪組織と脳の組織とでは、情報のやりとりがあるのだ。これは米国ボストンのブラウン大学のマーク・タターらが明らかにした。

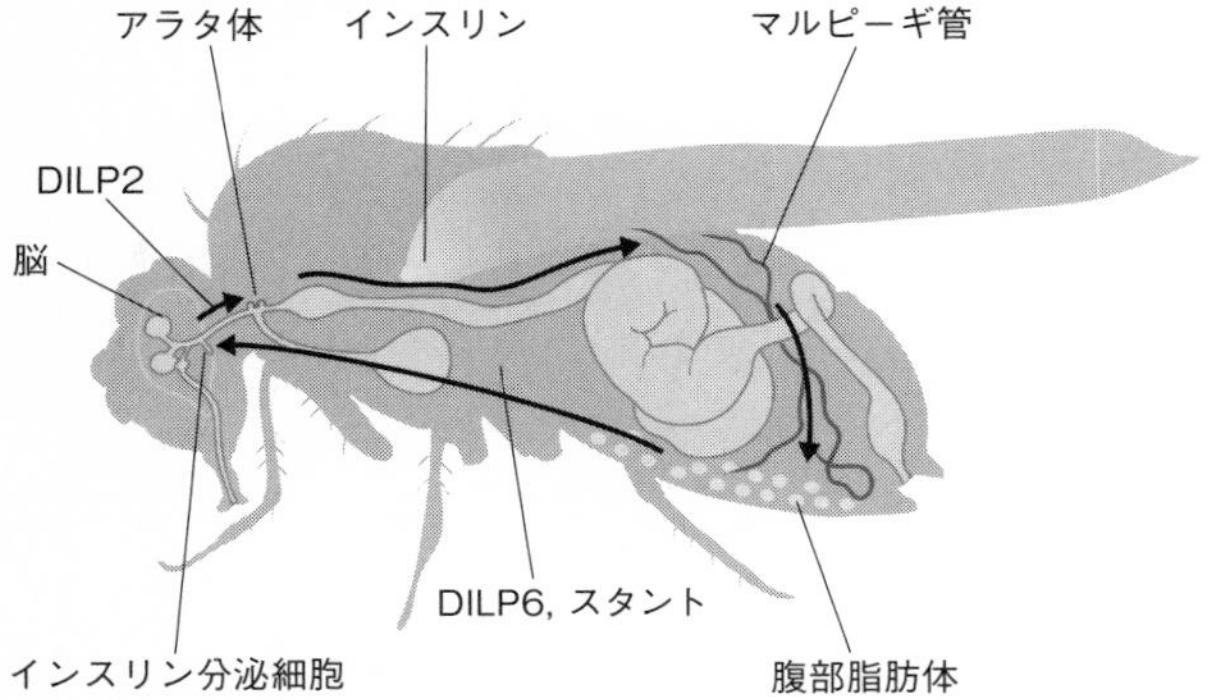

図9-6　ショウジョウバエの寿命制御に関わるインスリン様シグナル
脳のインスリン分泌細胞（A）からのDILP2がアラタ体（B）のインスリン分泌を促し、それがマルピーギ管（C：腎臓に相当）を介して腹部の脂肪体（D）に作用する。そこからDILP6やスタントが脳を刺激する。こうした栄養代謝シグナルがショウジョウバエの成長と老化、そして寿命に影響すると考えられる
(M. Tatar et al., Trends Endocrinol. Metab., 2014を改変)

以上をまとめると、ショウジョウバエのメトセラのシグナルは脳を起点とし、体内をめぐるインスリン様ペプチドの循環で制御され、栄養状態が下がったときに働きだす成長シグナルであると理解することができる（図９－６）。

長老の遺産

こうしてメトセラのシグナル経路をみてくると、意外な展開になった。第3章までにみた線虫の寿命制御におけるインスリンシグナル系のストーリーにずいぶんと近づいてきたのである。

ただし、ショウジョウバエでのス

トーリーはもっとダイナミックだ。シグナル伝達の経路は線虫の場合、ひとつの細胞の中だけだったが、こちらは体内の臓器の間での大きな流れである。人間でいえば脳の視床下部が自律神経系や副腎などへのホルモンを調節して、代謝や血糖を制御しているようなものだ。これらはみな栄養の制御下にあり、シグナルが寿命にも影響している。

線虫のインスリンシグナル経路は頭部の感覚ニューロンで機能し、マウスではインスリン様成長因子のシグナルが脳内で機能することを私たちはすでにみている（第5章）。人間の老化で問題になるアルツハイマー病などの認知症も、糖尿病との合併で危険率が高まることはすでに知られている。インスリンと脳は、老化に関してとても深い関係にある。それはショウジョウバエやマウスでも同様で、生物進化上、かなり昔から成立していた関係なのだろう。

ショウジョウバエ遺伝学の長老ベンザーがのこした大きな遺産メトセラの研究からインスリン様ペプチドがつかまったことは、大きな発見だった。ヒトの脳内にもインスリンはある。そしてインスリン様ペプチドはＩＧＦ１として視床下部での重要性が指摘されている。ヒトの脳内にメトセラの受容体に相当するものがあるかどうかはまだわかっていないが、ヒトゲノムの解析からその候補はいくつか知られている。今後はそれを手がかりに、ヒトやマウスでのメトセラのシグナル経路が解明されることが期待される。それは糖尿病と老化の関係を解き明かすカギにもなるかもしれない。

COLUMN 6

喜寿の祝いの「メトセラ」

ベンザー研のイ・ジュン・リンとローラン・セルード（いずれもポスドク）が、100日以上生きる長寿バエを見つけたのは、ベンザーの77歳の誕生日、日本でいえば「喜寿」の祝いの直後だった。

たった一つの遺伝子の変異で、ハエの寿命がぐんと延びた。寿命遺伝子メトセラの発見は、トーマス・ハント・モーガン以来、カルテックに脈々と続くショウジョウバエ遺伝学の伝統を受け継ぐものだった。ベンザーはみごとに研究者人生の終盤で、その大仕事をなしとげたのである。

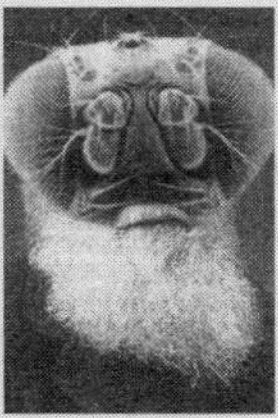

ベンザーは講演で老化の話をするとき、しばしば聴衆にこの写真を見せていたという。年老いたチャールズ・ダーウィンの顔が、ハエの長老（メトセラ）と化している。立派なあご髭は、じつはダーウィンのものだ。ダーウィンは遺伝子を知らなかった。目に見えない遺伝子をショウジョウバエの唾液腺染色体の膨らんだ「パフ」の上に読みとっていったのが、カルテックのモーガンだった。

いまや遺伝子を知らない人はいないが、それでも個々の遺伝子のもつ意味や、その変異によって生じる現象はまだまだわかっていない。発生や行動も遺伝子によって変化する。プリンストン大学からカルテックに移ったベンザーは、「行動の遺伝学」という新境地を切り開いた。遺伝学から行動学へ、そして晩年は自身の老いとともに自然と、老年学の分野へ切り込んでいった。

カルテックの仲間たちが、ラボの余興で下のような歌を唄っていたという。老ベンザーを茶化しているようでもあるが、つねに先へ先へと進む人柄はよく表れている。

晩年になっても管理職につくことを嫌い、生涯、現役の研究者でありつづけたベンザーは、科学の最先端につねに真摯に挑む、科学者の中の科学者だった。

♪ ♪ 行動学は楽しかったけどもうどうでもいいんだ
来年になったら何か違ったことをするつもり ♪
僕は新しいフロンティアにならなくっちゃ ♪
年老いて髪の毛が真っ白になるまで ♪

（アメリカの童謡「ジミーのひび割れトウモロコシ〔Jimmy Crack Corn〕」の替え歌）

第10章　修飾

Sir-2　化粧する遺伝子

もうひとつのモデル生物──酵母

これまでさまざまな寿命遺伝子をみてきたが、その発見の元になったモデル生物は「線虫」や「ショウジョウバエ」という無脊椎動物、そして「マウス」という脊椎動物だった。小型のネズミであるマウスが実験動物になる理由は、人間と同じ哺乳動物であることから言うまでもない。しかし線虫やハエなど、人間からすればずいぶん下等に思われる生き物でさえ、寿命研究や老化研究ではたくさんの重要な発見をもたらしてくれたことをおわかりいただけたと思う。

前にも述べたように、生物学研究において根源的に重要なことは「普遍性」である。それは進化的に「保存」されている、下等動物から高等動物にまで共通する現象やメカニズムを見いだすことである。その意味では、線虫よりもっと下等な、もっとシンプルな生物にも、老化や寿命についてなんらかの共通性があるのか知りたくなってくるのは自然なことだろう。

しかし、そんな研究に使えるようなモデル生物はあるのだろうか？　答えはイエス。それが、「酵母」である（図10－1）。

マウスはもちろん、ハエも線虫も、多細胞生物である。脊椎動物に比べれば原始的であるとはいえ脳も筋肉も小腸もある。生殖器官もあり、血液やリンパ液に類する液体の循環系もあった。しかし、酵母は単細胞生物だ。たった一個の細胞だけで生命がなりたち、組織や器官はない。

ただし、酵母の細胞にはしっかりとした「核」がある。そのため、生物学での最も大きな分類である3つのドメインでは酵母は、核をもたない「細菌」（バクテリア）や「古細菌」（アーキア）ではなく、「真核生物」に属する。そこはヒトと同じだ。酵母では、遺伝子DNAを含む核酸とタンパク質の複合体クロマチンが、核膜という二重膜でしっかりと被われている。これが同じ単細胞生物でも大腸菌などの細菌とは異なるポイントである。細菌には核膜がなく、DNAが裸のまま存在しているのだ。

酵母の細胞では核やミトコンドリア、小胞体やリソゾームなどの細胞小器官（オルガネラ）が細胞膜という大きな袋に入れ込まれ、さらにその周りを細胞壁が取り囲んでいる。じつはこの細

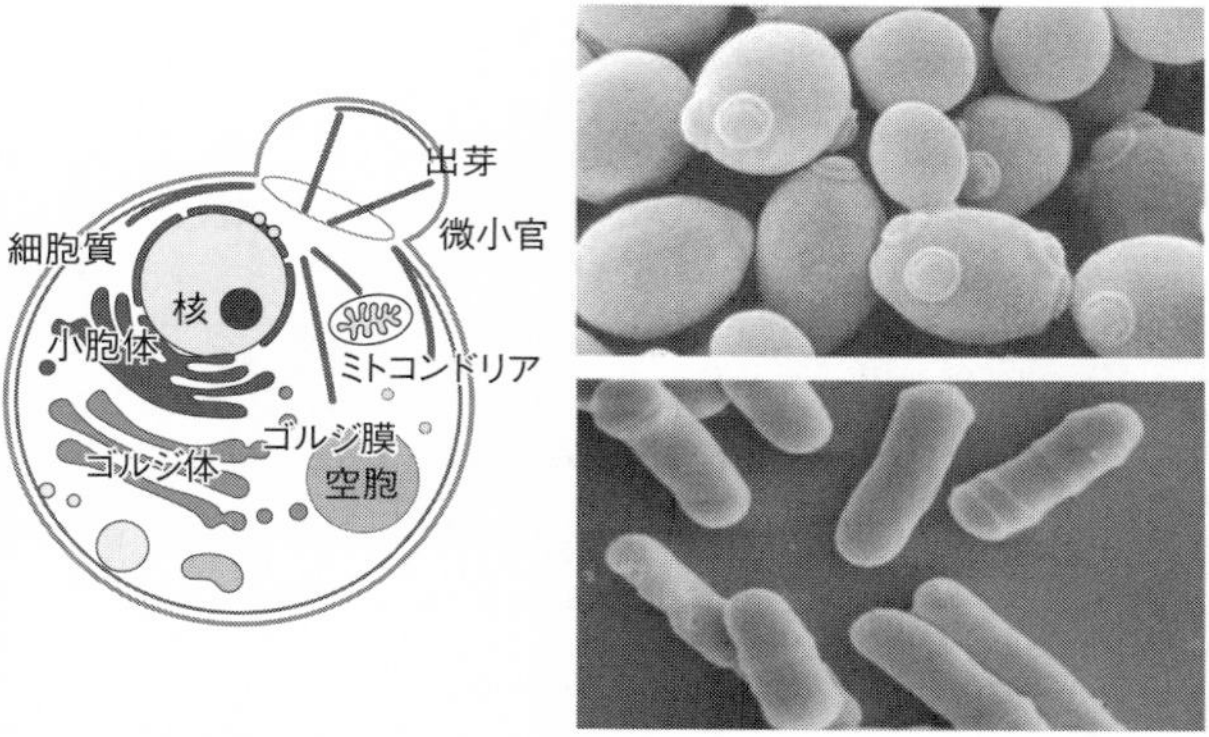

図10-1　モデル生物としての酵母
単細胞生物でありながらヒトにも共通する構造やしくみをもつ、最もシンプルなモデル生物（岡山大学守屋研のHPより改変）

胞壁の存在から、酵母はどちらかというと動物より植物に近い。しかし、ふつうの高等植物がもっている光合成のための葉緑素（クロロフィル）がない。それは酵母が、まだ地球上に酸素がなかったころから嫌気的に進化してきたからである。

なお酵母には「出芽酵母」と「分裂酵母」の2種類があり、寿命研究にはもっぱら出芽酵母 *Saccharomyces cerevisiae*（サッカロミセス・セレビシアエ）が利用されている。出芽酵母では、たとえばパンをつくるパン酵母が有名だ。お酒でも、ビールをつくるビール酵母のみならず、ワインや焼酎のほか、世界中のアルコール発酵はすべて酵母に依存している。その酵母が、老化や寿命の研究にも大きく貢献しているのだ。

酵母が研究用の生物としても有用なことは、2016年に大隅良典《おおすみよしのり》（東京工業大学栄誉教授）がノーベル生理学・医学賞を受賞したことでよく知られるようになった。授賞対象となったのは細胞の自食作用であるオートファジーの解明だが、大隅はそれをずっと、酵母で研究していた。酵母の細胞内の液胞と呼ばれる小胞が、細胞の飢餓時にダンスを踊っているようにふるまう異様な現象を顕微鏡で見て魅了され、その本質を探ろうと一途に攻めていった結果が、酵母での一連のオートファジー関連遺伝子の発見につながったのだ。

出芽の限界が酵母の「寿命」

一部の例外もあるが、線虫もハエもマウスもおおかたは、雌雄の交雑によって次世代を生み出す。一方、単細胞生物は一般に、細胞の「分裂」によって増える。

大腸菌のような核のないバクテリアの場合、その分裂は単純な二分裂で、一つの細胞が二つになり、できた二つの個体は等価である。これは永遠に続き、無限の分裂と増殖が可能である。

それに対して酵母、とくにこれからみていく出芽酵母は「不等分裂」をする。分裂のあと、大きな細胞と小さな細胞とになるのだ。じつは大きいほうは古い細胞で、いわば親であり、一般には「母細胞《ぼさいぼう》」と呼び、小さくて新しいほうを「娘細胞《じょうさいぼう》」という。

ちょうど、砂漠でサボテンから芽が出て、それがポロンと地面に落ちて次の命が育っていくように、出芽酵母は新しい命を「出芽」によって生み落とす。そのとき、母細胞には傷跡（スカー）が残る。娘細胞が分裂して生まれるたびに、傷は増えてゆく。母親は傷だらけになりながら次世代を生んでゆくのだ。平均的には25回ほど生むと、それ以上は生めなくなる。いわば、人間での「閉経」のような感じだが、酵母ではこれをもって「寿命」と定義されている。分裂の回数、生んだ子どもの数が寿命なのである。大腸菌と違って、命は有限なのだ。

ただし、これは無性生殖の場合であって、じつは酵母には有性生殖による〝若返りの術〟もあるのだが、話が複雑になるのでここでは説明を控えておく。とにかく、出芽酵母には分裂限界があって、それが「寿命」と考えられているのである。

酵母の寿命遺伝子「サー2」の発見

コロラド大学やカリフォルニア大学サンフランシスコ校でトム・ジョンソンとシンシア・ケニオンらが線虫で長寿命ミュータントを拾ったというニュース（第1章、第2章参照）は、瞬く間に世界中をかけめぐった。従来の老化研究は老若動物の比較という単調なものだったが、ひとつの遺伝子の変異によって寿命が変わるというのである。ならば、そのメカニズムを探れば老化のしくみがわかるだろう。誰もがすぐにそう思った。

１９９０年代、米国ハーバード大学でギャリー・ラフカンがじつにスピーディーなクローニング技術を駆使してジョンソンやケニオンらが見つけた線虫の長寿遺伝子の実体を次々に明らかにしていたころ（第1～3章参照）、ハーバード大学からすぐ近くにあるマサチューセッツ工科大学（MIT）に移って、分子生物学や遺伝子発現の最先端の技術を手にしていたレオナルド・ガーランテが、よりシンプルな生物である酵母を用いた寿命研究を急速に展開しはじめた。

これには、ガーランテがMITでラボをスタートさせた初期に加わった大学院生、ブライアン・ケネディーとマット・ケーバーラインの貢献が大きかった。彼らは出芽酵母が娘細胞を生み出す分裂の限界としての寿命が、さまざまなミュータントでどう変化するかを探っていき、酵母の遺伝子発現やテロメアの制御を「抑制」するようなサイレンサー制御因子が、寿命に密接に関わっていることを発見したのである。

それは「サイレントインフォメーションレギュレーター」（silent information regulator）と呼ばれる一連の遺伝子で、頭文字をとって「sir」と呼ばれる（以下は「サー」と表記する）。その種類はサー1、サー2、サー3、サー4などがあり、それぞれ遺伝子産物のタンパク質としてSIR1、SIR2、SIR3、SIR4を発現させる。

図10－2は、線虫やショウジョウバエでみたのと同様の、これらの遺伝子を変異させた酵母の生存曲線である。曲線が右へ動けば長寿化で、左へ動けば短命化だ。図10－2上は、一連の遺伝子を欠損させた効果を示したもので、対照群と比較して、サー系遺伝子が欠損するといずれも短命化していて、サー2の欠損では最も寿命が短くなった。だが、図10－2下のように、サー2を

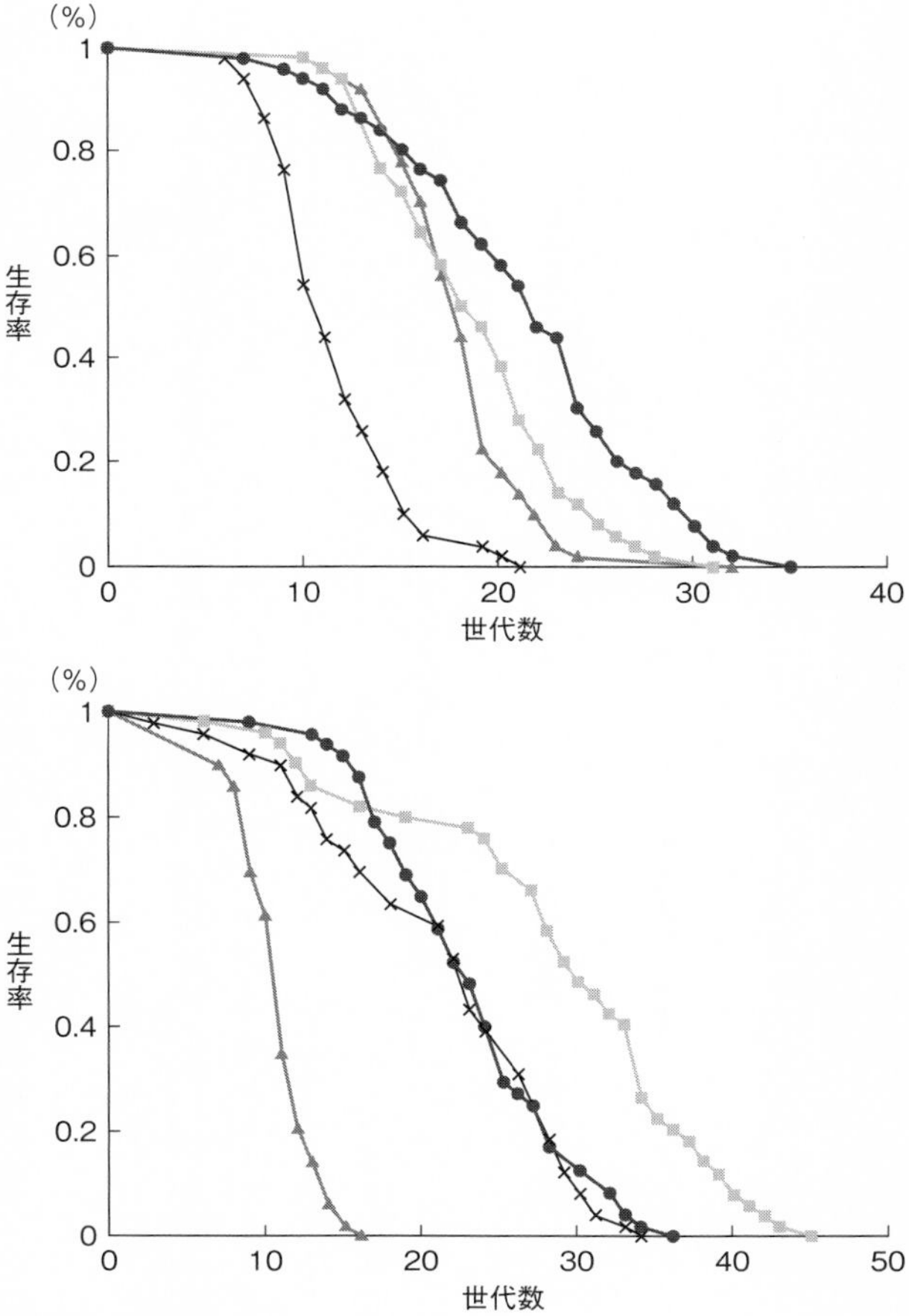

図10-2　酵母のサー２

上：野生マウス（●）に比べ、サー２遺伝子欠損（×）で50%、サー３遺伝子欠損（▲）とサー４遺伝子欠損（■）ではほぼ30%、寿命が短縮した
下：野生マウス（●）にサー２を過剰発現すると（■）寿命がほぼ30%延長し、サー２遺伝子欠損（▲）では寿命が半分になり、そこにサー２を過剰発現させると（×）野生マウスの寿命にほぼ回復した
(M. Kaeberlein et al., Genes Dev., 1999)

欠損した酵母にサー2を入れてＳＩＲ2を過剰発現させると、寿命は元に戻った。また、その酵母にさらにサー2を入れると、寿命が20％ほど延びる結果になった。

このような結果から彼らは、酵母のサー2は寿命遺伝子であると結論づけた。ただし、ここで注意しておくべきことがある。この酵母の実験では、遺伝子が「ない」、あるいはそれに変異が入って機能が「欠損」した状態で寿命が短くなり、この遺伝子を増やしてやると長寿命になっている。これは、これまで線虫やショウジョウバエの長寿命ミュータントでみてきた現象とはまったく逆である。線虫のエイジ1やダフ2、あるいはショウジョウバエのメトセラなど、これまでみてきた寿命遺伝子は、「ない」あるいは変異すると長寿化したが、サー2は変異すると短命で、増えると長寿化するのである。

サー2による寿命制御システム

では、サー2でコードされる遺伝子産物ＳＩＲ2はどのようなタンパク質なのだろうか。それはやはりガーランテの研究室で解き明かされたのだが、この成功には慶應義塾大学からＭＩＴへ留学したシン・イマイ（今井眞一郎：現ワシントン大学教授）の貢献が大きい。

「サー」（もとはsir）の由来が「サイレントインフォメーションレギュレーター」であることは前述した。「サイレント」は「沈黙」「抑制」であり、「レギュレーター」は「調節因子」「制御因子」だ。つまりSIR2は、遺伝子発現を抑制し、テロメア活性を抑制し、リボソームをつくるDNA（rDNA）の組み換えを抑制する因子としてはたらくタンパク質である。これが機能すると、なぜかわからないが酵母の寿命が延びる。機能しないと短命になるのだが、このとき、遺伝子DNAをとりまく「ヒストン」というタンパク質の構造が少し変わることがわかってきた。

ヒストンは遺伝子のオン／オフに関わっている。遺伝子をオンにするにはヒストンをほぐし、遺伝子をオフにするにはヒストンを凝縮させる（固くする）。そうすることで遺伝子DNAの情報の読み取りやすさが変わる。ヒストンこそ、オン／オフ制御の要《かなめ》なのだ。では、どうやってヒストンの「固さ」を変えているのだろうか？　その基本のしくみは「水素結合」にある。分子間を結合する「ファンデルワールス力」という力が変化することで、結合の強さが変わるのだ。それを理解するには「酸性」と「塩基性」について知っておく必要がある。

DNAは「デオキシリボ核酸」の頭文字であることでわかるように、「酸性」の分子だ。それは「マイナス」の電荷をもつ。一方、DNAをとりまくヒストンは「塩基性」である。その理由は、リジンやアルギニンといった「塩基性アミノ酸」によっておもに構成されているからだ。そして塩基性の分子は「プラス」の電荷をもつ。核の中で遺伝子が安定に存在するのは、酸性のDNAと塩基性のヒストンが、プラスとマイナスの電荷で引きつけ合っているからなのだ。

では、この結合を調節するにはどうするか。たとえば、ヒストンを構成する塩基性アミノ酸のリジンに「アセチル基」を入れる。これを「アセチル化」という。アセチル基は酸性で、マイナスの電荷をもつから、塩基性のリジンのプラス電荷の力を弱める。こうして、ヒストンと遺伝子DNAとの結合力が、首尾よく「ゆるむ」ことになる。これが遺伝子をオンの方向へと向かわせる、ひとつの調節機構なのだ。

ヒストンの中のいくつかのリジンが遺伝子抑制に重要であることはすでに他の研究からわかっていた。遺伝子とヒストンが結合したものを「クロマチン」というが、元気に遺伝子発現をしているアクティブなクロマチンでは、その一部がアセチル化されている。つまり、リジンのプラス電荷が弱まり、ヒストンがゆるくなっている。しかし、活性が低いクロマチンでは、アセチル化レベルも低い。つまり、ヒストンは固い。そして、SIR2を過剰発現した酵母では、ヒストン全体のアセチル化レベルが下がる。そんなことがすでに観察されていた。

こうしたことから、SIR2はヒストンのリジンの「アセチル化」を制御して、クロマチンの遺伝子発現を制御している可能性が考えられた。

イマイはガーランテのラボで、すでにサー2が寿命遺伝子であることを解明していたケーバーラインの協力を得て、酵母のSIR2タンパク質について研究を続けた。そして、次のような結論を導きだした。

ＳＩＲ２は、ヒストンのリジンのアセチル化を取り去る酵素、つまり「ヒストン脱アセチル化酵素」である。そして、その反応は「ニコチンアミドアデニンジヌクレオチド」（ＮＡＤ）に補酵素としてサポートされることが必須である。２０００年の年明けの論文でイマイらは、酵母のＳＩＲ２もマウスのＳＩＲ２も、そういう酵素であることを発表した。いうなれば、「ＮＡＤ依存性ヒストン脱アセチル化酵素」（ＮＡＤ依存性ＨＤＡＣ）である。

「ニコチンアミドアデニンジヌクレオチド」という長たらしい名前に面食らった読者もいるかもしれないが、これは酵素のはたらきを調節する助っ人（補酵素）としてよく利用される分子で、その活性は細胞のエネルギー状態による。このＮＡＤへの依存性があることから、ＳＩＲ２は細胞のエネルギー状態に応じて機能することが予想された。つまりＮＡＤが多ければよく機能するが、ＮＡＤが少ない、あるいは枯渇しているとはたらかない。イマイたちは、ＳＩＲ２がヒストンのアセチル化を変える、つまりクロマチン構造を変えることによって遺伝子発現を変動させたり、テロメアの活動を変化させたりすることで、めぐりめぐって寿命を変えているのだろうと解釈した。そして酵母だけでなく、マウスにも同じ活性があることから、まだ何となくではあるが、ＳＩＲ２による寿命制御が生物に共通して存在する普遍的なシステムである可能性も予感させたのである。

線虫のサー2ミュータント

では、その予測どおりに、線虫でもサー2遺伝子の変異によって寿命が変わるのだろうか？答えはイエス、そのとおりだった。

線虫のゲノムでは、4番染色体の上に、4つのサー2遺伝子がある。そのうち一番目の遺伝子（サー2・1）が、酵母のサー2と配列上の類似性が最も高い。サー2・2、サー2・3、サー2・4の類似性は、その3分の1以下である。これらの遺伝子と寿命の関係については、イマイの論文が出た翌年に、ガーランテのラボのハイジ・ティッセンバウムが報告している。

彼女によれば、線虫のサー2・1遺伝子を含む領域が重複した（2倍化して発現量が増えた）ミュータントは寿命が明らかに延びたが、サー2・1遺伝子領域を欠くミュータントでは有意な寿命延長がなかった。そこで、今度はサー2・1遺伝子部分だけを導入した酵母を3つとって調べてみると、やはり数十パーセントの寿命延長があった。しかし、この状態では外から入れた遺伝子が染色体上に組み込まれていない。最終的に彼女はゲノム上にサー2・1遺伝子が組み込まれたもの（Ｉｎ）と染色体外にあるもの（Ｅｘ）をいろいろ比較して、いずれの場合にもサー2・1遺伝子が多ければ寿命は延びると結論づけた（図10－3）。

ところが、それからほぼ10年たった２０１１年になって、この結果にクレームがついた。ロン

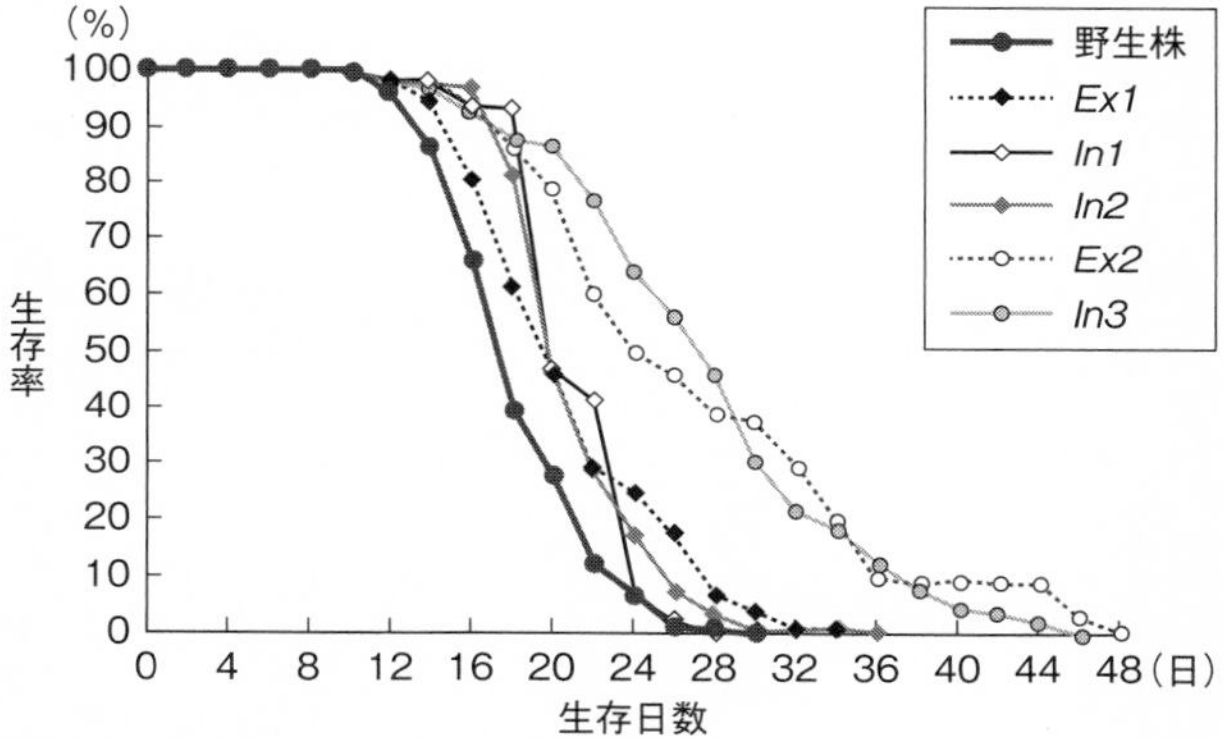

図10-3　線虫のサー2も寿命を延ばす
発現レベルに応じて寿命を延ばす。他のgeシリーズはサー2.1遺伝子が重複した酵母
(HA. Tissenbaum and L. Guarente, Nature, 2001)

ドンの大学にいる老化研究の大御所のひとり、リンダ・パートリッジのグループが、遺伝子背景が異なる線虫の一部ではそんな長寿化は起きなかった、サー2遺伝子だけで寿命が決まるのではない、と大々的に反論してきたのだった。

対して、ガーランテたちも黙ってはいなかった。すぐに追試を繰り返して、そんなことはあるものか、向こうの結果のほうが間違っていると言い返し、やがて、なかば泥仕合のような様相を帯びてきた。周囲があまりに騒ぎ立てたせいもあり、しばらくは派手な論争が続いたかのようにみえた。

その後、コーネル大学のグループなどから、サー2・1遺伝子領域の導入で寿命が延長し、サー2・1の発現をシャットダウンするとその効果がなくなることも報告され、さらに、線虫の寿命制御で重要なはたらきをすることがすでにわかっているダフ16とSIR2・1タンパク質が相互作用することもわかってきたので、いまとなってはやはり、ガーランテのラボが出した結果は揺るぎないものと思われる。サー2は酵母でも線虫でも、寿命延長をもたらす長寿遺伝子なのである。

ショウジョウバエとマウスのサー2変異

では、ショウジョウバエでもサー2の変異には寿命効果があるのだろうか？　その答えもやはりイエスなのだが、サー2の発現量が本来の量の10倍以上になると、細胞毒性が出るらしく、かえって短命になることもある。やや微妙な結果ではあるが、発現が2〜5倍の範囲であれば寿命延長効果があるという（図10－4）。それ以下でもそれ以上でも、効果はない。

また、ショウジョウバエの場合、脳組織だけでSIR2を過剰発現させても十分な寿命延長効果が観察されている。したがって脳、おそらくはニューロンでの発現が重要と考えられる。

マウスの場合はどうだろう。ガーランテのラボのローラ・ボードンを中心に、酵母のサー2に最も類似したsirt1（以下、サーティ1）という遺伝子の過剰発現と遺伝子欠損の結果が調べられた。だが、そこからは寿命への影響が簡単には見えていない。サーティ1を過剰に発現しても、寿命はさして変わらないのだ。しかし、ふつうのマウスより健康になっているようには見える。

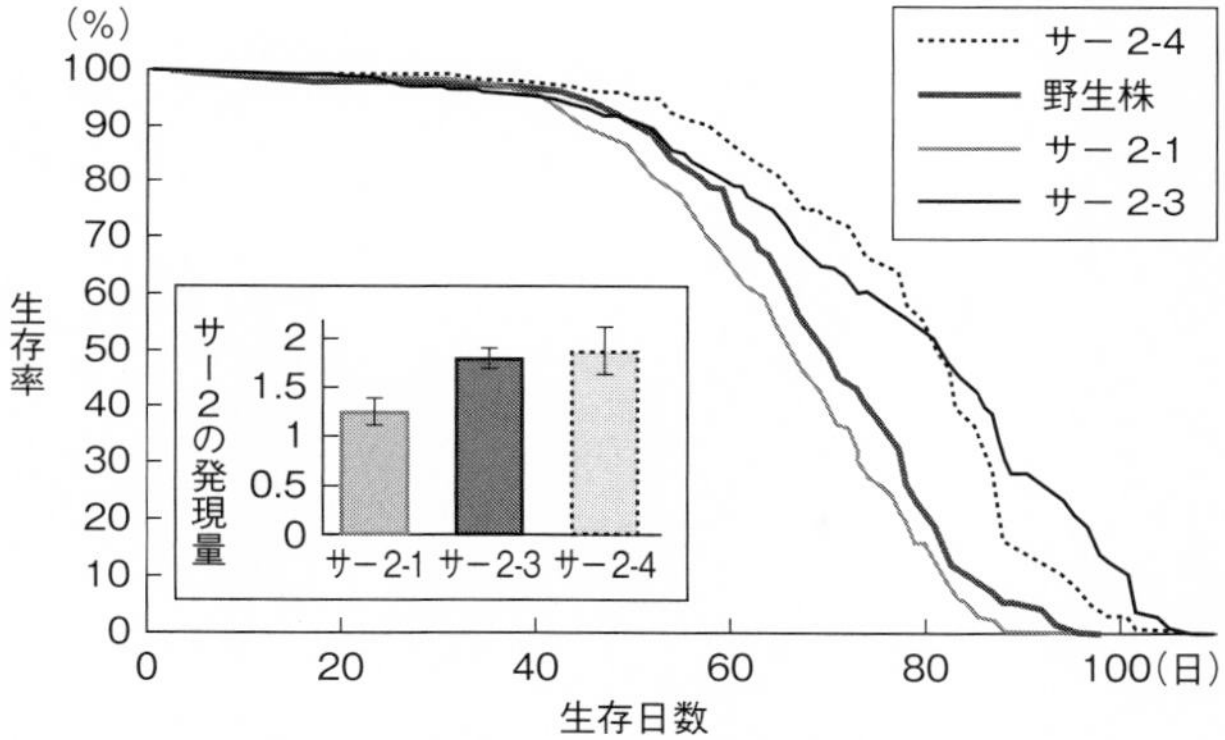

図10-4　ショウジョウバエのサー２の発現レベルと寿命
発現レベルに応じて寿命を延ばすが、大量の誘導は毒性が出て寿命を縮めることもある。2〜5倍の発現であれば寿命延長効果がある
(R. Whitaker et al., Aging, 2013)

とくにカロリー制限をしたような身体状況になっていて、すこしやせ形で代謝的には活発になっていて、しかも低血糖、低コレステロール、低インスリンと、いわゆる生活習慣病の危険率が下がっていた。同じようなサーティ1の過剰発現マウスを、スペインのマニュエル・セラーノのグループも作製していて、その結果も寿命は変わらなかったが、がんになる危険率が明らかに下がったとしている。

このように、マウスにおいてサー2に相当するサーティ1の過剰発現によって、マウスの寿命は簡単に延びるわけではないが、健康状態は改善されると理解していい。

ところが、最近になってガーランテのラボからワシントン大学へ移ったシン・イマイの研究室で、脳特異的にサーティ1の過剰発現をする

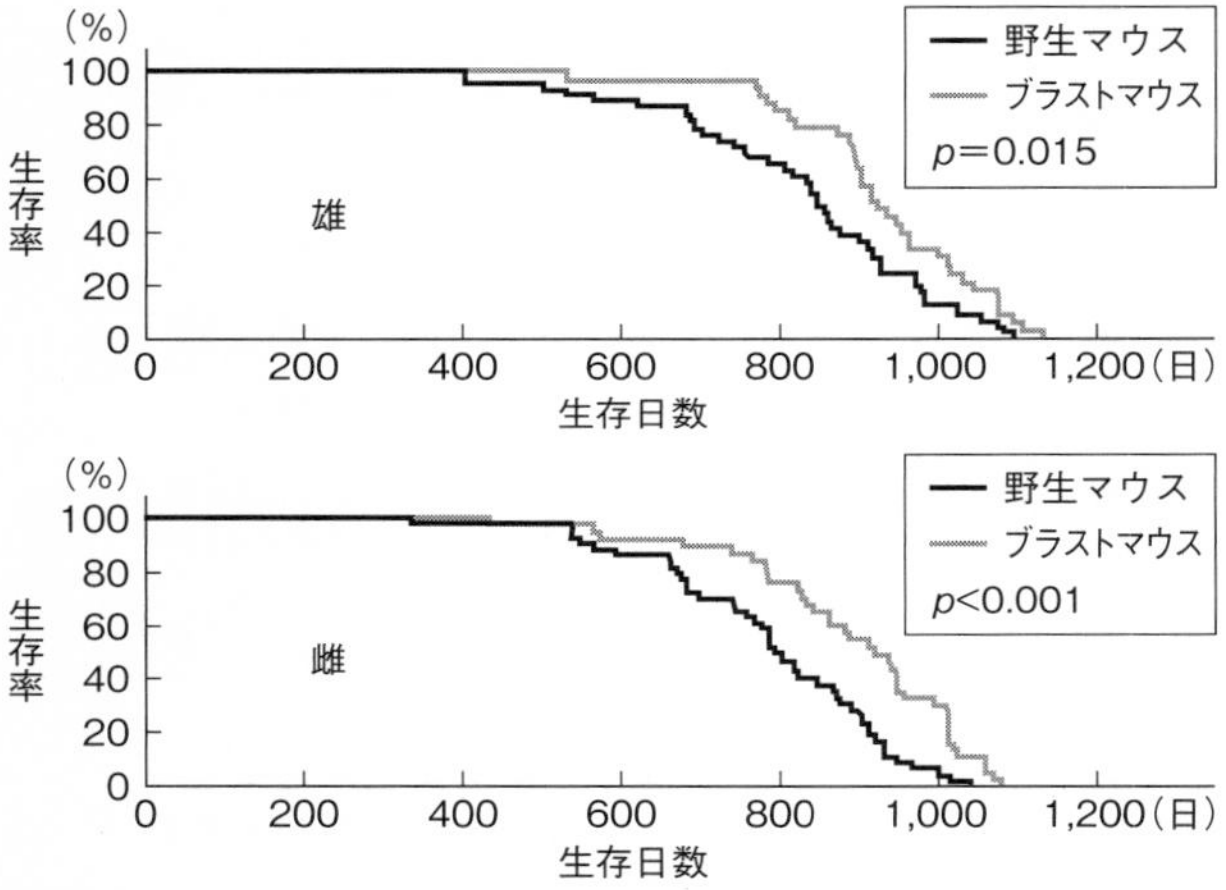

図10-5　ブラストマウスのサーティ1
脳で特異的にサーティ1を過剰発現するブラストマウスは雌雄とも長寿になる
(A. Satoh et al., Cell Metab., 2013)

「ブラストマウス」(BRASTOマウス)と呼ばれるマウスの解析が進み、大変興味深いことに、このマウスでは雄でも雌でも寿命が明らかに延びたのだ(図10-5)。とくに行動も活発で、神経機能も亢進した。とくに脳の視床下部でオレキシン関連の遺伝子発現も増強されていて、それが健康長寿へつながるのだろうと考えられている。オレキシンは視床下部のニューロンから出る摂食ホルモンで、空腹時に発現が誘導される。したがって、このブラストマウスはカロリー制限した状態に近くなって寿命が延びたと解釈できる。

ただし、マウスの系統によってサーティ1の発現がより強くなった場合は、寿命延長が認められなかったりもするので、線虫やショウジョウバエと同様、発現レベルによるという「微妙さ」はまだ残ってはいる。サーティ1の「微妙な機能亢進」が健康長寿へと向かわせるのだ。簡単な制御ではないが、マウスでのサーティ1の有意性も確認できたと考えていいだろう。

一方で、サーティ1をなくしたらどうなるかを、サーティ1欠損マウスを作製して調べたのが、カナダのオタワ大学のミヒャエル・マクバーニーのグループで、ギノ・ボイリーを中心に研究がおこなわれた。

サーティ1がなくてもマウスは胎生致死にならず、ふつうに成長して2年ほど生きる。つまり極端に短命になるわけではない。しかし、カロリー制限をかけてみても、寿命延長や代謝改善はみられなかった。これを先のガーランテのラボの結果とあわせて考えると、どうもサーティ1はカロリー制限による代謝改善と寿命延長のしくみに必須なのではないかと考えられた。その後も研究が進み、サーティ1が健康長寿に中心的な役割を果たしていることがはっきりしてきた。

サーチュインファミリー

だが、少し不思議なのは、このようなとても重要と思われる遺伝子をつぶしても、マウスはまあまあふつうに生きていることである。その理由は、マウスにはサーティ関連遺伝子が7種類も存在していることにある。つまり、ゲノムの中に7種類もの兄弟分のような遺伝子（サーティ

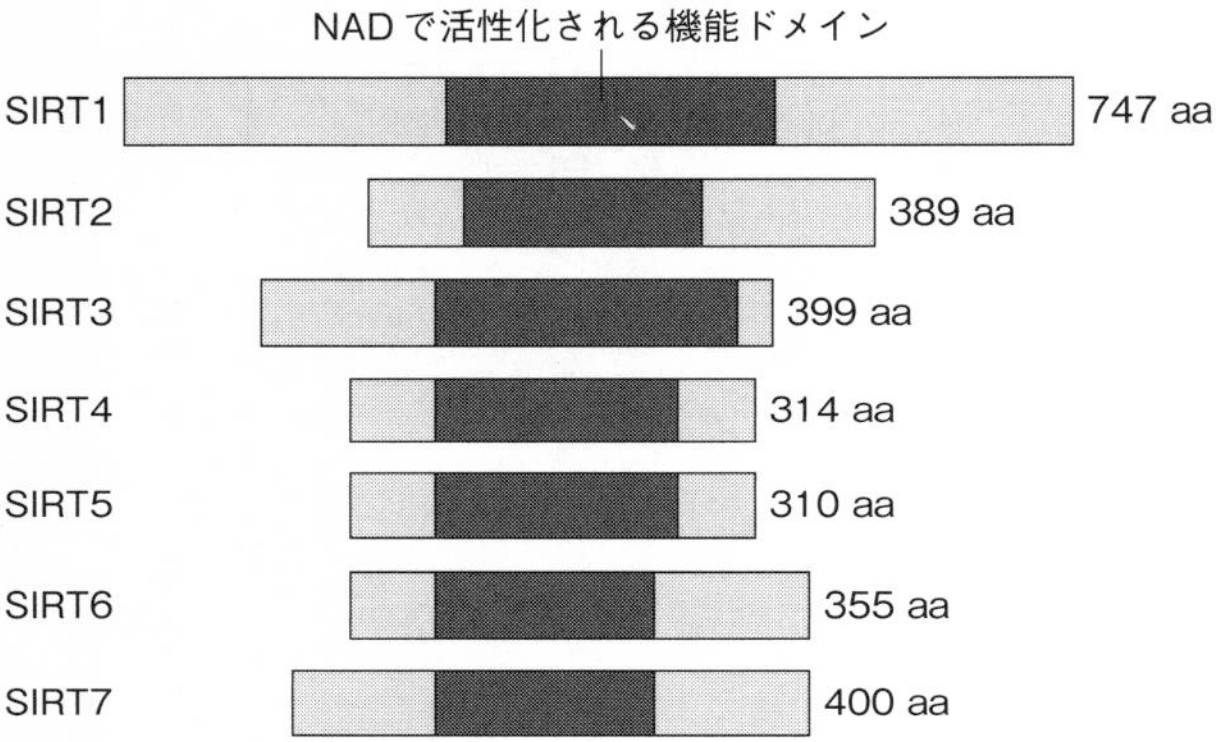

図10-6　サーチュインがコードするタンパク質
サーティ1からサーティ7までのドメイン構造。中央にヒストン脱アセチル化もしくはADPリボシル化の酵素活性に対応した触媒ドメインがある。その左右は活性の調節領域。それぞれの右の数字は大きさ（アミノ酸残基数）

1、サーティ2、サーティ3、サーティ4、サーティ5、サーティ6、サーティ7）が存在していて（ホモログという）、機能性の多少の補完が可能だから、サーティ1がなくなっても簡単には死ななかった、と解釈されている。そして、じつはこれら7種類の遺伝子は、あとでくわしく述べるようにヒトにも存在している。

7つの関連遺伝子は、サー2に似た遺伝子群として「サーチュインファミリー」と総称されている。「サーチュイン」とは「sir2-related proteins」（サー2関連タンパク質）が「sirt1-related proteins」（サーティ1関連タンパク質）に転じて、その略称「sirt——ein」が「SIRTUIN」（哺乳動物でのサー2関連あるいはサーティ1関連タンパク質）となったものだ。

その構造を少しみてみよう。図10－6にはサーティ1～サーティ7がコードするタンパク質（SIRT1～SIRT7）のドメイン構造を比較して並べてある。それらはすべて、大きく3つの領域に区分できる。中央部はヒストン脱アセチル化活性をもつ酵素領域で、その両側に、調節領域としてのドメインがある。大きさは310アミノ酸から747アミノ酸までさまざまだが、ミトコンドリアに局在するものは比較的小さく、核や細胞質に存在するものは大きめである。その中でも最も大きいSIRT1は、核と細胞質の間を行き来しながら、細胞の代謝状況に応じて、遺伝子発現を変動させるはたらきをもつ。さきほど述べたように細胞内のエネルギー状態によってNADのレベルが変化し、それによってサーチュインの活性が変わり、ヒストンのアセチル化状態が変動する。その結果、細胞の状況に応じた遺伝子発現が誘導される。サーチュインは細胞が必要なだけの遺伝子を駆動するために有効な調節因子となるのだ。

以後、これら7種類のサーチュイン遺伝子について、そのノックアウトや過剰発現を可能とするトランスジェニックマウスが作製されて、いろいろなことが調べられてきた。そのすべてをまとめることはとてもできないので、ここでは、その中で明瞭な寿命変化がみられた、サーティ6の過剰発現マウスについてみていこう。

ＳＩＲＴ６の過剰発現での寿命延長

イスラエルのバーイラン大学で、ハイム・コーヘンのグループがサーティ6の過剰発現マウスをつくった。彼らはこれを「モーゼのマウス」（ＭＯＳＥＳマウス）と呼んでいる。「ＭＯＳＥＳ」はmice overexpressing exogenous SIRT6 の略語なのだが、おそらくユダヤ人として、あの預言者の名にこだわったのだろう。

ガーランテのラボからサー2の過剰発現による線虫の寿命延長が報じられた１９９９年頃からすぐに、マウスでの過剰発現系の作製を試みたものと思われ、ほぼ10年後にはモーゼのマウスでの代謝改善について報告している。線虫やショウジョウバエでの長寿化も研究していたが、線虫の長寿化では遺伝子背景が問題となり、ショウジョウバエでは過剰発現の程度によって長寿化したりしなかったりだった。そのため彼らはマウスでも慎重に、遺伝子背景の異なる２つの系統を使って寿命を比較した。その結果、サーティ6の過剰発現マウスは、雄では2系統ともに、統計的に有意な寿命延長が認められた（図10－７）。しかし、雌では寿命延長はまったく認められなかった。

その理由を探るため、彼らは代謝系の変化について慎重に調べた。その結果わかってきたことは、サーティ6が過剰発現すると、雄マウスの脂肪組織でインスリン様成長因子（ＩＧＦ１）か

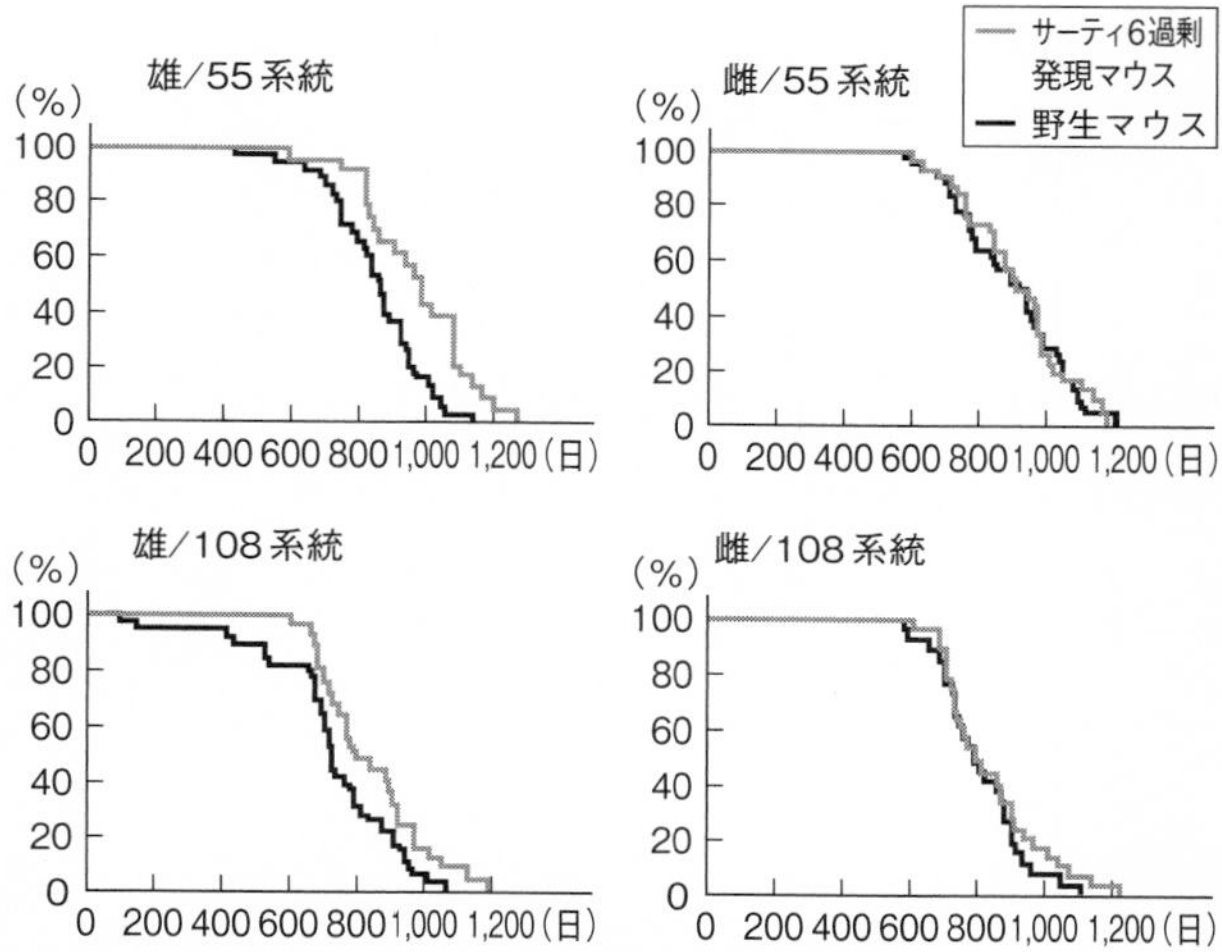

図10-7　サーティ6の過剰発現マウスの寿命効果
2つの系統を調べたがともに雄（左2点）だけが長寿になり、雌（右2点）は長寿化しなかった
(Y. Kanfi et al., Nature, 2012)

らのシグナルの発信が抑制されるということだった。本書の序盤でみた、IGF1のシグナル系を抑えると線虫もマウスも長寿化するという話に通ずるのである（第2、3、5章参照）。

では、逆にサーティ6の発現が低い場合はどうだろう。それについては、ハーバード大学のフレデリック・オルトのグループが中心になって進めた、サーティ6欠損マウスの実験がある。その結果はといえば、サーティ6がないと、生後およそ2~3週間で白血球の減少や脂肪組織の萎縮などさまざまな代謝変化が生じ、1ヵ月程度でマウスは死んでしまった。人間でいうと小学生の年齢だ。死亡したマウスの身体では、さまざまな組織の細胞で遺伝子修復のミスやゲノムの不安定化が確認された。この結果から、サーティ6の遺伝子産物SIRT6は、細胞の核内でのゲノムの維持に重要なヒストン脱アセチル化酵素であると考えられている。これがないと遺伝情報をきちんと保つことができなくなってしまうのだ。

こうした結果から、サーティ6はサーティ1と同様に、哺乳動物での健康長寿への〝守護神〟のひとつということができるだろう。いまのところ、ほかのサーチュインメンバーが寿命変動を起こすことは知られていない。

カロリー制限とサーチュイン

サーチュインがNAD依存性の脱アセチル化酵素であること、つまり細胞のエネルギー状態によってその酵素活性が変わることから、サーチュインはいわゆるカロリー制限と関係があるのではないかと容易に推測できた。サーティ1過剰発現マウスが、簡単に長寿にはならなかったにせよ、しごく健康であたかもカロリー制限をしたかのように見えることも、その考えを裏づけた。

従来は、カロリー制限による寿命延長は、身体全体のエネルギーレベルが低下して、それに付随して細胞内のミトコンドリアでの活性酸素の出現が低下する、つまり酸化ストレスが軽減されることで健康長寿へ向かうのだろうという考えが主流だった。これはどちらかといえば、受け身の、あるいは消極的な理由といえる。それに対して、カロリー制限にサーチュインが関わるとすれば、それはNADを介したより積極的なメカニズムであることが想定できる。

この考えのもとに、酵母、線虫、ショウジョウバエ、マウスで、カロリー制限のメカニズムにサーチュインが関与するかどうかが検討された。その結果、一部には若干の否定的なデータもあるものの、多くはカロリー制限による寿命延長にはサーチュインを必要とするという考え方をサポートするものだった。簡単にいえば、サーチュイン遺伝子がない状況ではいくらカロリー制限をしても寿命延長効果が認められない。また、ふつうの動物でカロリー制限をすると、しばらくしてサーチュインが誘導されてくる。つまり、カロリーが低下して組織の細胞のエネルギー状態が下がってくると、サーチュイン遺伝子が活性化して、サーチュインをもっとつくろうとする。こうしてサーチュインが、その酵素がもつヒストン脱アセチル化の活性で、細胞の核の中でクロマチンの状態を変え、遺伝子発現を変えることで、積極的に細胞の代謝をよりよい方向に向かわせる。そういうしくみがあることが、調べられたすべてのモデル動物ではっきりしてきたのである。

レスベラトロールの発見

そうであるならば、カロリー制限をしなくても、サーチュイン遺伝子を何とかして活性化してやれば健康長寿へ向かうのではないか？　そう考えられるようになってきた。

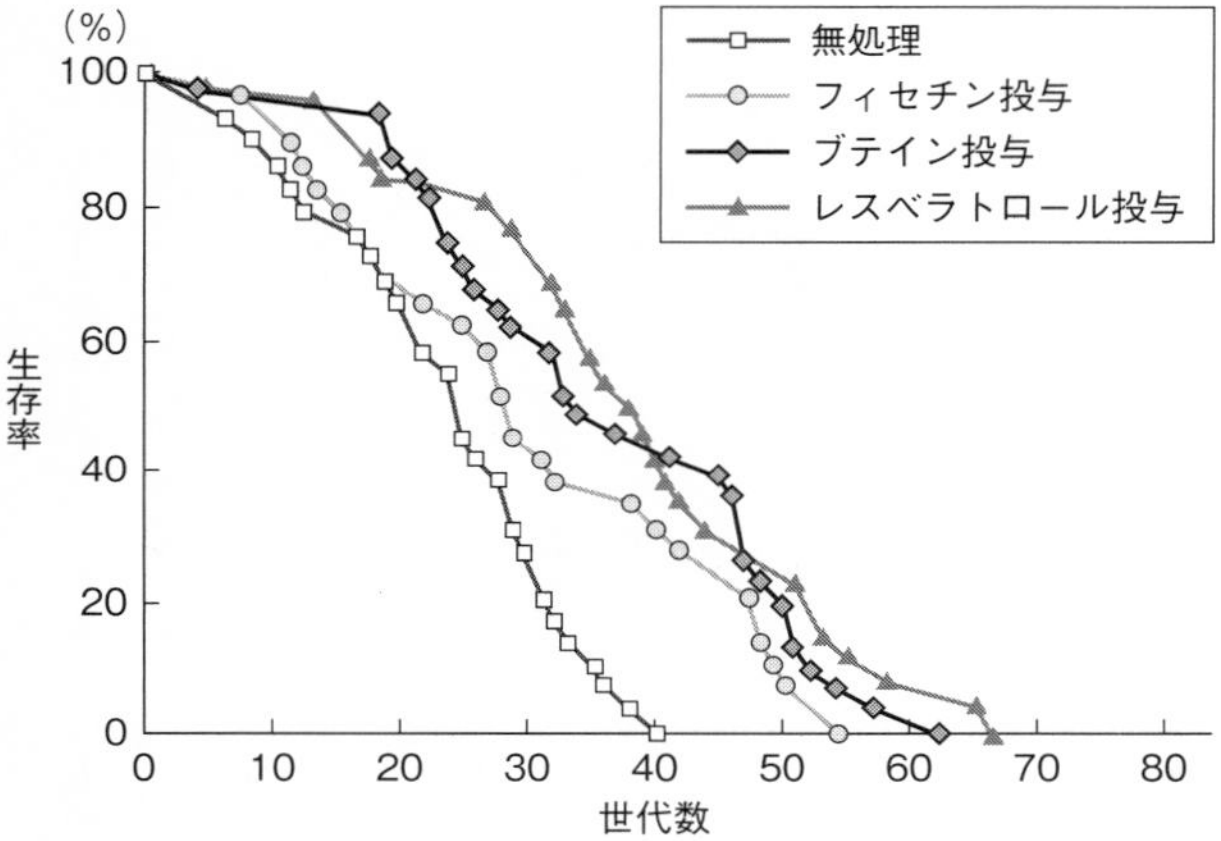

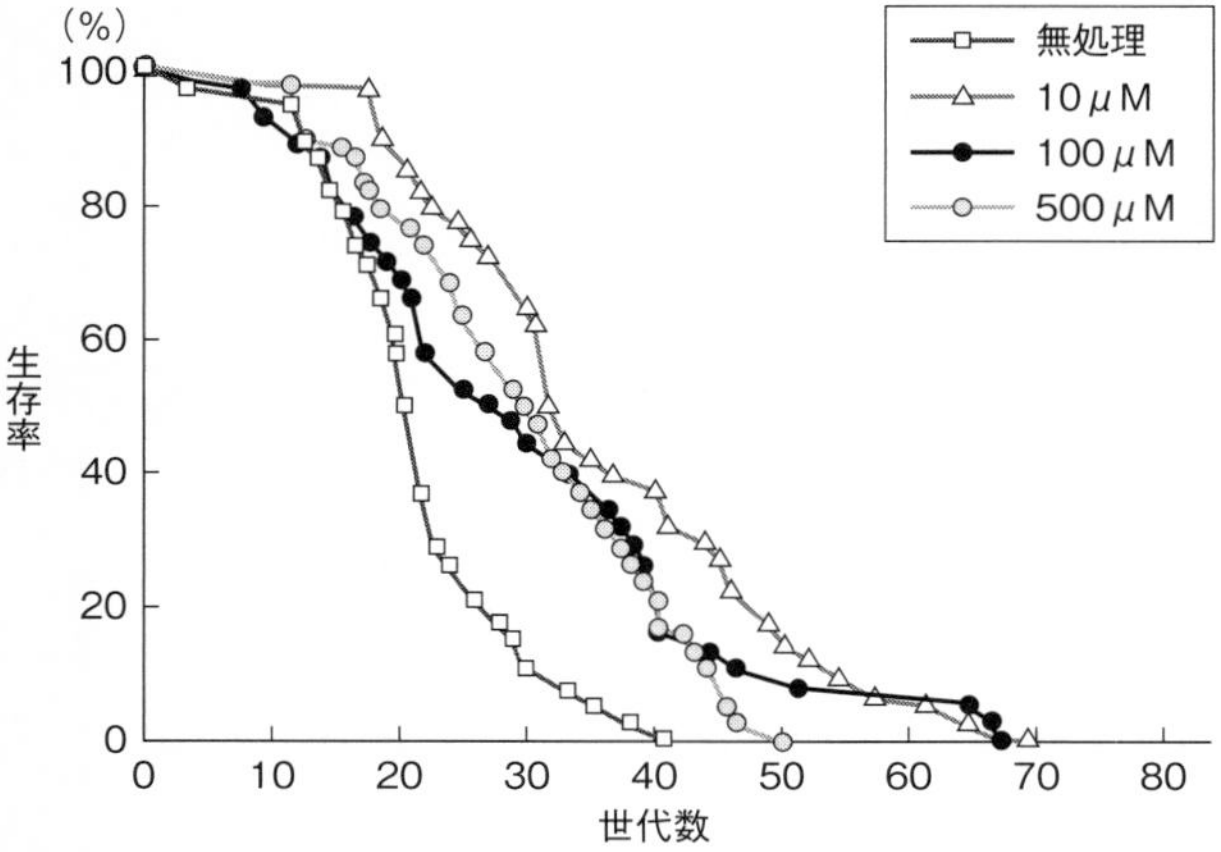

図10-8　レスベラトロールは寿命を延ばす

上：STACsの中から選別されたレスベラトロール、ブテイン、フィセチンはいずれも延命効果がある

下：レスベラトロールの長寿効果と濃度の関係。低濃度でも意外と有効である

(K.T. Howitz et al., Nature, 2003より改変)

サーチュイン遺伝子を活性化する物質、つまりサーチュインアクティベーターを探せ——さまざまな研究室やベンチャー企業で、その試みが始まった。そのなかで、いちはやく明確な結果をつかんだのは、ＭＩＴのガーランテのラボからハーバード大学に移り、独立した研究室をもった若き教授デーヴィッド・シンクレアらのグループだった。

彼らは酵母のシステムでサーチュインアクティベーターの候補となりそうな化合物をたくさん選別していった。それらは低分子化合物で、ＳＴＡＣｓ（スタックス）と呼ばれた。彼らはその中で最もシンプルな構造で、しかも最も有効なものを見いだした。それは「レスベラトロール」というポリフェノールの一種だった（図10－8）。

これは２００３年の発見だったが、いまではよく知られているように、レスベラトロールはブドウの皮などに多く含まれる抗酸化物質である。この類いのポリフェノールは、柑橘系の果物やお茶にも多く含まれている。だから、健康長寿をめざすならお茶と果物、そして赤ワインをたくさん摂るべし、といったことが取り沙汰されるようにもなった。赤ワインは「適度」でなければならないが、お茶や果物は事実、身体にいいことは言うまでもない。

フレンチパラドックスと老化制御

食事と健康の関係については、以前によく「フレンチパラドックス」という言葉が聞かれた。

フランス人は油っこいこってりした料理を好んで食べるのに太りすぎている人が少ない、そしてフランス国民の平均寿命もそう短くないのはなぜだろう、と不思議がられていたのだ。

このパラドックスに対しては、サーチュイン活性化剤としてのレスベラトロールの発見によって、とても都合のいい説明ができるようになった。フランス人は食事中に、水の代わりのようにワインを飲む。ボルドーワインなど、赤ワインを日常的に飲んでいることが、レスベラトロールの摂取につながり、サーチュインが活性化されるのだろう、と考えられたのである。そのため、しばらくは「赤ワインが健康にいい」とお茶の間の話題になった。

だが、この説明は話題としては面白いのだが、科学的説明としてはとても苦しい。たとえば、研究室のマウスを3群に分けて、最初のグループにはふつうの餌を与える。2番目のグループには高カロリー食を与える。3番目のグループには高カロリー食にレスベラトロールを混ぜて与える。そうしてこのマウスを長期間飼育し、肝硬変や心臓疾患の具合を比較したり、各臓器の細胞の代謝の変化などを調べた。寿命をみるために生存曲線も描いてみると、図10－9のようになった。

実験に使ったマウスの寿命は3年ほどだが、ここでは110週齢、つまりほぼ2歳まで調べた結果を示している。通常食に比べて高カロリー食のマウスが早死にすることは一目瞭然である。そのマウスの肝臓を見れば、まさに脂肪肝。細胞の中にも油がたまっていることが、その病理像

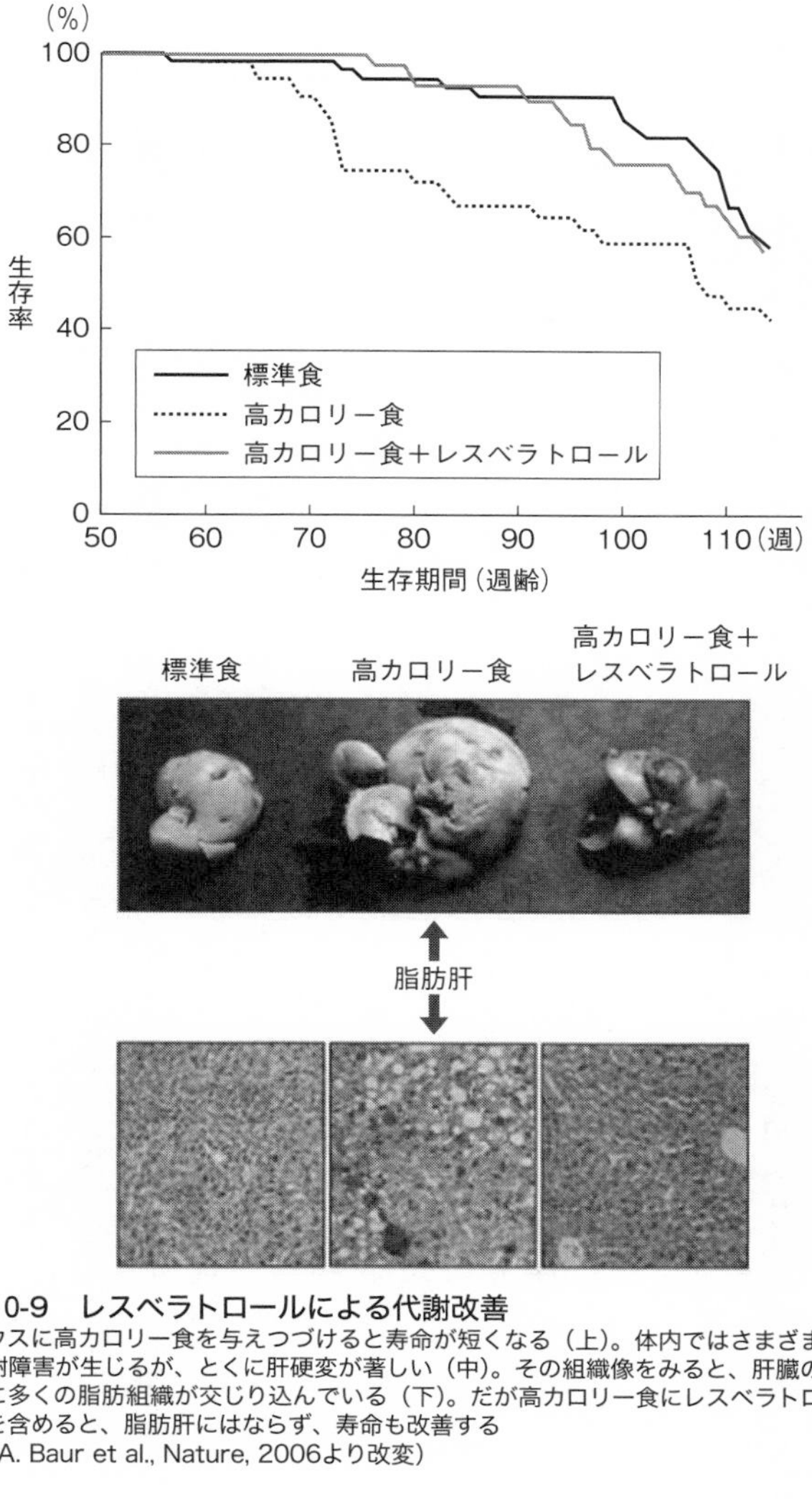

図10-9　レスベラトロールによる代謝改善

マウスに高カロリー食を与えつづけると寿命が短くなる（上）。体内ではさまざまな代謝障害が生じるが、とくに肝硬変が著しい（中）。その組織像をみると、肝臓の細胞に多くの脂肪組織が交じり込んでいる（下）。だが高カロリー食にレスベラトロールを含めると、脂肪肝にはならず、寿命も改善する

(J. A. Baur et al., Nature, 2006より改変)

から明らかだ。ところが、高カロリー食と一緒にレスベラトロールを加えた一群では、脂肪肝はなく、細胞の様子も対照群とさして変わらず、寿命も通常食のものとほとんど変わらない。レスベラトロールはまさに健康長寿への救世主と思われた。フランス料理と一緒にレスベラトロールをとれば、肥満にならず、健康長寿が維持できる——まさにそんなことを彷彿とさせる結果だ。

この研究は先のハーバード大学のシンクレアのラボでの成果で、2010年ころの論文だったが、大きな話題となり、ややもすれば、どんなに食べ過ぎてもレスベラトロールさえあれば太らずに健康を維持でき、しかも長生きできるというように、一人歩きするきらいがあった。

たしかに、レスベラトロールには健康長寿をもたらす効果がある。だが、この実験に使われたレスベラトロールの量に注意する必要がある。シンクレアたちの実験では、高カロリー食に添加したレスベラトロールの量は体重の「0・04%」としている。マウスの体重は若いもので20g、老化すると40gくらいになるので、一匹当たり8mgから16mgを食べさせている勘定になる。100g当たりでは40mgだ。これを人間にあてはめてみると、体重50kgの人に20g、75kgの人に30g与えることになる。では、赤ワインに入っているレスベラトロールの量はどのくらいなのだろう。グラス1杯のワインはだいたい150mlで、その中には0・3~1mgくらい入っている（フルボディーの赤であればもっと多めなのだろうが）。およそ1mgとして計算すると、体重75kgの私などは30gのレスベラトロールを摂取するために、3万杯のグラスワインを飲み干さなければならないことになってしまう。体重50kgの女性でも2万杯だ。これでは健康どころかとても身体がもたない。まさにレスベラトロールパラドックスになってしまった。

となると、レスベラトロールだけではフレンチパラドックスは解決できないことになる。まだ何か、隠れているのだ。しかし、それでも老化や寿命に関連するレスベラトロールがらみの論文の数は1000件を超え、そのほとんどが肯定的な結果に終始している。その意味ではレスベラトロールの摂取に不安はない。大量摂取しない場合のご利益は明確ではないにせよ、どれだけとっても悪いことはない。そう考えれば、だれもが夢と可能性に賭けることができるかもしれない。夢をもつこと、可能性を信じることは、おそらく健康への秘訣でもある。

酵母でのサー2遺伝子の発見から、マウスやヒトでのサーティ1やサーティ6など、サーチュイン遺伝子と呼ばれる一群の遺伝子が老化制御に重要な役割を果たしていることがわかってきた。細胞内代謝を考えると、サーチュインの特徴はNAD依存性という点にある。細胞のエネルギー状態を反映して活性が変動する。そしてさまざまな遺伝子発現に影響を与える。ひとつのタンパク質でありながら、その影響力は大きい。そういう意味では、サーチュイン遺伝子には司令塔や監視塔の役割も重なってくる。小さなモデル生物から浮かび上がった、とても大きなはたらきをする老化制御遺伝子なのである。

第11章 代謝 tor

代謝の目付け役

サー2はないほうがいい？

いまからおよそ20年前、酵母の遺伝子サー2に端を発した老化制御の研究は、類似遺伝子であるマウスやヒトでの7種類のサーチュイン遺伝子によるさまざまな形での老化あるいは老年病制御の研究に発展していった。そこには前章でみてきたように、サー2はあったほうがいい、酵母のサー2でも哺乳動物のサーチュイン遺伝子でも、とにかくそれを活性化すれば健康長寿の方向へ代謝がシフトして、長寿化へ向かうという確信があった。その原点になったのは、酵母という単細胞生物の有限の分裂回数を「寿命」と考える「分裂寿命」にもとづく研究だった。

ところが2005年ころになって、少し状況が変わってきた。米国西海岸の南カリフォルニア大学で、老年学研究所のヴァルター・ロンゴの研究室から、どうもサー2はないほうがよいのではないか、そのほうが寿命は延びるのではないかという実験結果が報告されたのである。

そのからくりは、「寿命」というものの考え方の違いにある。細胞の「分裂」（あるいは「複製」）の回数を数えるというのは、いわば本書の冒頭で紹介した細胞老化研究の原点「ヘイフリック限界」と類似した考え方である。酵母だけでなく、私たちヒトの細胞にも60回程度の分裂しかできないという限界がある。だが、ある種の遺伝子の変異によって分裂回数を変動させることは可能で、そうした遺伝子が「寿命遺伝子」と呼ばれたのだった。

ところが、じつは「寿命」にはもうひとつの考え方がある。細胞が分裂しない状態で、たとえば研究室のシャーレ（培養皿）の中で1個の細胞がどれだけ長生きするか、そっと時間経過を観察する。そんな、いわば「経時寿命」とでもいうべき寿命もあるのだ。

そして、どうもこの経時寿命をみた場合は、サー2はないほうがいい、その活性を抑えたほうが、酵母の細胞は寿命が延びるという、従来とはまったく反対の結果が報告されるようになったのである。

しかも、酵母の細胞だけでなく、サーチュイン遺伝子の代表格であるサーティ1がないマウスをみても、寿命の変化はないものの、よい結果がみられた。それらのマウスはどちらかというと小ぶりで体脂肪が少なく、甲状腺も小さめで成長が抑えられている。血中のインスリン様成長因子ＩＧＦ１のレベルも低い。ＩＧＦ１レベルを下げる、あるいは感受性を下げてＩＧＦ１を抑える方向へもっていくと動物が長寿化することは、本書の第２章などでみてきた。

また、サーティ１がないマウスは、細胞を酸化ストレスなどの条件にさらしてみても、ストレス耐性になって老化が抑制されることもわかった。

つまり、サー２やサーチュインはないほうがいい、ということになってしまったのだ。「複製寿命」か「経時寿命」か。寿命についての見方の違いによって、結論が真逆になってしまった。健康長寿の〝守護神〟とまでもてはやされたサー２が、あったほうがいいのか、ないほうがいいのか、よくわからなくなってしまったのである。

実験者と研究者と科学者

研究者とはある意味、勝手なものだ。自分が実験で得た結果は、絶対に正しいと主張する。異なる結論が示されると、相手が間違っていると思う。ただ研究者を弁護するなら、彼らは誰もが丁寧に実験を重ね、得られたデータを慎重に解釈している。だが、細胞の中での現象などちっぽけなもので、形態的には顕微鏡で拡大してみないと何もわからない。形だけ見てもわからないことも多い。だから細胞をすりつぶして、生化学的な解析もするし、遺伝子を細工して分子生物学的な複雑な実験もする。解剖学も生理学も、生化学も分子生物学も、総動員して進めなければならない。だから、そうして得られた結果は絶対に正しいと信じたいのだ。

だが良識ある科学者は冷静でもある。彼我の結果に矛盾があるときは、そこにきっと「何か」が隠れていると考える。異なる結果を受け入れて、その違いがどうして生じるのか、どうすれば合理的な説明ができるのかを考えてみる。そのためには鋭い頭脳も必要だ。いわゆる洞察力というものだ。

駆け出しの研究者だったころ、私はある意味で「実験者」だった。ああしたらこうなった、こうしたらああなった、そんな実験結果の記述に終始していた。それでも少し成長すると、ようやく「研究者」になってくる。結果の意味するところを推察して、目に見えないものを理解しようとする。結果に隠れている真実に近いものを見ようとするようになる。さらに、十分な経験を積んでいくと「科学者」の域に入ってくる。ちまちました結果に左右されずに、ことの真実を見極める目を養うようになるのだ。昔、アルバート・セント・ジョルジという科学者がこういうことを言っていた。

「研究とは誰もが見ているものを見て、誰も思いつかないでいることを考えぬくことだ。」

分裂寿命と経時寿命におけるサー2の役割の違い、そこには、まだ見えていないものがある。細胞が分裂する状態と、非分裂の状態では、遺伝子のはたらきが変化するのかもしれない。その変化をもたらす「何か」が、まだ隠れている。そんなことを思わせる状況だった。

サー2の機能性については、とくにカロリー制限との関係が重視されていた。酵母でも線虫でもハエでもマウスでも、カロリー制限すると寿命が延びる。このとき、サー2やその類縁のサーチュイン遺伝子が機能しない細胞や動物ではカロリー制限の効果がなくなる、という結果が多かったのだが、2004年くらいから、どうもそうではない、という結果も出はじめた。カロリー制限による寿命延長のメカニズムにサー2が本当に関与しているのか、怪しくなりはじめていた。研究者たちの関心は、「サー2パラドックス」とでも呼ぶべきこの疑問に向かっていった。

「分裂寿命」と「経時寿命」のはざまで

そんな矢先に、酵母の分裂寿命や経時寿命の延長には、サー2とは別の遺伝子が必須であることが明らかになった。先のヴァルター・ロンゴの論文に啓発されて、それまでは酵母の分裂寿命の研究を延々とやってきた2人の研究者が強力なタッグを組んで、短期間でサー2パラドックスの背後に隠れていた「何か」を解き明かしたのだ。1人は第10章にも登場し、MITの大学院を出てワシントン大学で研究していたケーバーライン、もう1人はサンフランシスコに新しくできた老化研究を中心にするバック研究所を牽引するブライアン・ケネディ（現在はシンガポール国立大学）。いずれも、サー2発祥のラボ、ガーランテの研究室の出身である。

彼らはまず、ロンゴが打ち出した酵母の経時寿命という系が、非分裂細胞の寿命を考えるうえで適切なシステムであることを確認した。そのうえで、さまざまな遺伝子に変異をもつ4800種類もの酵母の経時寿命を調べて、とくに寿命が長くなっている酵母を選り分けていった。すると、延命している酵母はみな、「tor」（以下、「トール」と表記する）という遺伝子に変異があることがわかった。トール遺伝子の機能を抑えると長生きになる。経時寿命を制御するのはサー2ではなく、トールだったのだ。

これがわかると彼らは、今度はもともと得意としていた酵母の分裂寿命でのカロリー制限でも確認実験を試みた。500個以上の遺伝子変異を調べたところ、そのうち10個で、寿命延長が起こった。そして、そのうちの6個がトール関連遺伝子であることが判明した。酵母はカロリー制限をすると長生きになるのだが、それらの遺伝子が壊れていると、カロリー制限しても長寿化しなかった。カロリー制限による延命にはトールが必要なのだ。

ちょうどそのころ、ほかの研究者たちによって、トールのタンパク質TORは細胞の栄養状態を感知するために重要なセンサーであることも明らかにされてきていた。カロリー制限による寿命延長の根幹には、従来のサー2ではなく、むしろ栄養センサーともいえるトールこそが重要であることがわかってきたのである。2005年から2006年にかけてのことだった。

トールが重要なのは酵母だけか

話は前後するが、世界で最初にトールを発見したのは、スイスのバーゼル大学でバイオセンターの教授をつとめるマイケル・ホールである。カリブ海のプエルトリコで生まれ、南米ベネズエラやペルーで育ち、米国に渡ってハーバード大学で分子遺伝学の博士号を取得したホールは、その後、パリのパスツール研究所などで修行を積んで、1980年代後半からバーゼル大学で研究室を構えた。そこで酵母の研究を始めて、1990年代はじめにトールを発見したのである。

この遺伝子は酵母の増殖の制御にとても重要なはたらきをすること、とくに栄養状態の感知や、タンパク質合成の制御にも関わることが明らかになった。細胞は栄養があれば活動を増す。栄養が枯渇すれば、休んでいようとする。トールのタンパク質TORは、そのように細胞の活動状態を環境に適応させるときに中心となってはたらく、センサーのようなものなのだ。TORとは「ターゲット・オブ・ラパマイシン」の頭文字で、「ラパマイシン」は薬剤の名前である。つまり「ラパマイシンのターゲット（標的分子）」という意味だが、くわしくは後述する。

さて、酵母はきわめてシンプルな単細胞生物だ。だがこの生物だけで、分裂細胞の老化も非分裂細胞の老化も研究することができる。世界で最初にトールを発見したホールも、寿命制御へのトールの重要性を見極めたケーバーラインとケネディも、ともに酵母をモデル生物とした。おそらく彼らは、ほかの生物でもトールが重要なはたらきをしていることを予見していただろう。生物学では、重要なことは必ず生物種を超えて保存されるものなのである。

ヒトにおいても、栄養代謝は老化制御を考えるうえで非常に重要だ。食べなければ生きていけない。でも、食べ過ぎはよくない。メタボはダメ、腹八分がいい。それがカロリー制限の極意であることはわかりきっている。では、ヒトでもトールは老化や寿命制御の中核となるはたらきをしているのだろうか。当時、この分野にいた老化研究者の誰もが、そのことがとても気にかかりはじめていた。

ラパマイシンとは何か

哺乳動物ではトールはどのように存在し、どのように機能しているのか？　これを突きとめるための研究は、その当初からとても興味深いものだった。

そもそもホールが酵母で明らかにしたのは、免疫抑制剤に使われるラパマイシンという薬剤の標的が、トールの産物であり、栄養状態の感知に働いているということだった。

まず、ラパマイシンについて説明しておこう。この薬は南太平洋の孤島、巨大なモアイ像で有名なイースター島の土壌の中の放線菌から単離された。「ラパ」とはポリネシア語でイースター島のことだ。「マイシン」は、おおかた抗生物質の一群であることを意味している。抗生物質は細菌や植物などの天然物から抽出される、殺菌性の化学物質である。1972年に化学者スレン・セーガルが発見し、最初は抗真菌薬として開発された。

ラパマイシンがにわかに注目を集めるようになったのは、1990年代のなかばに、この薬が哺乳動物のトールの産物であるタンパク質mTOR《エムトール》を阻害することがわかってからだった。mTORを阻害すると、免疫細胞であるT細胞やB細胞の活性化が抑えられる。つまり、ラパマイシンは免疫抑制剤として機能することがわかったのだ。

ラパマイシンと構造がよく似ている抗生物質で、当時、すでに臓器移植後の処置などに使われていた強力な免疫抑制剤が「FK506」がある。藤沢薬品工業（当時：現在のアステラス製薬）が開発した薬で、FK506は「藤沢化合物506番」という意味だ。両者はともに、FK506結合タンパク質に結合するという点で共通していて、国際的な名称（一般名）も、ラパマイシンは「シロリムス」、FK506は「タクロリムス」で似ている。

ところが、ラパマイシンの免疫抑制のしくみは、FK506のそれとはまったく異なっていた。FK506はカルシニューリンという酵素を阻害することでT細胞の分化増殖を阻害して、免疫を抑制するのだが、ラパマイシンはmTORを阻害して、T細胞やB細胞の活性化を抑えて免疫を抑制していることがわかったのだ。この、mTORを「直接阻害する」というラパマイシンの特徴的な性質が、その後、思わぬところできわめて重要な意味をもつのである。

ｍＴＯＲ研究のトップランナー

話を戻そう。ホールが酵母からトールを発見して、その老化や寿命における機能性が他の研究者たちによって見いだされていくと、次には哺乳動物におけるトールの機能の研究に、世界中の研究者が猛烈な勢いで参入した。その中心となったのはハーバード大学のスチュアート・シュライバーと、ＭＩＴのデーヴィッド・サバティーニだった。

シュライバーは免疫抑制剤ＦＫ５０６の作用機構を明らかにし、いまでいう「ケミカルバイオロジー」（いわば化学の視点で生物学を見る学問）という新領域を開拓した大御所である。一方、サバティーニは神経科学の重鎮ソロモン・シュナイダーの研究室の出身ながら、神経生物学にとらわれず、大学院生のときから細胞の増殖制御と栄養代謝の接点である栄養センサーとでもいうべきｍＴＯＲを独創的に研究した若武者のような存在である。とはいえ、この分野ではすでに独走を続けていて、若武者というより大物になりきっている。

ちなみに、サバティーニの俊才は、いわゆる「血筋」という言葉を想起させる。20世紀の後半、まだ遺伝子を扱うような分子生物学がなく、細胞の中のタンパク質代謝の研究が主流だった細胞生物学の勃興期に、同じ名前のデーヴィッド・サバティーニがいた。ロックフェラー大学やニューヨーク大学で細胞生物学を研究し、いまは名誉教授になっている。分泌性タンパク質の合成初期において付加的なペプチド鎖があとで切り取られるという、生化学の歴史上とても重要な発見である「シグナル仮説」をギュンター・ブローベルとともに提唱した人でもある。じつはこの人の長男が、ＭＩＴの若武者サバティーニである。ミドルイニシャルが、父親はＤ（Domingo）、長男はＭ（Marcelo）と違うだけなのだ。

なお、デーヴィッド・Ｄ・サバティーニの次男のベルナルド・サバティーニも、ハーバード大学を卒業して、そこでそのまま神経科学の教授になっている。おそるべき遺伝子といえるだろう。

「代謝の目付役」としてのｍＴＯＲ

ＭＩＴのサバティーニは、おもにマウスで、トールがコードするｍＴＯＲと、その周辺ではたらく分子群の実体を次々に解明していった。なかでも、今日では「ｍＴＯＲＣ《エムトーク》（注：ｍＴＯＲではない）複合体」と呼ばれる2種類のタンパク質の複合体ｍＴＯＲＣ1およびｍＴＯＲＣ2の存在を世界に先駆けて明らかにしたのは、非常に大きな貢献だった（図11－1）。

ｍＴＯＲＣ1は細胞の増殖制御と代謝制御の中心に位置している。とくにタンパク質合成の誘導に関与することで、細胞の積極的な増殖と成長を促していることがわかった。サバティーニはその後、ｍＴＯＲＣ1が細胞のロイシンやメチオニンやアルギニンなどのアミノ酸センサーとつ

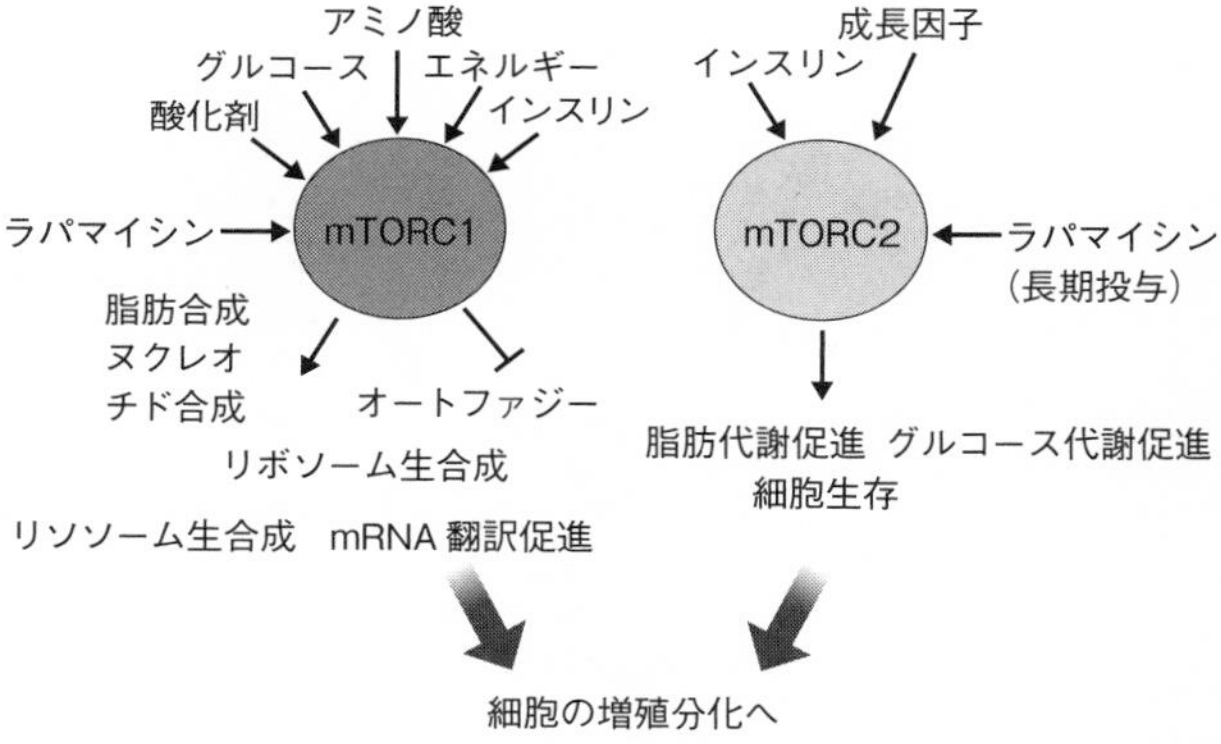

図11-1　サバティーニらが明らかにした２つの複合体
mTORC1とmTORC2の細胞内でのはたらき。どちらもmTORを含む
（D.M. Sabatini, PNAS, 2017）

ながることで、そこに含まれるｍＴＯＲが栄養センサーの「目付役」となって細胞内の代謝制御を統括していることを明らかにした。さらに最近では、新たな栄養センサーがリソソーム上にあって、細胞内で大がかりなタンパク質分解をともなうオートファジーと連動することを発見した。

つまり、ｍＴＯＲを含むｍＴＯＲＣ１は、細胞内で栄養センサーと一体となって細胞の状態をいちはやく把握し、タンパク質の合成や分解のレベルを調節する機能の中核を担っていることが明らかとなったのである（図11－1左）。

サバティーニらはさらに、もうひとつのｍＴＯＲＣ複合体であるｍＴＯＲＣ２の実態も明らかにした。こちらは細胞の増殖制

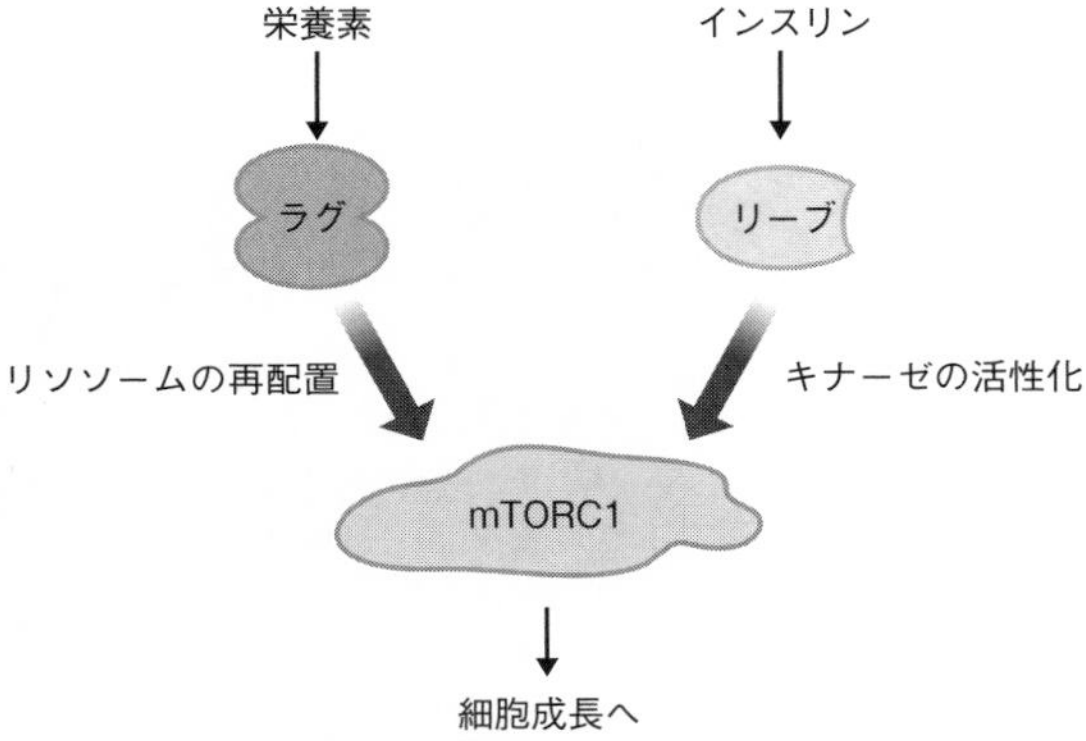

図11-2　mTORC複合体は細胞増殖を調節する
細胞の栄養状態の変化やインスリン系に反応してmTORを含むmTORC1複合体へ情報が集約されて細胞増殖が調節される（D.M. Sabatini 2017）

御よりも、むしろ細胞の分化や生存の方向へ機能していることがわかった（図11－1右）。

このように2つのmTORC複合体の実態と機能性が解明されたことで、そこに含まれるmTORCを阻害する薬剤、すなわちラパマイシンなどの作用メカニズムもくわしく理解されるようになった。

次々と明らかになったトール系抑制効果

さて、mTORを含むタンパク質複合体、とくにmTORC1が細胞の増殖や代謝の制御に重要な役割を果たしていることがわかってくると、老化制御との関係が気になってくる。

繰り返すが、寿命を制御する遺伝子のシグナル経路で最初に明らかになったのはインスリン様成長因子、すなわちIGF1経路だった（第

1章〜第3章）。説明の便宜上、以下はこの経路を「インスリン系」と呼ぶことにする。もしかしたら、この経路はｍＴＯＲの経路へとつながっているのではないか。ひょっとすると、トール系そのものを操作することで、寿命も変わるのではないか。そういう期待が膨らんできたのだ。

実際、その点をくわしく調べると、ｍＴＯＲＣ１複合体を活性化するシグナル伝達経路は、栄養代謝に関わるトール系とインスリン系では明確に異なることがわかってきた。すなわち、トール系は「ラグ」、インスリン系は「リーブ」という情報伝達分子を使うのだ（図11－2）。この発見によって、従来知られていた寿命制御のメインルートであるインスリン系が、リーブを通じてｍＴＯＲＣ１へつながることが確実になった。これで謎が一つ解けた。インスリン系とトール系のシグナル経路は結局、同じルート上にあって、それが寿命制御の根幹のルートだったのである。

本章の最初のほうで、単細胞生物である酵母の遺伝子トールの機能を抑えると長寿化することがわかってきたと述べた。しかし、じつはそれよりも若干早い２００３〜２００４年ころにスイスとカリフォルニアの研究グループが、多細胞生物の線虫とショウジョウバエのトール系を抑制することで生物個体の寿命が延びることを明らかにした。研究の流れとしては、サバティーニらによるｍＴＯＲやｍＴＯＲＣ複合体の解析とアミノ酸代謝との関係性が明らかになるにつれて、マウスのような複雑で寿命も長い哺乳動物ではなく、より簡便で寿命も短い無脊椎のモデル生物でトール周辺の遺伝子機能を操作することで、それぞれの生物の寿命への効果をみてみようとい

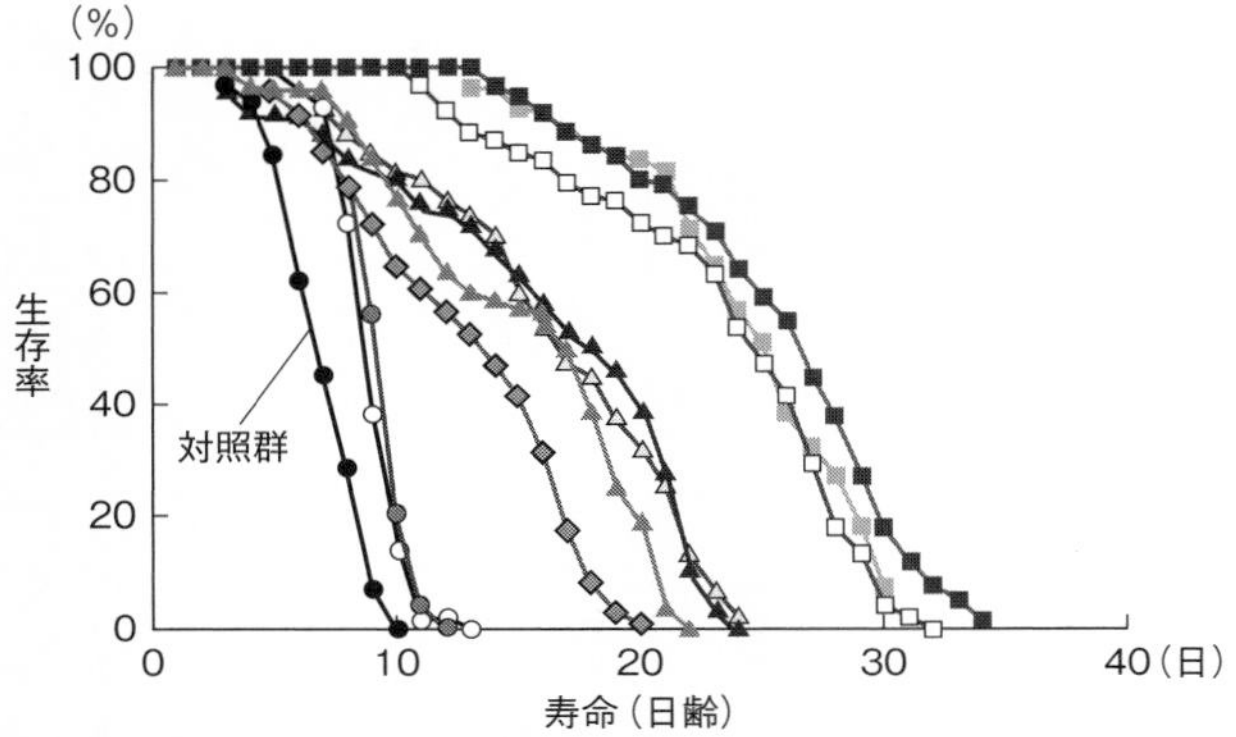

図11-3　トールの変異を起こした線虫はそれぞれ寿命が延びた
(T. Vellai et al., Nature, 2003)

うことになったのである。

ここで、線虫とショウジョウバエのトール遺伝子変異による寿命効果をみておこう。

まず、2003年暮れにスイスのフリブール大学でフリッツ・ミューラーのグループが、線虫のトール系を抑えると劇的な寿命延長が起こることを見いだした（図11－3）。このグループはさらに、従来知られていたインスリン系に操作を加えてみたが、トール系抑制による寿命延長がさらに延びることはなかった。したがって、インスリン系とトール系はおそらく同じルートの中で作用するのだろうと結論した。

次いで2004年の春には、カリフォルニア工科大学のベンザーらが、ショウジョウバエのトール系の遺伝子を抑制することでやはり寿命が延びることを発表した。

研究の流れとしては、このように線虫とハエの寿命へのトールの関与が判明したことに啓発されて、従来から老化や寿命を中心に研究していたワシントン大学のケーバーラインとケネディが急遽、その効果を酵母の寿命で調べはじめ、サー2パラドックスを解き明かし、酵母の経時寿命の延長にはトール遺伝子が必須であることを明らかにした——ということになる。

このような無脊椎動物での寿命延長の結果に刺激されて、マウスでもトールと寿命の関係が調べられるようになった。ただし、マウスでの遺伝子操作は時間がかかるし、寿命を比較解析するには4～5年もかかってしまう。そんなこともあって、マウスでの論文が出るまでには相当な時間がかかった。マウスでトールによるmTORの発現が完全になくなると、マウスは生まれてこない。しかし、発現が半分程度になったマウスで調べてみると、雄でも雌でも明らかに長生きになっていた。それを報告したのは、米国国立衛生研究所（NIH）のトーレン・フィンケルのラボからの、2013年の論文だった。

その少し前の2009年には、英国ロンドン大学のドミニク・ウィザーズのグループから、マウスのトール系の下流で細胞のタンパク質合成の開始調節に関わっているタンパク質S6キナーゼの遺伝子を特殊な遺伝子操作でなくすと、やはり寿命が延びたという報告もなされていた。S6キナーゼの発現が低い状態というのは、タンパク質合成系の活性が下がって、いわゆるカロリー制限をしたときの状態とよく似ている。そうしたことから、マウスのトール系を抑えるとカロリー制限と似た形で寿命延長が起こるものと解釈された。

ただしその後、マウスのｍＴＯＲＣ２の複合体の遺伝子を欠落するとマウスは短命になることがわかって、マウスでの寿命延長にはｍＴＯＲＣ１を介したシグナル経路が重要であることも明らかになった。このようにｍＴＯＲＣ１とｍＴＯＲＣ２の性質の違いを見つけたのはサバティーニのラボの研究員だったダッドレー・ラミングである。

ラパマイシンは「長生きの薬」か

先にも述べたように、マウスでの遺伝子操作には時間がかかる。だから、線虫やショウジョウバエでトールと寿命の関係がわかってくると、時をおかず、マウスでラパマイシンの効果を見ようという機運になった。トールの機能を阻害する薬剤であるラパマイシンを餌に加えて飼育することで、マウスの寿命がどうなるかを急いで調べようというわけである。

その研究結果は２００９年に報じられた。それは米国ミシガン大学のリチャード・ミラーとジャクソン研究所のデーヴィッド・ハリソン、テキサス大学のランディー・ストロングを中心とする、非常に大がかりな実験だった。これら３ヵ所のそれぞれで、雌雄のマウス総計２０００匹以上を２００５年からほぼ４年がかりで観察するという壮大さである。

若い成長期のマウスにラパマイシンを投与してｍＴＯＲを阻害すると成長が損なわれてしまう

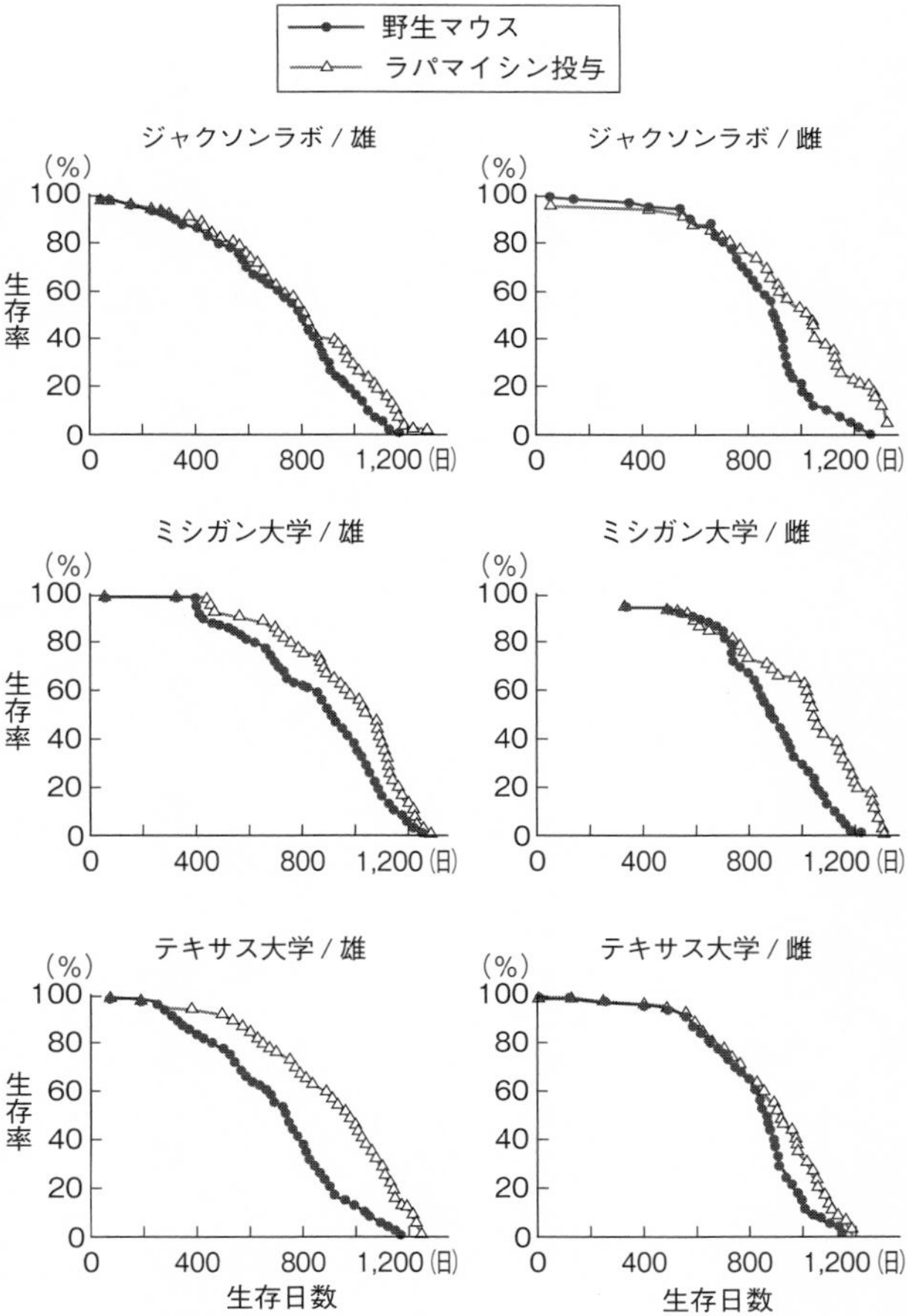

図11-4　マウスでの寿命延長
いずれの集団でもラパマイシンによる寿命延長がみられた
(D.E. Harrison et al, Nature, 2009)

ので、彼らは、マウスが生後600日くらいの中年期（人間でいえば40歳くらい）になってからラパマイシン投与をスタートした。その結果、どの施設のコロニーでも、雌雄ともマウスの寿命が有意に9〜14％程度延びたのである（図11－4）。

これはすごい。とても勇気づけられる結果である。酵母でも線虫でもハエでもマウスでも、ラパマイシンで寿命が延びる。しかも、哺乳動物のマウスでは中年からの投与でいい。そうであるなら、人間でも中高年からラパマイシンを飲めば、長生きが期待できる！　そう解釈されたのだ。

ラパマイシン・パラドックス

何やらいいことずくめに思われたのだが、ラパマイシンを使った研究結果がたくさん出てくると、少し不可解なことも気づかれるようになった。

当初、ラパマイシンの効果はカロリー制限と同様だと思われていた。細胞内でのタンパク質合成を下げて、全体の活動状況を抑えると、酸化ストレスも減って、長寿化へ向かうのだろう、と。

ところがカロリー制限下では、ヒトは一般にインスリン感受性が上がって、糖尿病の状態にはならないが、ラパマイシンを長期投与したマウスは、インスリン耐性になってしまう。インスリンが効きにくくなって、糖尿病傾向となるのだ。にもかかわらず、結果的には延命しているのである。何かがおかしい。

これは一時期、研究者の間で「ラパマイシン・パラドックス」といわれ、みなが不思議がった。この矛盾は結局、ｍＴＯＲＣ１とｍＴＯＲＣ２を厳密に区別して、ラパマイシンの効果を細かく見極めることで解けた。ｍＴＯＲＣ１の阻害は延命に作用し、ｍＴＯＲＣ２の阻害はインスリン耐性を促して老化に対してよくないことがわかったのだ。したがって健康長寿のためには、ラパマイシンはｍＴＯＲＣ１だけをターゲットにすべきだ、ということが理解されるようになった。この研究成果をあげたのも、ＭＩＴのサバティーニのラボである。

こうして、ｍＴＯＲＣ１に特異的に作用する新たな薬剤の開発競争が始まった。ラパマイシンの構造をベースにし、部分ごとに変化させてたくさんのラパマイシン誘導体を合成し、その作用を比較するのだ。これをこの研究業界では「ラパログ」と総称している。

いま、世界中で多くのグループが、有効な長寿薬を手にするため、ｍＴＯＲＣ１だけに作用するラパログをいちはやく見つけようと、しのぎを削っている。

第12章 進化

見えてきた共通基盤

遺伝子は寿命を「たまたま」動かしている

これまでの説明で明らかなように、さまざまな遺伝子が私たちヒトを含めて多くの動物の寿命を制御している。寿命を延ばそうとする遺伝子もあれば、寿命を縮める遺伝子もあった。本来ある形の遺伝子に「変異」が入ることによって機能しなくなったり、機能が弱まったりした結果、寿命が延びる、あるいは寿命が縮まるという、正反対のことが起こりもした。

本書では、「変異」によって寿命が延びようが縮もうが、いずれも「寿命遺伝子」として議論してきた。だが、研究者によっては変異して寿命が延びる遺伝子を「老化遺伝子」といい、変異して寿命が縮まる遺伝子を「長寿遺伝子」ということもある。

たとえば、本書の序盤に登場したエイジ1、ダフ2、ダフ16などの遺伝子は、糖尿病で問題視されるインスリンに似た形の成長ホルモン、すなわちＩＧＦ１の作用を受けとめる受容体からの刺激応答に関わる遺伝子群で、その経路の機能性を抑えてやれば長寿化するのだった。機能を抑えると長寿化するということは、逆にいえば、本来のはたらきは老化へ向かわせる遺伝子なのだから、これらは「老化遺伝子」といえる。

そのあとに登場したシックやメトセラも遺伝子変異によって長寿化したし、前の章でみたトールトールも活性を抑えると長寿化した。これらも、本来は「老化」の方向へしむける作用をしていて、その活性が抑えられると「長寿」になるので「老化遺伝子」である。

一方、サー2やサーチュインは、遺伝子変異によって短命化した。ヒトの脳の老化を統括的に制御するレストも、モデル動物の線虫では変異によって短命化した。これらは、本来は「長寿」のほうへ向かわせるはたらきをしていて、変異によって活性が落ちると「老化」の方向へ進むので「長寿遺伝子」ということになる。

このように「寿命」をポジティブにもネガティブにも制御する遺伝子があることがわかってきたのだが、本書ではどちらもともに「寿命遺伝子」として、その発見にまつわる第一線の研究者たちの格闘について記載してきた。いま、私たちが知っている老化や寿命を制御するメカニズムの多くは、ここに挙げた研究者たちの、あるいは名前は挙げなかったものの同等にその周辺で科学的知見を見いだしてきた研究者たちの努力の賜物なのである。

だが、じつはこれらの遺伝子は、寿命だけを制御するために出現したものではない。細胞や組織でのさまざまな応答や代謝に関わる遺伝子が、ある条件のもとでは「結果的に」寿命を動かしたのである。生物進化上、寿命そのものを積極的に動かすために出現した遺伝子はないのだ。

これまで一つ一つみてきたのは、そのようにある意味で「たまたま」寿命を動かすことがわかった遺伝子なのだが、では、それらの遺伝子の「本来の」機能には、何か共通するものがあるのだろうか？　それとも、まったくのばらばらなのだろうか？　ここでは少し、そんなことを考えてみよう。

成長も代謝も「スロー」がよい

まず、第1章から第5章までにみたダフ2、IGF1受容体、エイジ1、PI3K、ダフ16、フォクソなどの遺伝子群は、IGF1というインスリンに似た形の成長因子の受容とシグナル伝達の経路に位置する遺伝子だった。これは細胞や組織の「成長」を促す経路で、その活動を抑えると長寿化することがわかった。過度な成長は老化を促進する。だからゆっくりとした成長のほうがいい。成熟までの時間を長く保てば、老後の時間も長くなる。この遺伝子はそれを示唆してもいる。スローグロース、スローエイジングだ。

第7章でみたクロック遺伝子は、時間を測る遺伝子とのつながりがあった。これも変異によって活動を抑えたほうが長生きになる。ゆっくり長生き、である。この遺伝子はミトコンドリアでの活動にも関わっており、やはりそれを弱めると長生きになった。ミトコンドリアは生命エネルギーの源になるATP産生の場だが、あまり「カッカ」と活動しすぎないほうがいいようだ。ミトコンドリアではいわゆる「酸化的リン酸化」という反応がいくつも起きる。すると周辺の分子にも不必要な酸化が起こりやすくなり、「過酸化」状態に進む。そのために生じる過酸化水素や活性酸素は、いわば「鉄の錆《さび》」のようなもので、細胞機能に悪影響を与える。

生きるためにエネルギーをつくることは必要なのに、それを急ぎすぎるといろいろな段階で、調節が追いつかないうちに悪影響が出て深刻化する。通常であれば修復や補正をして元の状態に戻せるのに、急ぎすぎるとそこまで手が回らない。それがよくない。

スローのほうがいいのは、ミトコンドリアだけではない。細胞内でのタンパク質合成も同様である。それは細胞内のリボソームの上でおこなわれるのだが、その反応の開始段階で、リボソームの小サブユニットの6番目のタンパク質（S6タンパク質）がリン酸化する。これがいわば合成開始の合図となる。このリン酸化を促すのが、第11章でみたmTOR、とくにmTORC1のはたらきだった。そして、このmTORC1の活性をラパマイシンで抑える、つまりタンパク質合成のスピードを弱めると、長寿化に向かうのだった。

タンパク質合成の作業とは、人間社会でいってみれば工場のベルトコンベア上で製品を組み立てていくのに似ている。仕事を急げばエラーも生じやすい。リボソーム上でのタンパク質合成はmRNAの核酸情報をアミノ酸の情報に置き換えながらつくっていくので情報の「翻訳」プロセスともいわれるのだが、この作業を高速ですると翻訳エラーが生じやすくなる。タンパク質合成のスピードはゆるいほうが、正確な仕事につながり、細胞や組織の機能性が向上し、結果的に長寿化へと進むのだろう。

じつは、ミトコンドリアやリボソームでの細かな分子機構がまだわからなかった時代にすでに、生物の代謝速度と寿命の間には、反比例の関係があることが知られていた。まさに「ゾウの時間とネズミの時間」で、代謝速度が速い小型の動物は寿命が短く、代謝速度が遅い大型の動物は寿命が長いのだ。第7章でみたようにそれは、クロック遺伝子の活動性にも通じるものだった。

抗酸化こそ抗老化の「王道」

結局のところ、成長も代謝も、ゆっくりのほうが長寿へつながる、ということになる。その背景には「酸化ストレス」の存在がある。

ストレスは人間社会でもいやなものである。だが「酸化ストレス」は、細胞に明らかなダメージを与える。過酸化反応はタンパク質や遺伝子や脂質を、つまり細胞や身体を構成するあらゆる生体高分子を酸化させて、その本来の機能を損なう。第6章でみたレストや、第8章でみたシックなどは、老化したさまざまな細胞やニューロンを酸化ストレスから防御する方向へ導くことが重要な機能だった。

寿命遺伝子とは別のところで、たとえばビタミンCやビタミンEなども「抗酸化」剤として、老化制御への関わりが深いことがよく知られている。お茶の成分であるカテキンの一種のエピガロカテキンガレート（EGCG）も抗酸化作用が強く、それらのビタミンの数十倍のはたらきがあるといわれる。第10章でみたサー2やサーチュインも、赤ワインにも含まれるレスベラトロールにより活性化されると「抗酸化」作用があった。

アンチエイジングは抗酸化から、というのはあながち間違いではない。いやむしろ、抗酸化こそが「抗老化」の王道であり、結局、それが長寿化へもつながる、ということなのだろう。

寿命遺伝子の交差点

では、これらさまざまな寿命遺伝子はすべて、それぞれが個別に機能しているだけで、相互の関わりはないのだろうか？

どうやら、そういうわけではないらしい。むしろ、ひとつの細胞の中で相互に連携しあっている可能性もあるようだ。まず、ダフ2、エイジ1、ダフ16は、相互の関係性がとても強く、一連のシグナル伝達経路として機能している。また、クロックやシック、トールなどは、ほぼすべての細胞に常時存在しているので、ときには相互の連関があることが当然考えられる。

これらの遺伝子を、その産物であるそれぞれのタンパク質の機能性から、連携のしかたを考えてみると、図12－1のようになる。

機能的には、上位に位置する分子と、下位に位置する分子に分かれる。たとえばＩＧＦ１などの受容体や、それに直結するシグナル伝達経路は上位である。それに対し、シグナル伝達系の下流で機能するものは下位となる。たとえば遺伝子発現を直接制御する転写因子であるフォクソやレスト、サーチュインなどだ。フォクソは遺伝子の活性化に関わり、レストは遺伝子を抑制する。このときレストは、第10章で述べたようにヒストンのアセチル化を取り去る、つまり脱アセチル化する作用を促す。サーチュインも同様の機能性をもつが、サーチュインの場合はその活性がＮＡＤによって決まるという特殊性がある。いうなればエネルギー状態が高いときにのみ、その機能を発揮する。

ところで、この図をみていると、これまで本書で取りあげなかったもう一つの寿命遺伝子があることが浮かび上がってくる。それは、ｍＴＯＲＣやフォクソを調節する位置にある「ＡＭＰ

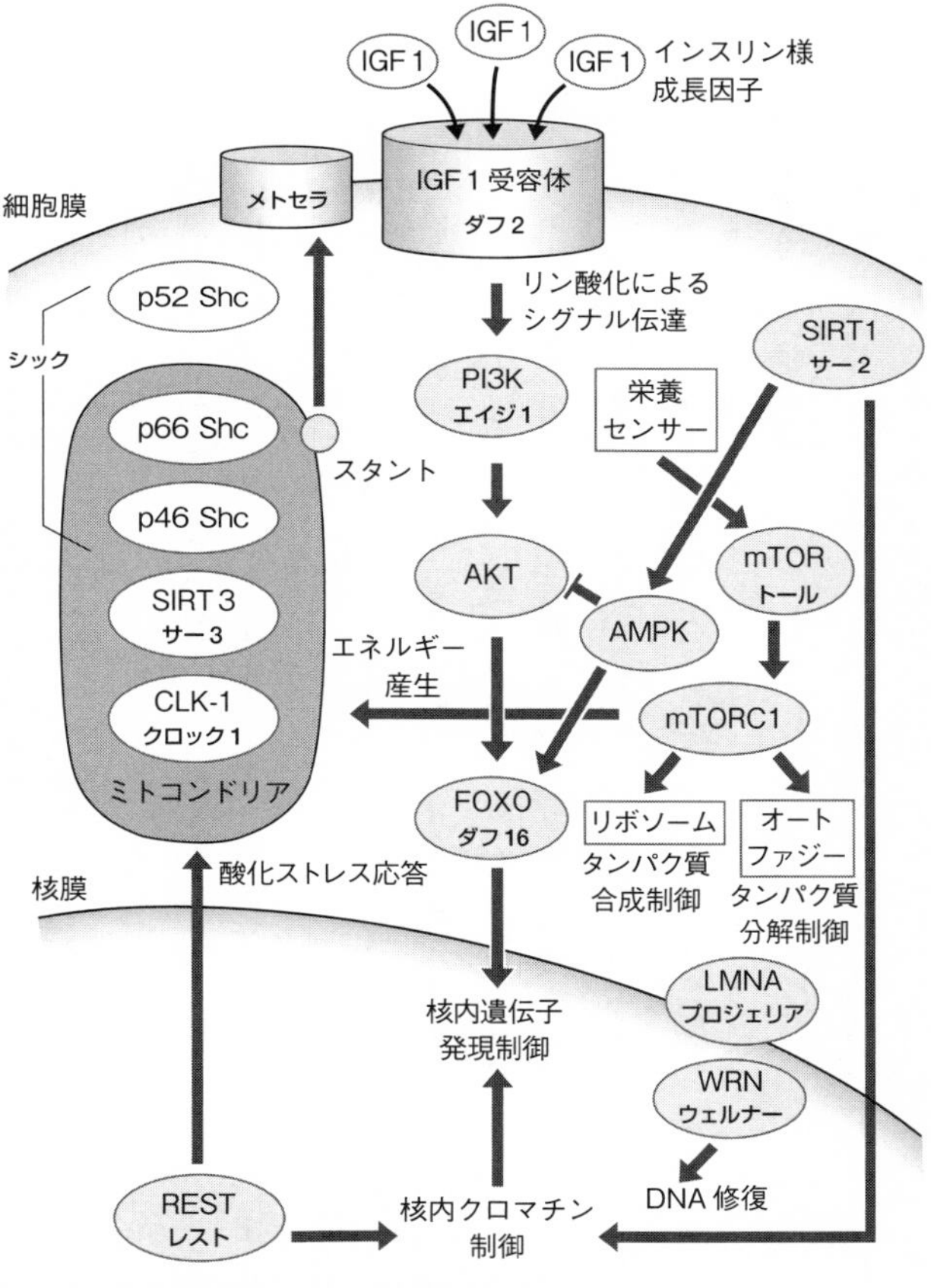

図12-1　本書に登場した寿命遺伝子の機能でみた関係
（上：V. Azzu and T.G. Valencak, Gerontology, 2017　下：H. Pan and T. Finkel, JBC, 2017）

K」（以下、「アンプキナーゼ」）と呼ばれる酵素タンパク質をコードする遺伝子ampkである。

アンプキナーゼは、ミトコンドリア周辺でのエネルギー産生、つまりATP産生の過程で生じるAMPで活性化されるタンパク質リン酸化酵素である。細胞のエネルギー状態に応じた代謝や遺伝子発現の調節をしているという意味では、サーティ1などのサーチュインと同じで、それによってmTORCやフォクソなどを活性化して、結果として長寿化へ向かわせている、これも重要な「長寿遺伝子」である。

アンプキナーゼはどのようなときに活性化されるかというと、たとえば運動をしているときである。運動は筋肉中でのエネルギー産生を高め、またエネルギー消費も促す。つまりATPやAMPの代謝が活性化される。運動は健康長寿にいいことは誰もが知っているが、その科学的根拠がこのアンプキナーゼの活性化にあるのだ。

このようにみてくると、これらの寿命遺伝子が互いに関係しあいながら、私たちの健康長寿を守っていることがよく理解できるだろう。

見えてきた共通基盤

さらに重要なことは、ここにみてきた細胞内の応答経路、本書ではしばしばシグナル伝達経路と呼んでいるものが、さまざまなモデル生物で「共通に存在する」ということである。

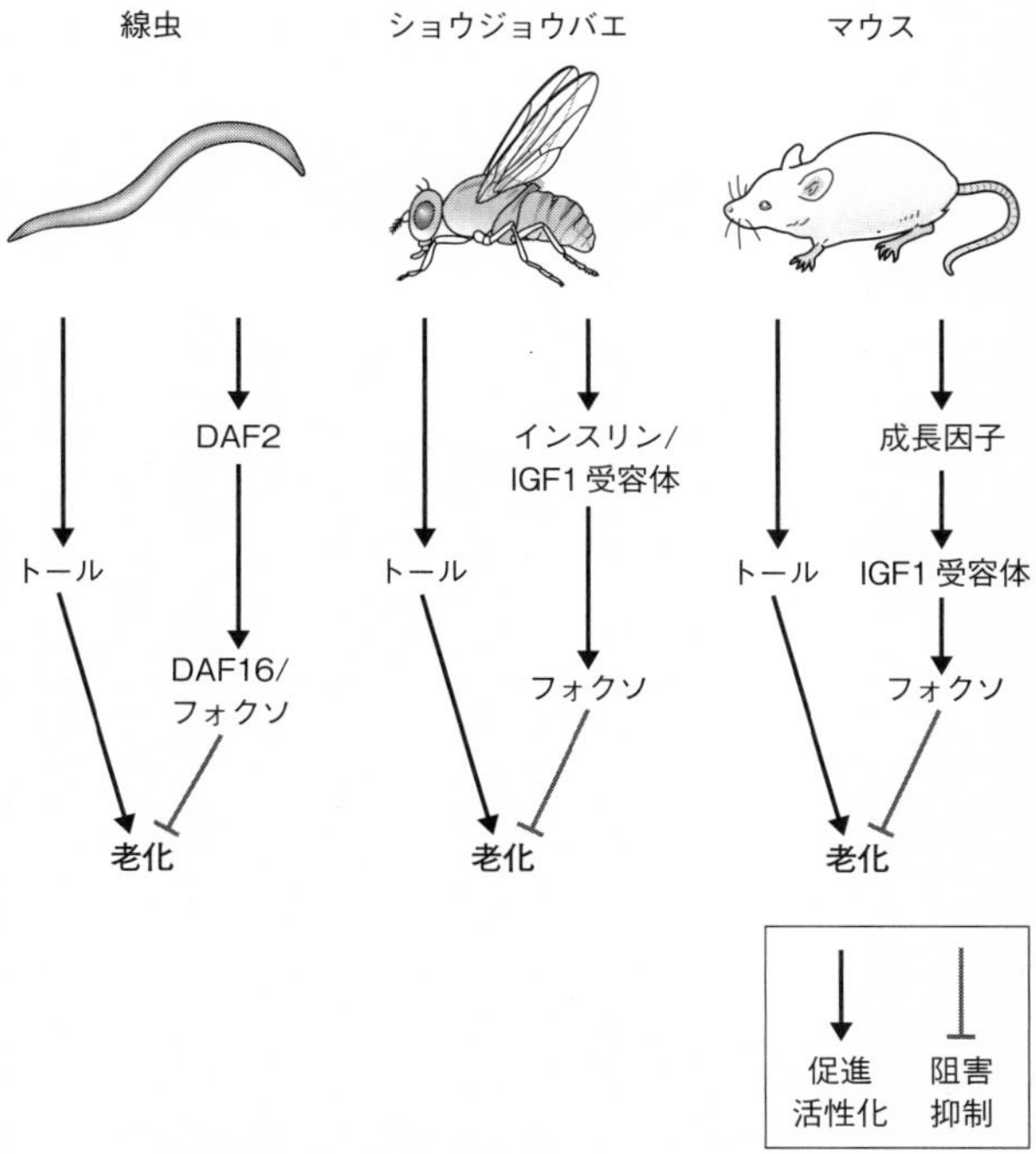

図12-2　さまざまなモデル生物に共通するシグナル伝達経路

たとえば、インスリン様の成長因子からのシグナル経路は、単細胞生物の酵母にも、単純な無脊椎動物である線虫やショウジョウバエにも、また進化的には人間に最も近い哺乳動物のマウスにも、共通に存在する（図12－2）。遺伝子の名前には若干の違いがあっても、その産物のタンパク質はほとんど同じ形をしていて、同じようなはたらきをする。シックやメトセラ、あるいはｍＴＯＲやｍＴＯＲＣにしても、線虫でもショウジョウバエでもマウスでも同様にある。

このような関係性を、進化的に「保存されている」という。長い進化の過程で、地球環境の変化に応じて獲得したはたらきを大切に保存しながら、さまざまな生物が生き延びてきた。地球上の生きものはみな、共通する歴史的背景を背負っている。老化研究のモデル生物もさまざまだが、その一つ一つの研究の積み重ねによって、それぞれのしくみの違いと共通性が見えてきたことで、普遍的な寿命制御のしくみが存在するという科学的根拠と、確信がもてるようになったのである。

サイズのパラドックス

こうみてくると、ずいぶんすっきりと納得できるのではないだろうか。みなが同じ歴史的背景を背負って、同じように生きて、同じように死ぬのだ。しかし、そうだとすると、どうして生物種ごとに寿命はこれほどに異なるのか。同じしくみの遺伝子や代謝系をそなえていながら、どうして寿命には大きな違いがあるのかという疑問はぬぐいきれない。

すでにみてきたように、線虫の寿命は2〜3週間、ショウジョウバエは1〜2ヵ月程度、マウスは3年ほどだ。それに比べればヒトの寿命は長い。平均寿命は80歳代で、最長寿命は120歳だ。いったい何が違うのだろう？

すでに述べたことでもあるが、生物にとって寿命と関係がある要素は、おおざっぱにいって、「身体の大きさ」「成熟までの時間」「脳の大きさ」である。

身体が大きい動物は、成長に時間がかかり、性成熟までの時間も長くなる。そして身体が大きな動物は、脳も比較的大きい。ところが、ヒトの脳は身体の大きさに比しても、とくに大きい。これは霊長類以降の知的進化を背景にしている。ヒトの脳は恐竜の脳よりはるかに大きい。だから恐竜よりも相当に長生きなのである。

そもそも身体のサイズや脳のサイズは、何によって決まるのだろうか？

じつは、これらにも遺伝子が関係している。身体や組織の大きさは、基本的にそれを構成する細胞の大きさと数によって決まる。細胞の大きさは多少の大小はあるにせよ、生物進化上、最初に誕生した単細胞生物の細菌類、いわゆる「原核生物」と、そのあとに進化してきた、核をもつ「真核生物」とでは大きく異なる。前者の細胞は数ミクロン、後者の細胞は20ミクロンほどだ。

われわれヒトも含むこの真核生物の細胞の大きさは、興味深いことにｍＴＯＲによって制御されている。mTOR活性が高いと細胞は大きくなり、その活性を抑えると細胞は小さくなるのだ。だからmTORの活性を抑えるラパマイシンを投与すると、細胞は小さくなる。

ショウジョウバエの寿命変異体のひとつにCHICO（チコ）というものがある。このハエでは成体の大きさが小さくなって、なおかつ寿命が延びる。マウスでもdwarf（ドワーフ）という小型の変異体は、身体の成長に必要な脳下垂体の発達が未熟で、成長ホルモンの分泌が抑制されて、小型のまま大人になる。そして寿命は野生型に比して長くなる。このように、無脊椎動物でも脊椎動物でも、小型のものは長生きになる。

これはおかしい。さきほど、大きい動物ほど長生きで、小型の動物は寿命が短い、と書いたばかりだ。たしかにゾウは長生きでネズミは短命だ。しかし、同種の中で比較すると、大きな個体はどちらかというと短命で、小ぶりの個体のほうが長生きなのだ。人間でも肥満は短命になる。カロリー制限をしてスリムなほうが長生きなのだ。これはなぜだろうか。

生物進化上は、動物は小型のものからしだいに大型化してきた。イヌの進化をみてもウマの進化をみても、どちらも小型のものからだんだんと大型化している。霊長類でもそうだ。800万年ほど前に分岐したチンパンジーよりわれわれ人間のほうが大きい。そして寿命も長い。じつは脳も3倍ほど大きくなっている。進化の原動力としてみれば、生物はしだいに大型化、長寿化することで進化している。

ところが、ひとつの生物種内でみれば、小型のものほど長生きである。同じ種であれば、代謝を控え、成長を抑え、いわばゆっくりと長く生きる「スローエイジング」という形が、どちらかというと健康長寿に近づくことになるのだ。

飢餓と飽食のはざまで

では、実際に私たちがスローエイジングを実行するには、どうすればよいだろうか。これまでみてきた寿命遺伝子の機能性との関係で考えてみよう。

要するにそれには、ＩＧＦ１経路を抑える、あるいはｍＴＯＲ経路を抑えるのがよい、ということになる。それが、エネルギー代謝やタンパク質合成を抑えて、細胞の全体的な代謝率を下げる。そして肝臓や筋肉の組織としてみれば、基礎代謝率を抑える方向へつながるのだ。

現代は「飽食の時代」である。だが、生物は進化の過程では、幾度も飢餓に見舞われている。そのなかで代謝系の遺伝子も進化し、老化や寿命のしくみも進化してきた。人類史を振り返っても、安定的な食料供給がある程度可能となったのは、ようやく農耕文化が発達してからのことだったはずである。それまではヒトも、幾度となく空腹と飢餓にさいなまれていた。そういう時期を耐え忍ぶ術も、じつは進化の過程で生きものたちに育まれていたと思われる。

クマやリスにみられる冬眠は、その一例だ。冬眠時に誘導される遺伝子群の中には、細胞の飢餓時に誘導がかかる遺伝子と共通のものが多いことはよく知られている。私たち人間も、地球史でいう氷河期を生き延びた小型の哺乳動物の末裔である。そして、その記憶は遺伝子の中に刻印されているのである。

われわれは身体の中に「倹約遺伝子」というある種の遺伝子の「型」をもっているという考え方を提唱したのは、米国ミシガン大学にいたジェームズ・ニールだった。

それは、ある特定の遺伝子が倹約的にエネルギーを代謝する、ということではなく、エネルギーの保全に関して遺伝子は「倹約型」か「消費型」かに分かれる、という議論である。

第二次大戦後の米国ではアメリカ先住民の一部の人たちが、あとから移住してきた欧米人のハンバーガーに代表されるような高脂肪性の「飽食」にさらされ、急激に極端な肥満傾向に陥ってしまった。その現象を、先住民と移住民との間での混血を考慮しながら集団遺伝学的に解析していった結果、ニールは、飽食による急激な肥満化の背景には、「単一の劣性（潜性）遺伝子」の存在が予測されるとしたのだ。

この遺伝子の実態については、その後、β3アドレナリン受容体（ADRB3）がそれではないかという考え方が広く受け入れられた。この受容体は脂肪組織に多く存在すると思われるが、おそらくアメリカ先住民ではその配列にアミノ酸置換が起こっていて、その結果、エネルギーを蓄えやすい方向へ代謝が進んで、肥満が助長され、脂肪の燃焼が進まず蓄えてしまう。それが

「倹約型」の遺伝子であり、欧州の人はそれが「消費型」になっているというのだ。なお現在では、それ以外の遺伝子にも「倹約型」と「消費型」があると指摘する研究成果もある。

現代人の肥満や糖尿病の問題は、身体内でのエネルギー代謝の現象と密接にからむものであり、結果的には、現代人の寿命の進化にも関係するのだが、この倹約遺伝子についての議論と、寿命遺伝子の議論はなかなかかみ合った状態になっていない。

本書でみてきた寿命遺伝子の流れからは、エネルギー代謝との接点に位置するであろうＩＧＦ１経路やｍＴＯＲの遺伝子には、いまのところ「倹約型」と「消費型」の区別は見いだせないのだ。これらの遺伝子の「倹約型」こそが、長寿遺伝子となるのであろうが、その「型」がどのようなものなのか、具体的に思い描くと、これらの遺伝子産物のタンパク質のどこかのアミノ酸が何か他の人と違う、そんな一アミノ酸の変異が「長寿化」の根源になる、というような話はまだない。今後、長寿者と非長寿者とのあいだで、本書でみてきたような寿命遺伝子について集団遺伝学的な解析を進めていけば、長寿遺伝子として有利な「型」が見えてくるのかもしれない。じつは、人間におけるこうした長寿遺伝子の「型」である可能性があるのが、フォクソ１の類縁の転写因子フォクソ３である。今後の研究に期待したい。

これからの寿命遺伝子

本書でみてきた数々の寿命遺伝子はいずれも進化上、寿命を延ばすためだけに生まれてきたものではなかった。細胞応答、栄養代謝、遺伝子制御、生体防御、それぞれの働き方を通じて、いろいろな老年病へのリスクを下げる方向で機能する。それが、期待される健康長寿の、とくに「健康」へ関わる。老化のリスクを下げる、それが老年期の「生命の質」、いわゆるＱＯＬ（クオリティー・オブ・ライフ）の向上につながる。

こういうことからすると、寿命遺伝子の進化は、寿命そのものを延ばす形では進まないだろう。いかに今をよく生きるか？　それぞれの長寿遺伝子はそのために皆、細胞の中で、最善を尽くしている。それがたまたま、結果的には「長寿」へつながることになる。そのように見てとれる。結局は今という刹那を大事にしている、ということではあるのだが、長寿にはその瞬間の環境を正しく把握して、最善の適応を施す、ということが大切なのだろう。

本章で指摘したアンプキナーゼも含めると、この中でざっと12種類の寿命遺伝子について解説してきた。酵母のような真核生物が出現したのは、およそ15億年前といわれる。多細胞生物の出現は10億年前、そして脊椎動物の出現は5億年前である。それからの長い時間の中でこれら12の寿命遺伝子はその機能性を磨き上げられてきた。ヒトゲノム中にはおよそ3万の遺伝子があるのだが、その中のたった12個が寿命制御に関して中心的な役割を果たしている。それがとりもなおさず、寿命だけでなく、代謝や応答性や防御能を通じて、老化の制御にも中心的なはたらきをする。

こうして、寿命遺伝子は老化制御遺伝子ともなり、すべての動物の老化制御、寿命制御の中核を担うことになったのである。いま地球上には私たち人間が優勢を保って生き延びている。昔、生物進化に関してチャールズ・ダーウィンは自然選択説を唱えたが、いま、人間が自分の外界にある環境をもまた自らの内なる遺伝子をも操作できるようになって、もうその自然選択はなくなった。するともうこの地球上で人間を凌駕するような新生物は生まれてこないのだろうか？　あるいは、ロボットやＡＩと共生するような社会、シンギュラリティーの中で人間の寿命はまだ進化するのだろうか？

寿命の進化を考えると夢物語は尽きない。現状に立ち戻れば、これら12種の寿命遺伝子が教えてくれることこそが、これからも科学的に老化や寿命を考えていく最善の足場になることは間違いない。これらの遺伝子は、おそらくいまも進化しつづけている。

第13章 百寿

ライフスタシス

「スーパー百寿」の人たち

寿命にまつわる12種ほどの遺伝子の実態とはたらきについてみてきた。ヒトゲノム中にある3万個もの遺伝子の中で、このわずかな遺伝子が私たちの寿命の長短を左右する。そのしくみもずいぶんはっきりとしてきた。

いま、日本は長寿大国である。平均寿命は世界一。そして百歳を超えて生きている人が8万人以上もいる。百歳老人、それは「百寿者」ともいわれるが、英語では「世紀を生きた人」という意味で「センテナリアン」と呼ばれる。

人間には長生きの人もいれば短命の人もいる。その違いは何なのだろう？　それには「遺伝」と「環境」の作用がある。環境には、人をとりまく生活環境もあれば、自らの内の「体内環境」もある。後者はいわゆる「生活習慣」からくる内在的な健康状態のことだ。

そして、人間の寿命に遺伝と環境が影響する度合いは、おおかた「遺伝３割、環境７割」といわれている。百寿になれるかどうか、長生きができるかどうか、その30パーセントは遺伝子で決まるというのだ。これは世界中の「ツインスタディー」、つまり「双子の老化研究」から帰結された結果だ。前章で紹介した倹約遺伝子のどの「型」をもっているか、あるいは、よくアルツハイマー病の素因といわれる「アポE」遺伝子がどの「型」かによって、生活習慣病や認知症への陥りやすさが変わってくるのだ。また、第６章でみたレスト遺伝子の発現レベルの違いによっても、脳の老化の善し悪しが決まってきたりもする。

では、ここで少し、実際に百歳を超えて生きた「スーパー百寿」の人たちについてみておこう。

きんさんぎんさん：１０７歳／１０８歳

成田きんさんと蟹江ぎんさんは、１８９２（明治25）年８月１日、名古屋の矢野家の長女と次女（一卵性双生児）として生まれ、平成４年にそろって百歳を迎え、愛知県知事と名古屋市長か

図13-1　きんさんぎんさん

らお祝いが贈られた。百寿者にはこれとは別に内閣総理大臣が銀杯を授与する制度があり、いまは銀メッキだが、当時は純銀製の銀杯が宮澤喜一首相から贈られている。

そのころの二人の様子は、NHKのアーカイブスなどでみることができる。子どものようにストレートで明るい姿には、誰もがこんな老人になれたらと思わされるだろう（図13－1）。二人とも血管年齢が20歳ほど若かったといわれ、話しぶりをみていると脳の状態もすこぶるよさそうだ。百歳を超えてもなお、周囲に対してウィットに富んだ受け答えをしているからだ。

きんさんぎんさんの健康長寿の要因の少なくとも一つには、ミトコンドリアDNAの「型」がある、というのが田中雅嗣（東京都健康長寿医療センター研究所部長〔当時〕、現：イムス三芳総合病院）らの研究結果である。母親からしか受け継がれないミトコンドリアDNAの一部がハプログループDというもので、その「型」が「D４a」で活性酸素を抑えやすいタイプだったという。D４aは平均すると日本人全体の約６％の人がもっているのだが、１０５歳以上の人では15％が、百寿者の男性では20％がこのタイプだった。

本当は、ミトコンドリアDNAだけでなく、核のDNAに含まれる遺伝子、とくに本書でみてきたような長寿化に直結する遺伝子に何らかの特徴がないか知りたいところだが、そこはまだ不明である。きんさんぎんさんに限らず、亡くなった百寿者から提供されたDNAサンプルはとても貴重な研究試料であり、限られた研究室でしか解析できないのだ。ただ、全ゲノムの解析はできなくとも、これまでに明らかになった寿命遺伝子周辺のDNA配列についてだけでも分析できれば、細胞の核の中での長寿への優位性の秘密が明らかになるのではと期待されている。これについては、慶應義塾大学医学部の百寿総合研究センターで岡野栄之センター長のもと、広瀬信義（元特別招聘教授）、新井康通（専任講師）らが長年、研究努力を継続している。

きんさんは２０００（平成12）年の1月に１０７歳で亡くなった。ぎんさんはそのあとを追うように、翌年の2月に１０８歳で亡くなった。きんさんの死因は心不全、ぎんさんの死因は老衰となっている。20世紀から21世紀へ、世紀の変わり目に二人はあの世へ旅立っていった。

泉重千代：消えた１２０歳

いま、私の手元には自分が老化研究を始めたころの、１９８１（昭和56）年9月8日の朝日新聞の記事がある。毎年、敬老の日を前に厚生労働省（当時は厚生省）が長寿者の記録、いわゆる「長寿番付」を公表しているが、その日発表された番付には、１０６歳以上の人はまだ15人しかいなかった。当時、日本の百寿者の数はまだ１０００人ほどだったのだ。

その長寿番付の第一位に名前があったのが、奄美群島（鹿児島県）の徳之島に住む１１６歳の泉重千代《いずみしげちよ》さんだった（図13－2）。掲載された写真には、いかにも日本のおじいちゃんという風貌で、長く伸びた立派な白いあごひげを扇でしゃくっている姿が写っている。このとき、重千代さんはギネスブックにも公認された世界一の長寿者だった。

記事によれば、日本ではまだ幕末の１８６５（慶応元）年の生まれ。足腰は強く、応答も明快。身長１４３センチ、体重43キロと小柄ながら、颯爽としている。

長寿にあやかろうと、この南国の島を訪ねてくる観光客を毎日、縁側で出迎えた。多い日には数百人も訪れたという。

この年の番付の次席は、石川県羽咋《はくい》市の道井ヲトさん、１１０歳である。百寿者は例年、女性上位で、現在の8万人の百寿者のうち88％は女性が占め、男性は1割ほどでしかない。そのこと

図13-2　泉重千代さん

から考えても重千代さんの116歳はダントツだった。その後、重千代さんは120歳まで生きたとされていた。

しかしその後、重千代さんの戸籍の記録に疑義が出て、主治医もその年齢に疑問をもつようになった。亡くなったときは105歳程度だったのではないかと推測され、ギネスブックの記録もその後、取り消されている。

なにしろ百寿者が生まれた時代の戸籍である。なにかと厳密さを欠いていてもやむをえないのかもしれない。似たような話は、じつはほかにもある。最近までかなり長いあいだ、世界の最高齢者としてあがめられていた人物の記録も、怪しくなってきたのだ。

カルマン：消えた122歳

一時は最長寿者としてギネス認定された泉重千代さ

図13-3　ジャンヌ・カルマンさん
(World Europe Real Life, January 6, 2019より)

んを超えて、「人類最高齢」とされたのが、フランス南部のアルル地方に暮らしたジャンヌ・カルマンさんだった（図13－3）。1995年に120歳を超えて以降は、人間の寿命の話になると必ず話題にあがっていた。老化についての講演会などでも格好の題材だったのである。

記録では1875年2月21日に生まれて1997年8月4日に亡くなっている。享年122歳と164日。これが長く、人間の最高齢とされた。100歳まで自転車に乗っていた、114歳で映画に出演して史上最高齢の女優になった、117歳になって禁煙した、など何につけても「世界最高齢」の記録を総なめにした。

ところが2019年になって、ロシアの数学者らが彼女の戸籍や生い立ち、家族の写真、風貌や言動などを精査して、どうもジャンヌさんの娘のイヴォンヌさんが、ジャンヌさんと入れ替わっているようだとの論文を発表した。あるときから、写真に見られる顔立ちが微妙に変わっている、ジャンヌさんが亡くなったあと相続税を免れるためイヴォンヌさんがジャンヌさんになりすまし、１９９７年に99歳で亡くなったのではないか、というのである。これに対しては、フランスの研究者などから反論もあり、現在はカルマンさんの世界最高齢記録は幻となってしまった状況である。

長寿の話は本来おめでたいことであって犯罪まがいに捉えるべきものでもないが、やはり科学的真実にもとづいた議論はなされなければならない。これからでも遅まきながらではあれ、ＤＮＡ鑑定などで真実を突きとめていくべきなのだろう。そういう意味では、カルマンさんの生前に「長寿の秘密」を探るべく、血液や皮膚の細胞などの研究試料を保管しておいて、本来あるべき科学研究に適用すべきだったのだろう。不確かな情報を鵜呑みにしてきた老化研究者にも警鐘を鳴らされた事案だったと思う。

「120歳の壁」はあるのか

泉重千代さんの記録も、ジャンヌ・カルマンさんの記録も白紙とされて、いまは人間の最長寿は１２０歳を超えることはないだろうと考えられている。現状での最高齢記録は１１７歳である。どうも人間の寿命には超えられない「１２０歳の壁」があるようだ。

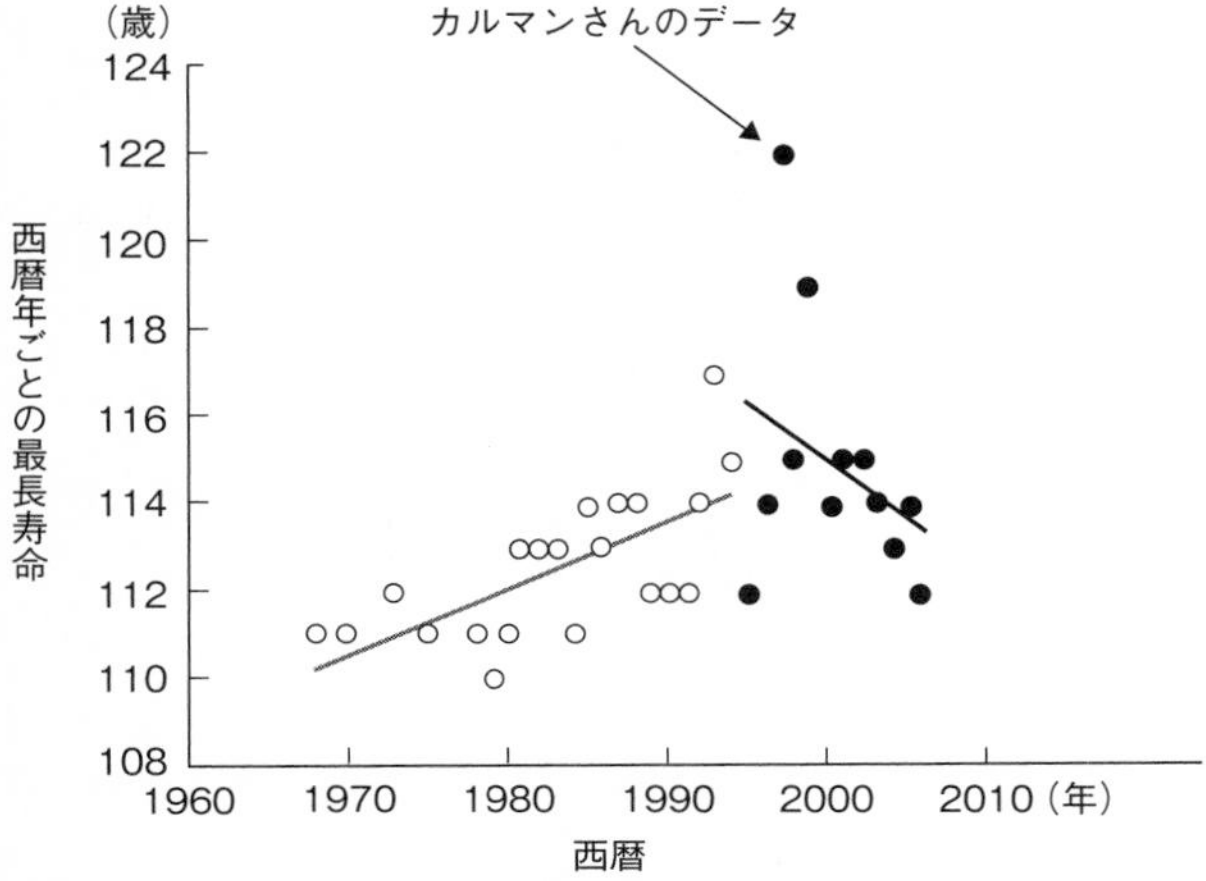

図13-4　人間の最長寿命には限界がある
1990年代終わりの突出して高い点がジャンヌ・カルマンさんのもの

本書ではいろいろな寿命遺伝子を議論するなかで、たくさんの「生存曲線」をみてきた。酵母でも、線虫でも、ショウジョウバエでも、マウスでも、生まれたときは100パーセントいた集団がしだいに数が減っていって、やがてすべての個体がいなくなるまでの、いわゆる「S字状のカーブ」、「シグモイド曲線」のなかばに「平均寿命」があり、その右下に「最長寿命」が見てとれた。

人間でも同様の生存曲線がある。平均寿命はどの国でもほぼ年々延びている。ある意味、寿命は延びるのだ。しかし、一方で最長寿命はというと、こちらはほぼ一定のままである。

じつは年々のデータを詳細にみていくと、最長寿命も第二次大戦後は延びる傾向にある。どの国でも一時期、最高齢者の年齢は上がっていたのだが、１９９０年以降は停滞する傾向にあり、米国アルバートアインシュタイン大学のヤン・ヴィークらはその解析結果から、人間の最長寿命には「限界」があると結論している（図13－４）。この論文が出たのは２０１６年なので著者らは当然、ジャンヌ・カルマンの１２２歳という年齢データも知っている。図をみるとこの点は突出している。だが、ヴィークたちは１２０歳という具体的な年齢は明示せずに、ただ「限界」があるとした。しかし、カルマンさんの突出した「記録」を除けば、明らかに「１２０歳の壁」があるのをみてとることができる。

進化的に考えても、生物種ごとに決まった最長寿命がある。マウスはどのような飼育環境にしても5年を超えて生きることはないし、線虫やハエもどんなに頑張っても1年間生きることはない。人間も最長寿命は１２０歳と考えていい。もし、これらの最長寿命が延びたら、それはおそらく、別の種への進化を意味するのだろう。

百寿者の遺伝子はどうなっているのか

先に、人間の寿命を決める要素として「遺伝3割、環境7割」と書いた。だが、生物種ごとの最長寿命を決めているものは何かというと、これは１００パーセント、寿命遺伝子である。平均寿命を左右するのは生活習慣や医療面も含めた生活環境だが、寿命の限界としての最長寿命は遺伝的に決められている。生物の設計図の中に、あらかじめ記されているのである。

具体的にはどう司令されているのかというと、それは寿命遺伝子そのものの機能と、その「型」にある。本書でみてきたいろいろな寿命遺伝子の組織内での発現レベルや、その「型」に関係するちょっとした変異、いわゆるSNP（スニップ）と呼ばれるDNAのたった一つの変異のしかたで、長命系か短命系かが左右される。複数の寿命遺伝子の変異が積算された結果が、長寿か短寿かという家系資質となって累積される。誰もがそうした運命を背負って生まれているのだ。

いまの長寿科学研究で関心をもたれていることのひとつが、こうしてできる長寿の家系の背後にある、遺伝的な変異の実態である。いろいろな寿命遺伝子のどういったタイプが長寿と関係するのか？　また、長寿だけでなく、がんや糖尿病、認知症や骨粗鬆症などの老年性疾患、老年病へのなりやすさも、それら寿命遺伝子のちょっとした違いの総和で決められてくる。

最近はいろいろな病気の治療において、「オーダーメイド医療」という言葉が聞かれるようになってきた。個々人のもった遺伝的資質に応じて、効きやすい薬もあれば効きにくい薬もある。年齢だけでなく、手術への耐性も微妙に違ったりもする。

百寿者の脳には一般的に、ある共通する傾向がある。第6章でみたレストの分量が多いのである。それを考えたときに、とくによく注目されるのはフォクソ3とアポEの「型」だ。フォクソ

3は第3章で議論したフォクソ1の兄弟分のような遺伝子だ。それ以外にも、レストの「型」は記憶力や認知度との関係がわかっているのだが、百寿者との関係でこの場合、重要なのは「型」よりもむしろ「発現レベル」だった。おそらくそれが認知度、判断力などをあげている。すると今度は、レストの発現を調節している転写因子は何なのか、それは百寿者で何か特徴はあるのかなどの疑問が湧いてくる。

このような具合で、科学研究というものは、何かひとつがわかると、すぐに次の疑問が湧いてくるので、終わるということはない。しかし、そうした研究の積み重ねで、私たちの理解はさらに深まる。第6章の最後にレストには「レストする（休む）」暇はないと言ったが、脳内のレストの研究にもまた、休む暇はないのである。それはさておき、いま8万人いる日本の百寿者、そして105歳以上の「スーパー百寿」の人たちの遺伝素因の解析が進めば、さらに興味深いことがわかってくるだろう。これからの研究の進展が期待されている。

「ノーベル賞の百寿」リタ：103歳

世界第一級の研究をしながら百寿になった科学者がいる。イタリアのリタ・レヴィ－モンタルチーニ（図13－5）は、ニューロンの突起を伸ばしていかにも神経らしくする「神経成長因子」（NGF）を発見して1986年のノーベル生理学・医学賞を受賞した。当時、76歳だった。90

ONE HUNDRED
YEARS OF RITA
From a home lab to the Italian Senate, by way of nerve growth factor — Rita Levi-Montalcini is a scientist like no other. Alison Abbott meets the first Nobel prizewinner set to reach her hundredth birthday.

図13-5　リタ・レヴィ－モンタルチーニ
Nature 458, 564–567（2009）より

歳を過ぎて迎えたミレニアムの２００１年には、イタリア大統領から特別に国の科学政策へ関わるよう要請されて、終身国会議員にもなっている。１００歳を過ぎても数々の重要な科学討議の会議で登壇した女傑にして、スーパー百寿である。

１９０９年４月22日にイタリアのトリノで生まれ、トリノ大学医学部に入学、臨床医学ではなく組織解剖学から研究者への道を志したが、第二次世界大戦下のユダヤ人迫害で一時ベルギーに逃れた。その頃、自宅アパートの寝室にわずかの研究資材を持ち込んで、ニワトリ胚を使って、神経の初期発生の研究を続けた。このとき発表した論文が米国ワシントン大学の教授の目にとまって、終戦後、米国へ渡り、ＮＧＦを発見したのである。１９５０年代のことだったが、ノーベル賞受賞は30年以上たってからだった。２０１２年12月30日、ローマの自宅で息を

引き取った。享年１０３歳。翌週、２０１３年最初に出た科学雑誌『ネイチャー』に追悼記事が載った。ノーベル賞受賞者として、唯一の百寿者である。

リタが発見したＮＧＦは、神経が突起を伸ばすよう促すタンパク質だったが、じつはそれ以上に、神経になるべき細胞を神経らしくする指導的なタンパク質として重要な役割を果たしていた。ＮＧＦの遺伝子がオンになれば、細胞が神経化する。オフになれば神経の機能を抑える。脳の初期発生において、ニューロンになる前の未熟な神経前駆細胞の運命を決定づける重要な遺伝子なのだ。神経の成長を促すという意味では「成長因子」の一群のひとつである。

第２章でみたダフ２の実態はＩＧＦ１受容体だったが、そのＩＧＦ１はインスリンに似た形（インスリン様）の「成長因子」だった。だからこれも細胞の性質、状態を変える司令を出すタンパク質である。細胞が若い時期には、司令からの作用は強いほうがいい。だが、なぜかその作用を抑えると、長寿化へ向かう。インスリン様成長因子の司令を控えたほうが、なぜか動物は長生きになるのだ。その「なぜか」の背景に、下流ではたらくフォクソという転写因子があった。これがエネルギー産生やＤＮＡ修復や、酸化ストレス応答に必要な多くの遺伝子の発現を統括的に制御していた。そんなことも理解できた（第１章〜第３章を参照）。

リタの見つけた神経成長因子ＮＧＦは、本書の第６章で議論したレストとも密接に関係する。レストは老化脳の研究でとても重要な遺伝子になっているが、もともとはこれはＮＲＳＦと呼ばれる、神経の初期分化を決める因子として発見された。じつは私自身もその最初の発見者の一人で、そのきっかけになる研究は１９８６年10月にカリフォルニア工科大学で始めた。ちょうどリタのノーベル賞が決まったころだった。第９章に登場したベンザーが現役の元気な時代で、まだ老化研究ではなく神経行動遺伝学で世界の最先端を邁進している時代でもあった。そのころ私は、まだノーベル賞のことを知らず、ただＮＧＦで誘導される遺伝子、つまり未熟な神経細胞が神経らしく「成長」していくときに出てくる遺伝子の実体を探ろうとしていた。

神経成長因子（ＮＧＦ）もインスリン様成長因子（ＩＧＦ）も、細胞の成長を促す、ある意味では発達期の若い時期に本来のはたらきをするものなのに、動物の一生では、ずいぶんと後になって老化の過程でもまた成体を守るようにはたらく、だから長寿化の方向へも機能する。そんな実態も明らかになってきた。遺伝子の中に隠されている生命の設計図の中では、おそらく最初のほうのはたらきしか予定されていなかっただろうに、もう人生が終わるような段階でまた別の使われ方をする。そんな不思議な運命があることもわかってきたのである。

生物学的にみた「高砂」

百寿者のことや、人生の終盤のことを考えていると、思い起こされる歌がである。

高砂や　この浦舟に帆を上げて

ひと昔前までは結婚式で必ず謡われたまことにおめでたい祝言歌だ。その情景が描かれた絵として有名なのは、翁《おきな》と嫗《おうな》の老夫婦が松の木（相生の松）の傍で、それぞれ熊手と箒を手にしているものだ。もともとは世阿弥の能楽に由来した話ということだが、夫婦相和して百寿まで、という理想像が具現化されている。

私は、この絵を初めて見たころは、何でこれがめでたいのか、よくわからずにいた。能の話を知れば、それなりに理解はできるのだが、それでも掃除をする姿がどうして百寿や理想的な高齢につながるのか、正直なところいぶかしくも思っていた。俗説には、嫗が箒で掃くのは「百」に通じ、翁の熊手は「(九十）九まで」に通じるというらしい。

　お前百まで、わしゃ九十九まで

興味深いことにずいぶん昔からの俗謡でも、女性のほうが長生きであることは理解されていたようだ。

それはともかく、ふたりで掃き清める姿が長寿へつながるということが、老化研究をしながら寿命遺伝子のことを長く考えてきて、最近ようやくわかったような気がしてきた。掃き清めること、それは「細胞の自浄」にほかならない。

長く生きていれば老廃物がたまる。細胞は常時それを監視して、分解を促したり、修復したり、防御したりする。転写制御因子のフォクソやレストやサーチュインがしているのはおおかた、そういう仕事だし、日本でも大隅良典氏のノーベル賞で急に有名な言葉になったオートファジーという現象も、老廃物を除去して再利用するシステムということでは、再生や若返りへつなげる生命現象だった。

だから、解釈には多少の無理があるかもしれないが、あの「高砂」の背景も生物学的に理にかなう説明をすることが可能なのだ。寿命遺伝子のはたらきで、細胞を自浄化する。それこそが健康長寿への最善の道なのである。

ライフスタシス

生物学上の重要な概念に「ホメオスタシス」というものがある。日本語では「生体恒常性」で、一定のレベルに維持しようとする性質をいう。細胞でも組織でも、あるべき姿というものがあって、それに近い形に常に戻そうとしている。そうした性質のことだ。「ホメオ」は「同一の」という意味で「スタシス」は「状態」。細胞はまさに、だれにとっても家のように、いつも変わらずその住処が安泰なものでなければならない。そうでなければ、生命はくずれてしまう。

それと同様に、人生を考えればそれも安定したものであってほしい。まさに「高砂」の絵のように。ライフ（生命、人生）はスタシスでありたい。

本書では12種ほどの寿命遺伝子についてみてきた。いろいろな名前があり、いろいろなはたらきがあった。それぞれをみればまったく独立して機能しているようでもあるが、進化的に大きくとらえてみれば、前章でみたように遺伝子間は相互に関連していて、全体としては、ホメオスタシスを維持する方向に機能している。ただし、つねに元に戻すというより、そのときの環境や状況に応じて、適切な状態にシフトさせている。要するに寿命遺伝子とは、適応と最適化を可能とする遺伝子群だったと理解することができるだろう。

寿命遺伝子ハンターたちの素顔

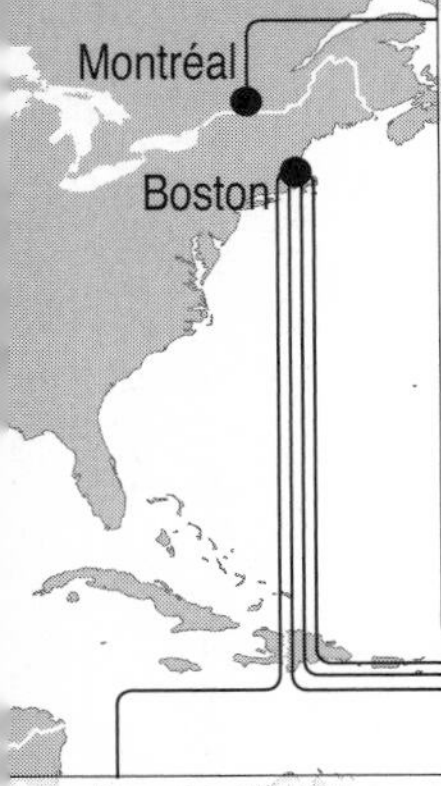

ジークフリート・ヘキミ
(*Siegfried Hekimi 1956 ～*)
マギル大学教授

◉ジュネーブ大学で生物学を学んだあと自転車競技の世界へ入り、スイス代表として世界選手権に4度出場、ツール・ド・フランスやジロ・デ・イタリアにも参戦したが、そのキャリアに見切りをつけてシドニー・ブレンナーがいるケンブリッジの医学研究機構(MRC)に留学、線虫の老化研究を始めた。その後、カナダのマギル大学に職を得ると、1995年、エイジ1やダフ2とは経路がまったく異なる寿命遺伝子クロック1を発見、さらにマウスのクロック1も寿命に影響することをつきとめた。

ギャリー・ラフカン
(*Gary Ruvkun 1952 ～*)
ハーバード大学教授

◉分子遺伝学の名門MITやハーバード大学で学んだのち線虫研究を開始。1990年代後半のほぼ5年間でエイジ1、ダフ2、ダフ16など一連の寿命遺伝子のクローニングをすべて自分のラボでやってのけた。だが、ラフカンにとってそれはサイドワークだったようにも思われる。彼の最も注目された研究成果はマイクロRNAによる遺伝子発現制御であり、この領域の開拓者のひとりなのだ。彼自身は老化の学会にほとんど出てこないが、それでも寿命遺伝子への貢献はとてつもなく大きい。

デーヴィッド・サバティーニ
(*David M. Sabatini 1968 ～*)
マサチューセッツ工科大学教授

◉ボストン郊外のブラウン大学生物学部を卒業後、ジョンズ・ホプキンス大学医学部で医師免許と博士号を取得。神経科学研究の大御所ソロモン・シュナイダーの研究室で、ラットの脳からラパマイシンのターゲットをmTORとして世界に先駆けて発見した。その後、すぐMITのホワイトヘッド研究所の助教授、さらに教授になり、マウスでのトール関連分子群の機能性を次々に明らかにした。哺乳動物系の栄養感知センサーとしてのトール遺伝子の研究をリードする牽引車である。

レニー・ガランテ
(*Leonard P. Guarente 1952 ～*)
マサチューセッツ工科大学教授

◉MITの生物学部を卒業後、ハーバードの大学院で、転写因子では当時最先端だったマーク・プタシュネのラボで学位取得。1981年、MIT助教授となり研究室をスタート、酵母を駆使して寿命遺伝子の探索にのりだす。サー2変異による長寿ミュータントを発見し、サーチュインや7種の遺伝子ファミリーも見いだして世界をリードする遺伝子ハンターとなる。ブライアン・ケネディ、シン・イマイ(今井真一郎)、デーヴィッド・シンクレアら、この分野で活躍する若手を多く育成した貢献も大きい。

ブルース・ヤンクナー
(*Bruce Yankner 1961 ～*)
ハーバード大学教授

◉米国東海岸の名門プリンストン大学で物理学科を卒業後、西海岸の名門スタンフォード大学の医学部を出たブルースは、NGF(神経成長因子)研究をリードするエリック・シューターに師事し、その研究に従事する。その後、ハーバード大学へ移ると、アルツハイマー病や神経変性など病的な老化についても研究し、世界に先駆けた成果を次々に発表した。さらに並行して、脳の老化研究も進め、とくに遺伝子発現の網羅的解析から、老化脳の「守護神」RESTの重要な役割を発見した。

トム・ジョンソン（*Thomas E. Johnson 1949 〜*）コロラド大学名誉教授

◉マサチューセッツ工科大学（MIT）に在学中、ノーベル賞受賞者のデービッド・ボルチモアやハーベイ・ロディッシュに最先端の分子生物学を学ぶ。その後、コロラド大学のビル・ウッドのラボで線虫の遺伝学を始めたことがのちの発見につながる。1982 年、カリフォルニア大学アーバイン校で助教授として独立し、研究室をスタートさせると、1988 年、世界最初の「長寿ミュータント」エイジ1を獲得。その実体を解明したのはギャリー・ラフカンだが、初めて変異体をとった功績は不滅だ。

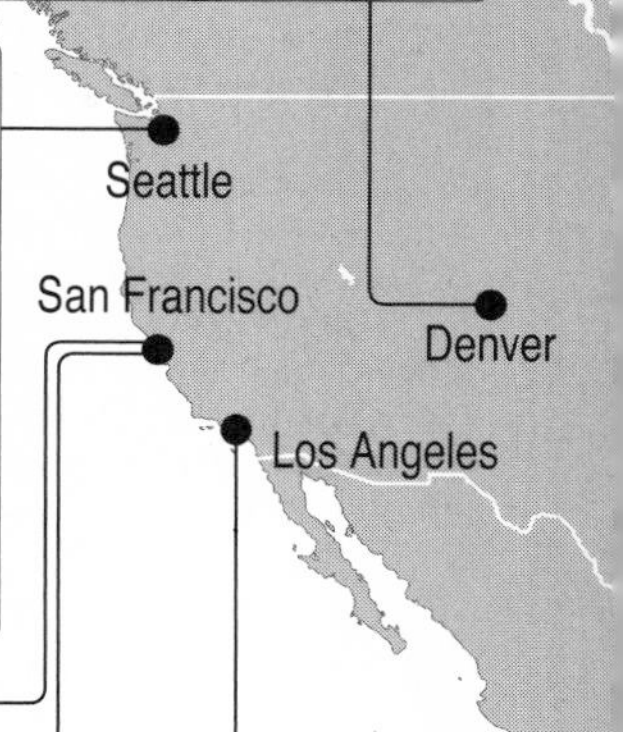

ジョージ・マーチン（*George M. Martin 1927 〜*）

ワシントン州立大学名誉教授

◉ワシントン州立大学の化学科を卒業後、医学部に入りなおして卒業、英国のグラスゴー大学やオックスフォード大学、フランスのパスツール研究所で体細胞変異などを研究。1957 年から母校の医学部で病理学、さらにゲノム医学分野の教授を兼務。ゲノムからみた老化、とくにウェルナー症や早老症の研究の世界的権威である。現在は現役を引退したが、シアトルとロサンゼルスで研究指導をしている。老年学分野で活躍する三木哲郎（愛媛大）、大島淳子（ワシントン大学）も指導した。

ブライアン・ケネディ

（*Brian K. Kennedy 1967 〜*）

シンガポール国立大学教授

◉ノースウェスタン大学を卒業後、MIT のレニー・ガランテのラボで、酵母を使った老化研究を学ぶ。そのときからの同僚がマット・ケーバーライン。2001 年にワシントン大学助教授として研究室を開設し、酵母、線虫、マウスを駆使した老化・寿命研究をスタート。2005 年から翌年にかけて、カロリー制限による寿命延長に必要な遺伝子はサー2ではなくトールであることを、ケーバーラインとともに見いだす。国際的な老化研究の学会などでもつねにオピニオンリーダー的な存在だ。

シンシア・ケニオン

（*Cynthia Kenyon 1954 〜*）

キャリコ副所長

◉MIT で博士号、英国で線虫遺伝学を確立したシドニー・ブレンナーの下でポスドク。1986 年、カリフォルニア大学サンフランシスコ校助教授となり線虫をモデルに老化と寿命制御の研究を始め、1993 年、ダフ２変異の寿命が倍になること、ダフ２の機能がダフ 16 変異で消失することを発見、現在は多くの生物に共通の寿命制御シグナル系として知られるインスリン様成長因子（IGF1）経路の研究の突破口となった。本書にも登場するアンディー・ディリンら後継者育成の功績も大きい。

シーモア・ベンザー

（*Seymour Benzer 1921 〜 2007*）

元カリフォルニア工科大学教授

◉パーデュー大学で物理学の学位を取得後、生物学への関心が高まり、カルテックやブレンナーのラボなど、米英仏の分子遺伝学の研究室を渡り歩く。1960 年代後半からは生物の行動を遺伝学的に解析するため、ショウジョウバエを研究対象とした。最初の発見は概日リズムの変異株。以後 40 年ほど、カルテックでショウジョウバエ遺伝学の巨匠として世界をリードした。2007 年 11 月、脳梗塞で倒れ、帰らぬ人に。存命ならノーベル賞もありえたろう。ラスカー賞、ガードナー賞など多数受賞。

寿命遺伝子ハンターたちの素顔

マーチン・ホルツェンベルガー
(*Martin E. Holzenberger 1960 〜*)
INSERM フランス国立研究所研究部長

◉出身はドイツだが、ベルリンの自由大学を卒業後、フランスでマウスを使った老化研究に着手、以後は一貫して、おもに IGF1 受容体を中心にマウスの老化制御の研究を続けている。遺伝子改変マウスの作成に汎用される「Cre-LoxP」というシステムを開発初期から導入し、いちはやく IGF1 受容体の欠損マウスを作成した。その有効性は非常に高く、代謝や組織の解析のみならず、最近は脳の視床下部や神経幹細胞などでの変化の解析も進めている。また、欧米の研究者との共同研究も多い。

Paris

Milano

リタ・レヴィ - モンタルチーニ
(*Rita Levi-Montalcini 1909 〜 2012*)
元ワシントン大学教授

◉イタリアのユダヤ系の両親から双子姉妹の一人として生をうけた。少女期は作家になることも夢見たが、トリノ大学医学部へ進み、解剖学・組織学の道へ。ユダヤ迫害を逃れベルギーにいたとき、乏しい研究資材を使って書いたニワトリ胚の神経発生の論文がワシントン大学のビクター・ハンバーガーの目にとまり助手として採用される。以後 30 年間、同大学で研究を続けた。1952 年に神経成長因子を同定し、1986 年にその功績でかつての同僚のスタンリー・コーエンとともにノーベル医学・生理学賞受賞。

リタは「寿命遺伝子ハンター」ではないが、寿命制御研究への貢献と、自身の稀有な長寿に敬意を表して紹介した。

ピエール・ジョゼッペ・ペリッチ
(*Pier Giuseppe Pelicci 1956 〜*)
ミラノ大学教授

◉イタリアの古都グッビオに生まれ、地元のペルージャ大学医学部を最優等（上位５％）で卒業、大学院では分子生物学研究で医学博士。米国ニューヨーク大学に留学後、1986 年にペルージャ大学講師となり白血病のがん遺伝子を研究。1992 年にがん遺伝子としてのシックを発見し、1999 年に p66 シック欠損マウスが長寿化することを見いだした。専門はシックに限らずがん遺伝子全般だが、この発見の老化・寿命研究への貢献も大きい。400 報以上のすぐれた論文があり、シック関連も 90 報以上にのぼる。

おわりに

米国ロサンゼルスのダウンタウンのすぐ南に、南カリフォルニア大学（ＵＳＣ）がある。以前、ロサンゼルスオリンピックが開催されたメイン会場、エクスポジションパークから大通りを一本隔てたそのすぐ真向かいにある。ここはＵＳＣのメインキャンパスだ。医学部とその附属の大きな病院はここから少し北東へ離れた別の場所にある。それ以外の学部はすべてここにあった。校風は質実剛健、いや、米国流に華美剛健だったかもしれない。キャンパスのシンボルは騎士像（トロージャン）である。大学のカラーはエンジ色。色も校風も日本でいえば早稲田大学に近いような感じがする。私立の名門大学である。

そのキャンパスの南西の隅にアンドラス・ジェロントロジー・センター（ＡＧＣ）がある。アンドラス老年学研究所。老年社会学と老年政策、それといわゆるバイオ系として神経老年学という3つの部門があった。ニューロジェロントロジー。タック・フィンチという大物教授がそれを率いていた。１９９０年、私はそこで初めて自分の研究室をスタートした。日本を離れて5年目の夏、孤軍奮闘の日々だった。このＵＳＣのアンドラス老年学研究所は、大学院として「老年学／ジェロントロジー」の学位を全米で最初に出した大学でもある。老年学の教育と研究の最先端がそこにあった。

日本にも老化研究所がある。まずは、東京都の老人総合研究所。通称「老人研」といったが、いまは東京都健康長寿医療センターと名前を変えた。ここは「養育院」といった東京都の老人病院の時代から、もう50年以上の長い歴史がある。日本の国立の老化研究所は、世紀の変わり目のころに愛知県の大府市にできた。国立長寿医療研究センターである。愛知県が誘致した健康推進ゾーン、愛知健康の森、愛知健康プラザに近接し、知多半島の付け根のたおやかな丘陵地にある。最初は8部門でスタートしたが、のちに13部門に拡充されて、国の重点研究施設、すなわちナショナルセンターになった。厚生労働省直轄の老化研究センターである。

私はロサンゼルスのUSC－AGCから帰国したあと、少ししてからこの大府の研究所の分子遺伝学研究部を主幹した。8つの部門のうちのひとつ、遺伝子レベルから老化研究を進める部署である。のちに、それは老化制御研究部に名称を変更したが、とにかく、分子レベルで老化制御や寿命研究を進めるという場所だった。そのころから寿命遺伝子に関心があった。

その後、私は、日本の最西端、すなわちカリフォルニアやロサンゼルスと同じ「西海岸」の大学で、教育上は神経解剖／脳解剖を担当しながら、遺伝子レベルで脳の老化研究を続けた。脳神経系の老化研究をUSCで始めてから四半世紀をとうに過ぎた。その間、脳の老化や寿命遺伝子に関していろいろなことを試み、いろいろなことを知り、またいろいろなことを考えてきた。

本書ではこの30年ほどのあいだに急進してきた寿命を制御する遺伝子の探索研究について、とくに欧米の先駆的な研究者の試みを中心に解説した。近年の老化研究はこの寿命遺伝子の発見によって大いに進展した。老化の研究分野に限らず、科学は常に小さな発見の積み重ねである。時に、実験結果の解釈の過ちもあったりして試行錯誤の積み重ねでもある。他の研究者との競争もある。発見は一番でなければほとんど意味がない。二番煎じは単に追随にすぎない、と評価されてしまう。その意味では、私の科学は第一線ではなかったかもしれない。しかし、この30年以上、脳の老化研究と寿命遺伝子の研究の真っ只中にいた。ここには、研究者としての私自身の研究ではなく、この分野の最先端を走ったすぐれた科学者たちの疑問と試みと発見について書いた。

科学は常に「発見の物語」である。私のレベルでは例に出すのもおこがましいが、昨今、毎年のようにニュースになる日本人のノーベル賞も、一般にはノーベル財団から通達される賞の受賞理由そのものよりもむしろ、彼らの発見にいたるまでの人生物語が面白いのである。人はそれに勇気づけられるし、同じ同朋としてありがたくも思う。

日本人の平均寿命は、男性81歳、女性87歳。これはいずれ90歳台になることは間違いない。少なくとも女性は、今世紀半ばにはそうなると厚生労働省も予測している。平均寿命の延びには医療や社会保障制度の拡充もある。個々の意識や生活習慣の改善もあるだろう。しかし、一方で「最長寿命」には壁がある。生物としての人間の寿命は120歳、それはほぼ遺伝子で決まる。

本書ではおよそ12種類の寿命遺伝子についてその発見の経緯と実態についてとりまとめた。それら寿命遺伝子の機能の総和として、人間の120歳という寿命もある。その実体としくみは、巷のアンチエイジングブームとは無関係に科学的真実として永遠に存在しつづけるだろう。そして、この遺伝子と関連するタンパク質の機能性を制御することで、真に科学的なアンチエイジング戦略も可能となる。その意味で、これらの寿命遺伝子を明らかにしてきた科学者たちの努力と洞察に敬意を表したい。

最後に、出版に関し貴重な意見をいただき、また迅速かつ丁寧な編集作業をしていただいた講談社ブルーバックスの山岸浩史氏に感謝します。

森　望

【な行】

【は行】

【さ行】

【か行】

さくいん

（おもな寿命遺伝子とその遺伝子産物の名前は最初にまとめた）

N.D.C.467　270p　18cm

ブルーバックス　B-2166

寿命《じゅみょう》遺《い》伝《でん》子《し》

なぜ老いるのか　何が長寿を導くのか

2021年３月20日　第１刷発行

著者　森《もり》　望《のぞむ》
発行者　鈴木章一
発行所　株式会社講談社
〒112-8001　東京都文京区音羽2-12-21
電話　出版　03-5395-3524
販売　03-5395-4415
業務　03-5395-3615
印刷所　（本文印刷）株式会社新藤慶昌堂
（カバー表紙印刷）信毎書籍印刷株式会社
製本所　株式会社国宝社

定価はカバーに表示してあります。

ISBN978－4－06－522912－5

発刊のことば

科学をあなたのポケットに

　二十世紀最大の特色は、それが科学時代であるということです。科学は日に日に進歩を続け、止まるところを知りません。ひと昔前の夢物語もどんどん現実化しており、今やわれわれの生活のすべてが、科学によってゆり動かされているといっても過言ではないでしょう。

　そのような背景を考えれば、学者や学生はもちろん、産業人も、セールスマンも、ジャーナリストも、家庭の主婦も、みんなが科学を知らなければ、時代の流れに逆らうことになるでしょう。

　ブルーバックス発刊の意義と必然性はそこにあります。このシリーズは、読む人に科学的に物を考える習慣と、科学的に物を見る目を養っていただくことを最大の目標にしています。そのためには、単に原理や法則の解説に終始するのではなくて、政治や経済など、社会科学や人文科学にも関連させて、広い視野から問題を追究していきます。科学はむずかしいという先入観を改める表現と構成、それも類書にないブルーバックスの特色であると信じます。

一九六三年九月　野間省一